Al-Bīrūnī

IN DEN GÄRTEN DER WISSENSCHAFT

Ausgewählte Texte aus den Werken des muslimischen Universalgelehrten

übersetzt und erläutert von
Gotthard Strohmaier

1988

Verlag Philipp Reclam jun. Leipzig

Aus dem Arabischen

Auswahl, Übersetzung, Einleitung, Anmerkungen und Auswahlbibliographie von Gotthard Strohmaier

Mit einer Karte, gezeichnet von Gerhard Pippig

Das Umschlagbild zeigt den persischen König Chosrau Anoscharwan (531–578), der seinen Wesir Buzurgmihr gegen den indischen Gesandten Schach spielen läßt (Firdausi, Schahnameh, Deutsche Staatsbibliothek Berlin, Ms. or. fol. 4255, geschrieben 1489, Fol. 260^{v}, vgl. Verzeichnis der orientalischen Handschriften in Deutschland, hrsg. v. W. Voigt, Bd. 16, Wiesbaden 1971, S. 45).

ISBN 3-379-00262-3

Reclams Universal-Bibliothek Band 1228
1. Auflage
Umschlaggestaltung: Friederike Pondelik unter Verwendung einer Miniatur aus dem Schahnameh (Color-Diapositiv von Klaus G. Beyer, Weimar)
Lizenz Nr. 363. 340/2/88 · LSV 0156 · Vbg. 19,0
Printed in the German Democratic Republic
Grafischer Großbetrieb Völkerfreundschaft Dresden
Gesetzt aus Garamond-Antiqua
Bestellnummer: 6613806
00300

Einleitung

Seit den Tagen der europäischen Renaissance bietet die Geschichte der Wissenschaften das Bild eines stetig voranschreitenden Prozesses. Geniale und fleißige Männer, deren Zahl immer mehr anwuchs, sind, durch die Zeitumstände teils gefördert, teils gehemmt, immer tiefer in die Geheimnisse der uns umgebenden Wirklichkeit eingedrungen und haben sie in der Theorie immer zutreffender abgebildet und damit beherrschbarer gemacht. Beim weiteren Rückgang in die Geschichte werden wir jedoch Zeugen von Vorgängen, die auf ihre Weise dramatischer sind. Oft folgten auf staunenswerte frühe Leistungen Perioden langwieriger Stagnation, in denen das Erreichte nur mühsam bewahrt und verteidigt wurde, bis dann der Verfall doch nicht aufzuhalten war. Manchmal wechselte die Führung von einem Kulturgebiet zum anderen, und wenn sich irgendwo die Gelehrten eines Volkes der Unterlegenheit gegenüber den Nachbarn deutlich genug bewußt waren, kam es zu mehr oder weniger bewußt gesteuerten Rezeptionsbewegungen. Solche Beziehungen gab es zwischen der hellenistischen Wissenschaft und Indien, wo deutliche Spuren der griechischen Astronomie festzustellen sind. Von hier erstreckten sich im 8. Jahrhundert Einflüsse ins arabische Kalifat, wo sie aber etwas später von einer umfassend betriebenen Rezeption der alten griechischen Wissenschaft überlagert wurden. Die nachfolgende Entwicklung im Islam führte dazu, daß die Leistungen der hellenistischen Gelehrten deutlich überboten wurden. Das gilt besonders für die Astronomie, die Geodäsie, die Mathematik und Geometrie sowie für erste Ansätze zum physikalischen Experiment. Danach setzte aber auch hier eine Stagnation und schließlich sogar ein Verfall ein, dessen gesellschaftliche Ursachen nicht leicht zu eruieren sind. Er steht in grellem Kontrast zu dem Aufblühen der europäischen Universitäten seit dem 13. Jahrhundert, deren Lehrstoff aber aus gutem Grund zunächst noch weitgehend von lateinischen Übersetzungen aus dem Arabischen gebildet wurde.

Al-Bīrūnī, den man nach der Weite seiner Interessen, der

Fülle seiner neuen Denkansätze und der Exaktheit seines Messens und Rechnens sicher zu Recht als den bedeutendsten Wissenschaftler des ganzen islamischen Mittelalters ansieht, wurde am 4. September 973 in Kath, der damaligen Hauptstadt Choresms, geboren. Die Landschaft ist eine fruchtbare Flußoase des Amudarja, der hier vor seiner Mündung in den Aralsee zwischen den beiden Wüsten Karakum und Kysylkum hindurchfließt. Diese Stätte einer uralten und eigenständigen Kultur war im Jahre 712 von den Arabern erobert worden, die geeint unter dem Banner der neuen Religion des Islam ihre Herrschaft weit nach Ost und West ausdehnten. 711 hatten sie mit der Niederlage des letzten Westgotenkönigs ihre Macht in Spanien begründet. Zu Lebzeiten al-Bīrūnīs wurde die Expansion des Islam vom afghanischen Bergland weiter nach Indien vorangetrieben, und er hatte als Untertan des Sultans Maḥmūd von Ghazna die einzigartige Gelegenheit, seine weitgefächerten Interessen auf die Wissenschaften, die Lebensweise und die Religion der Inder auszudehnen. Seine Geisteshaltung war dank der erwähnten Rezeption des 9. Jahrhunderts von demselben griechischen Rationalismus bestimmt, der auch unsere europäische Kultur geprägt hat. Die Frucht der Begegnung mit Indien ist ein Buch, dem man weder aus der Antike noch aus dem Mittelalter bis weit in die Neuzeit hinein etwas Vergleichbares an die Seite stellen kann. In der Art, wie er auf den ihm völlig fremden Glauben und die Denkweisen der Inder eingeht, zeigt sich zugleich eine vornehme und humanistische Einstellung, wie sie große Wissenschaftler zu allen Zeiten ausgezeichnet hat.

Einem alten arabischen Personennamen kann man normalerweise den ganzen Stammbaum und die Herkunft seines Trägers ablesen, aber der Name Abu r-Raiḥān Muḥammad ibn Aḥmad al-Bīrūnī gibt mehr Rätsel auf, als daß er Auskünfte erteilt. Der erste Teil, die sogenannte *kunya*, ist herkömmlicherweise aus *abū* („Vater") und einem folgenden männlichen Namen zusammengesetzt und wurde zur teils ehrenden, teils vertraulichen Anrede gebraucht. Sie wurde auch dem nicht vorenthalten, der noch gar keinen männlichen Nachkommen hatte. Doch *ar-raiḥān* ist kein Personenname, sondern die Bezeichnung einer wohlriechenden

Pflanze, insbesondere des Basilikums. Abu r-Raiḥān bedeutet also, und dies entspricht den grammatischen Möglichkeiten der *kunya*, soviel wie „der mit dem Basilikum". Wie er zu diesem ungewöhnlichen Namen gekommen ist, hat er nicht verraten. Sehr umstritten ist die Bedeutung des letzten Teils, mit dem man ihn zu zitieren pflegt. Al-Bīrūnī heißt soviel wie „Der aus Bīrūn", aber eine Stadt dieses Namens läßt sich nicht ohne weiteres nachweisen, und außerdem ist er seinen eigenen Angaben zufolge in Kath geboren. Die zweite Hauptstadt Choresms war Gurgentsch, sie bestand aus einer „Innenstadt" *(Šahr-i darun)* und einer „Außenstadt" *(Šahr-i berun)*, und man darf annehmen, daß die beiden Bezeichnungen auch wie selbständige Ortsnamen gebraucht wurden.[1] Al-Bīrūnī hat lange Jahre in Gurgentsch zugebracht, bis er nach Ghazna in Afghanistan deportiert wurde. Möglicherweise hatte er gerade in der „Außenstadt" Wohnung genommen und erhielt danach seinen Namen in der neuen Umgebung. Es ist klar, daß solche Herkunftsbezeichnungen erst nach einem Ortswechsel aufkommen können, denn in der betreffenden Stadt selbst hätte jeder Einwohner so heißen müssen, und ein Name soll doch dazu dienen, seinen Träger möglichst eindeutig von seinen Mitmenschen abzugrenzen, damit man in seiner Abwesenheit über ihn reden kann. Diese Feststellung läßt sich auch als Einwand gegen die verbreitete These geltend machen, eine gleichnamige Vorstadt sei auch in anderen Orten, so auch in Kath, vorhanden gewesen und al-Bīrūnī von dort gebürtig.[2] In Kath selbst hätte dann jeder zweite Einwohner so heißen können, und in der Fremde wäre die Herkunft nicht eindeutig bezeichnet gewesen. Daß er ein ibn Aḥmad, der Sohn eines gewissen Aḥmad, war, steht wiederum in Widerspruch zu einem Gedicht, das er einmal als Abwehr gegen die zudringliche Schmeichelei eines Poeten verfaßt hat und in dem er sagt:

„… fürwahr, nicht kenne ich, bei Gott, meine Abstammung;
denn ich habe von meinem Großvater keine sichere Kunde,
und wie soll ich meinen Großvater kennen, da ich von meinem Vater nichts weiß?

> Ja, ich bin Abū Lahab, ein Scheich ohne die rechte Bildung,
> und meine Mutter war die Brennholzträgerin."

Der letzte Vers ist eine geradezu selbstquälerische Anspielung auf die 111. Sure des Korans, in der Mohammed das Höllenfeuer über seinen Onkel Abū Lahab herabwünscht und dessen Frau als Holzsammlerin verspottet. Hätte aber al-Bīrūnī seine Mutter in dieser Weise nennen können, wenn sie nicht tatsächlich eine Frau niederen Standes war?

Er selbst hatte das Glück, mit den Prinzen der regierenden Dynastie zusammen aufwachsen zu dürfen, ohne daß die Gründe dafür bekannt wären. In einem anderen Gedicht hat er seiner Dankbarkeit Ausdruck gegeben und zugleich durchblicken lassen, daß er eigentlich nicht dazugehörte:

> „Die Familie der ʿIrāqiden hat mich mit ihrer Milch
> aufgezogen, und ein Manṣūr unter ihnen übernahm es, mich einzupflanzen."

Der genannte Manṣūr, zu deutsch „ein Siegreicher", hieß mit vollem Namen Abū Naṣr Manṣūr ibn ʿAlī ibn ʿIrāq und war kein Geringerer als ein Vetter des derzeit regierenden Abū ʿAbdallāh Muḥammad ibn Aḥmad ibn ʿIrāq, der den von alters ererbten Titel eines Choresmschahs führte. Er unterstand dem Emir von Buchara aus dem berühmten Geschlecht der Samaniden, erfreute sich aber dabei einer ziemlichen Selbständigkeit. Kath war damals eine blühende Handelsmetropole, gerühmt wurden ihre Textilerzeugnisse und ihr Schnee, der ebenfalls ein begehrter Exportartikel war. Heute stehen von der alten Stadt, die ständig von den tückischen gelben Fluten des Amudarja bedroht war, nur noch wenige Ruinen. Der Ethnologe Gleb Snesarev hörte von Einwohnern der heutigen Ansiedlung, die jetzt den Namen Biruni trägt, noch einige verworrene Legenden, in denen der größte Sohn der Stadt vorkam.[3] Al-Bīrūnī durfte es als das größte Glück seines Lebens betrachten, daß Manṣūr aus der Familie der ʿIrāqiden sein Ziehvater, Lehrer und späterer Kollege war. Er zählte zu jener Gruppe von hochgestellten Leuten, die in monarchisch verfaßten Staatswesen im zweiten Glied standen, ständig bereit, die Macht zu übernehmen, die ihnen doch niemals zufiel, und die ihr Leben dennoch nicht mit sinnlosen Vergnügungen oder gar mit Putschplänen, sondern mit nützlichen Dingen ausgefüllt haben. Abū Naṣr Manṣūr war eine führende Autorität auf dem Felde der Astronomie und der Geodäsie. Er gab eine Bearbeitung der „Sphärik" des hellenistischen Mathematikers Menelaos von Alexandrien heraus, die nur in dieser Form erhalten ist, und gilt als der Entdecker des sphärischen Sinussatzes.[4] Es war natürlich, daß er die Interessen des begabten Jungen in die gleiche Richtung lenkte. Etwa mit siebzehn Jahren bestimmte al-Bīrūnī selbständig die geographische Breite von Kath, indem er zur Zeit der Tagundnachtgleiche mit einem kleinen Meßring, der noch nicht sehr genau war, die mittägliche Sonnenhöhe feststellte. Der Winkelabstand zum Zenit entspricht dann der geographischen Breite des Ortes. Bei Beobachtungen von Sonnenfinsternissen schädigte er sich das Augenlicht. Mit einundzwanzig Jahren baute er sich in einer Ortschaft zwischen Kath und der nordwestlich davon gelegenen zweiten Hauptstadt Gurgentsch ein eigenes Instrument zur Ermittlung der Schiefe der Ekliptik. Es bestand aus einem senkrechten Schattenstab auf einer horizontalen Kreisfläche von siebeneinhalb Meter Durchmesser. Zu einem der dabei vermessenen Höhenwinkel bemerkt er: „Ich habe jedoch seinen Wert vergessen auf Grund von Unruhen, die mich zur Auswanderung und zur Einstellung der Arbeiten zwangen."

Das erwähnte Gurgentsch, auf der linken Seite des Amudarja näher zum Aralsee gelegen, war ebenfalls ein bedeutender Handelsplatz, Kaufleute reisten von hier bis zur Wolga. Sein heutiger Name ist Kunja Urgentsch, er ist nicht zu verwechseln mit dem von Urgentsch, das ganz in der Nähe Kaths, aber ebenfalls auf dem linken Ufer des Amudarja liegt und dessen Flughafen bei Touristenreisen zur Märchenstadt Chiwa benutzt wird. Im Jahre 995 überfiel der Emir von Gurgentsch, Ma'mūn ibn Muḥammad, in verräterischer Weise seinen Oberherren in Kath und ließ ihn hinrichten. Damit sagte er sich zugleich von der immer mehr zerfallenden Macht der Samaniden in Buchara los und riß den Titel eines Choresmschah an sich. Al-Bīrūnī war so eng mit der gestürzten Dynastie verbunden gewesen, daß er sein Heil in der Flucht suchen mußte. Er wandte sich nach der persischen Stadt Rayy, die heute in der sich ausbreitenden Hauptstadt Teheran aufgegangen ist. Hier wirkte der Astronom al-Ḫuǧandī (gest. 1000), der in seinem Fürsten Faḫr ad-Daula einen verständnisvollen Mäzen hatte. Er war weithin berühmt für seine Erfindungen neuer Instrumente. Das größte, das al-Bīrūnī in einer kleinen Abhandlung beschrieben hat (s. u. Nr. 28), stand auf dem Berg Tabarak bei Rayy. Auch hier ging es um die Messung der Sonnenhöhe. Al-Ḫuǧandī hatte auf der Linie des Meridians einen großen Sechstelkreis mit einem Radius von etwa zwanzig Metern in die Erde eingetieft. Parallel dazu mauerte er zwei Wände in die Höhe und brachte im gedachten Mittelpunkt des Vollkreises eine Lochblende an. Genau zu Mittag warf die Sonne einen Lichtfleck auf den Bogen, dessen Grade bis auf zehn Sekunden weiter unterteilt waren. Damit ermittelte er für die Schiefe der Ekliptik einen Wert von 23° 32′ 19″, der kleiner war als die 24°, welche die alten Inder ausgerechnet hatten, oder auch die 23° 52′ des Ptolemaios. Daraus glaubte er eine stetige Verminderung der Ekliptikschiefe ableiten zu können, aber dann seien ihm nach al-Bīrūnīs Worten Bedenken gekommen, als er feststellen mußte, daß sich in dem etwa zehn Meter hohen Bauwerk die Höhe der Lochblende um etwa eine Spanne gesenkt hatte. Auf jeden Fall war hier der richtige Weg eingeschlagen worden, durch Vergrößerung der Instrumente die Genauigkeit der Messung zu steigern. Aber damit erhöhten sich auch die Kosten, und der weitere Fortschritt hing von der Gunst der politischen Verhältnisse ab. Vier Jahrhunderte später trat der einzigartige Fall ein, daß Ulugh Bek, der Enkel und Nachfolger des Welteroberers Timur Leng, zugleich der bedeutendste Astronom seiner Zeit war. Der Rest des riesigen Sextanten, der an dem Ort seines Observatoriums auf einem Hügel bei Samarkand ausgegraben wurde, erwies sich als ein um das Doppelte vergrößerter Nachbau der Anlage al-Ḫuǧandīs.

Al-Bīrūnī war in der Stadt Rayy ein unbekannter und noch sehr junger Fremdling, und so durfte er sich keine Hoffnungen machen, eine Anstellung am Hof zu erhalten. Zwar war er im Haus eines befreundeten Kaufmanns aus Isfahan

untergekommen, der, wie er sich später erinnert, eine große Sammlung chinesischen Porzellans sein eigen nannte, aber er selbst lebte in drückender Armut, und so entschloß er sich, in das heimatliche Kath zurückzukehren. Bei dieser Gelegenheit konnte er ein Projekt verwirklichen, wie es in dieser Weiträumigkeit damals nur im Reich des Islam möglich war. Für den 24. Mai 997 wurde eine Mondfinsternis erwartet, und al-Bīrūnī hatte, wohl dank der freundlichen Vermittlung al-Ḫuǧandīs, mit dem in Bagdad lebenden weitberühmten und hochbetagten Mathematiker Abu l-Wafā' al-Būzǧānī vereinbart, das Ereignis für eine geodätische Messung zu nutzen. Denn war die Ermittlung der geographischen Breite eines Ortes aus der Höhe des Sonnenstandes ein verhältnismäßig leichtes Unterfangen, so erwies sich die Längenbestimmung als viel schwieriger, weil es noch keine synchronen Uhren gab. Man mußte sich an einem astronomischen Ereignis orientieren, das von allen Bewohnern der Erde gleichzeitig beobachtet werden konnte. Dazu eignete sich nicht die Sonnenfinsternis, wohl aber die Mondfinsternis. Auf den gleichen Gedanken war man schon in der Antike gekommen, wovon ein Anhang zu der Schrift des alexandrinischen Mechanikers Heron „Über das Sehrohr" zeugt. Abu l-Wafā'und al-Bīrūnī ermittelten an jenem Tag als Differenz der jeweiligen Ortszeit von Bagdad und Kath genau eine Stunde, was einem Unterschied von 15 Grad entspricht. Der moderne Wert beträgt eine Stunde und fünf Minuten.
In die Zeit des zweiten Aufenthalts in der Heimatstadt fällt eine weitere wissenschaftliche Korrespondenz, die der nun fünfundzwanzig Jahre alte al-Bīrūnī mit einem um etwa sieben Jahre jüngeren Zeitgenossen führte. Abū 'Alī al-Ḥusain ibn 'Abdallāh ibn Sīnā, im Abendland später als Avicenna bekannt, hielt sich damals noch in Buchara auf, wo sein Vater Hofbeamter der Samaniden war. Er galt trotz seiner Jugend schon als der unbestrittene Experte der aristotelischen Philosophie, und al-Bīrūnī, der inzwischen über die Geodäsie hinaus zu physikalischen und naturphilosophischen Problemen vorgestoßen war, wandte sich an ihn mit achtzehn Fragen, die ihm bei der Lektüre der Abhandlung „Über den Himmel" und der „Physikvorlesung" des großen griechischen Denkers aufgestoßen waren (s. u. Nr. 7–15). Der fol-

gende Meinungsaustausch der beiden jungen Leute, in den am Schluß noch ein Schüler Avicennas namens al-Maʿṣūmī eingriff, ist im großen und ganzen sehr höflich gehalten, nur manchmal mischen sich schrille polemische Töne dazwischen. Denn al-Bīrūnī hatte vorsichtig an den Grundfesten eines Systems gerüttelt, zu dessen Verteidigung sich Avicenna berufen fühlte. Es geht um schwierige Fragen wie etwa die Erklärung der Aggregatzustände des Wassers, die Existenz oder Nichtexistenz des Vakuums, die Natur der Sonnenstrahlen, die Ewigkeit oder das Erschaffensein der Welt zu einem bestimmten Zeitpunkt, die mögliche Existenz vieler Welten und dergleichen. Dabei sind beide noch ganz in dem aristotelisch-ptolemäischen Weltmodell befangen, in dem die schweren Körper alle einer bestimmten Stelle im Raum zustreben, die mit dem Mittelpunkt der Erde identisch ist. Darüber kreist in ewig unveränderlichen Bewegungen der himmlische Äther, der die Gestirne mit sich führt. Aber al-Bīrūnī ist schon von dem letzteren nicht so völlig überzeugt, wie sein Vergleich mit den Gebirgen zeigt, an denen sich sehr langsame Veränderungen auch nur schwer beobachten lassen. Avicenna wirft von sich aus den Namen eines Mannes in die Debatte, der, wie er richtig argwöhnt, auf al-Bīrūnī einen großen Eindruck gemacht hat. Johannes Philoponos hatte um das Jahr 500 als Hochschullehrer in Alexandrien die aristotelische Physik seinem christlichen Schöpfungsglauben angepaßt und war dabei zu einer Leugnung des grundlegenden Unterschieds zwischen der irdischen und der himmlischen Sphäre gekommen, weil sie derselben Schöpfung angehören. Die heidnischen Kollegen des Philoponos aber hatten mit Nachdruck an der göttlichen Natur des sichtbaren Himmels festgehalten,[5] und in ihrem Gefolge bezichtigt auch Avicenna ihn der opportunistischen Anpassung an die Kirchenlehre, während al-Bīrūnī sich ganz auf seine Seite stellt. In diesem Sinne trägt er auch keine Bedenken, in der Frage der möglichen Existenz mehrerer Welten die göttliche Allmacht zu bemühen, die über den einen Schwerepunkt des Aristoteles hinaus auch noch andere gesetzt haben kann. Genauso argumentiert fünf Jahrhunderte später Kopernikus, um die Erde gegen die Einwände der aristotelischen Physik in die Reihe der Planeten einordnen zu können.[6] Al-Bīrūnī steht also mit

seiner Weltanschauung dem Wortsinn des Korans viel näher als Avicenna. Trotzdem hat dieser sich durchgesetzt und unzählige Schüler auf seine Seite ziehen können, während den manchmal etwas hilflosen Versuchen al-Bīrūnīs, die Probleme neu anzugehen, vorderhand keine Nachfolger und Fortsetzer beschieden waren. Die logische Geschlossenheit des Systems schien das wichtigste Kriterium der Wahrheit zu sein. Bezeichnend für die gegensätzliche Denkweise der beiden ist auch die Art und Weise, wie sie das Experiment heranziehen. Die geradezu drollig anmutenden Versuche mit Glasflaschen, auf die sich die beiden einlassen, haben bei Avicenna nicht anders als bei antiken Denkern den Zweck, die Wahrheit eines zuvor schon feststehenden Satzes zu erhärten. Diese Methodik hat auch in der Neuzeit eine Rolle gespielt, selbst bei solchen Bahnbrechern der modernen Naturwissenschaft wie Galilei.[7] Al-Bīrūnī stellt seine Experimente an, um festzustellen, ob ein behaupteter Satz wirklich allgemeingültig ist, und kommt dabei meist zu einem negativen Ergebnis (vgl. u. Nr. 14, 77, 94, 98). Die scherzhafte Klage, daß ihm so viele Flaschen zerbrochen seien, wie sie zur Aufnahme der Wasser des Amudarja reichen würden (Nr. 14), deutet darauf hin, daß der Strom zum Zeitpunkt der Abfassung seiner Antwort an seinem Aufenthaltsort vorbeifloß, daß er sich also noch in seiner Vaterstadt Kath befand.
Auf die Dauer aber mußte hier die Lage für ihn auch nicht ersprießlicher gewesen sein als in Rayy, denn die alte choresmische Hauptstadt war durch die Machtübernahme der neuen Dynastie in Gurgentsch auf den Rang eines Provinznestes abgesunken. Ein Wissenschaftler, und ganz besonders ein Astronom, der zu neuen Erkenntnissen vordringen wollte, brauchte die verständnisvolle Förderung eines Fürsten, das war ihm durch al-Ḫuǧandī und seinen Riesensextanten deutlich vor Augen geführt worden. Da schien sich eine neue glänzende Möglichkeit zu bieten, als Qābūs ibn Wušmagīr im Jahre 998 seine Hofhaltung in Gurgan an der Südostküste des Kaspischen Meeres neu eröffnete. Dieser Mann war einer der gebildetsten, aber auch einer der grausamsten Herrscher seiner Zeit, dabei hatte er selbst in seinem Leben Schlimmes erdulden müssen. Zwei Jahrzehnte zuvor hatte er seinem Schwiegersohn Faḫr ad-Daula, dem

nachmaligen Mäzen al-Ḫuǧandī, Zuflucht gewährt, als er von seinen beiden Brüdern verfolgt wurde. Ein Auslieferungsgesuch hatte Qābūs abgelehnt, was zu kriegerischen Auseinandersetzungen führte, in deren Verlauf er mit seinem Schützling das Land verlassen und in Nischapur unter samanidischer Oberhoheit Asyl suchen mußte. Faḫr ad-Daula konnte bereits 984 nach dem Tod seiner Brüder nach Rayy zurückkehren und bis zu seinem Tod im Jahre 997 einigermaßen ungestört regieren. In diese Zeit fällt der oben erwähnte Aufenthalt al-Bīrūnīs in Rayy. Anstatt aber das annektierte Gurgan schleunigst seinem großherzigen Beschützer zurückzugeben, ließ sich Faḫr ad-Daula von seinem Wesir Ibn ʿAbbād aṣ-Ṣāḥib bereden, das schöne Land für sich zu behalten. Erst 998, nach achtzehn Jahren des Exils, konnte Qābūs seinen angestammten Herrschersitz zurückerobern. Er war ein begabter Dichter und großer Meister der arabischen Prosa, so war es natürlich, daß sich an seinem Hof viele andere Poeten einfanden. Er aber soll Wert darauf gelegt haben, daß sie nicht nur den üblichen Lobpreis des Herrschers anstimmten, sondern auch mit Kritik nicht hinter dem Berg hielten.
Al-Bīrūnī wurde ebenfalls wohlwollend aufgenommen, und nach zwei oder drei Jahren hatte er in Gurgan sein erstes großes Werk vollendet und Qābūs mit schwungvollen Lobsprüchen gewidmet, die sicher aus ehrlichem Herzen kamen. Das Buch trägt den Titel „Bleibende Spuren vergangener Generationen", in neueren Darstellungen wird es nach seinem Herausgeber und Übersetzer Eduard Sachau meist kurz die „Chronologie" genannt. Der Inhalt ist in keine der zuvor bekannten Literaturgattungen einzuordnen und ist am ehesten zu definieren als eine Welt- und Religionsgeschichte, aus dem besonderen Blickwinkel des Astronomen geschrieben. Es geht ihm, von zahlreichen interessanten Exkursen abgesehen, um die Kalendersysteme der verschiedenen Völker und deren astronomische und religiöse Grundlagen. Die Objektivität, mit der er die nichtislamischen Religionen darstellt, verdient höchstes Lob, bemerkenswert ist seine Kenntnis der Bibel, die er auch in späteren Werken oft mit Hochachtung zitiert, obgleich ihm einzelne Widersprüche nicht verborgen bleiben. Besonders interessant ist ein Kapitel über die „falschen Propheten und

die von ihnen betrogenen Völker". Hier versammelt er die Gemeinde der Sabier, der letzten Vertreter der alten babylonischen Gestirnreligion, Zarathustra und seine Anhänger, deren Zahl zu dieser Zeit ebenfalls schon sehr zusammengeschmolzen war, die Manichäer, die im Islam ebenso unerbittlich verfolgt wurden wie in der Christenheit, und dazu auch noch islamische Gruppierungen wie die sozialrevolutionären Karmaten und die „Weißgekleideten". Über die beiden letztgenannten hat er eine spezielle Schrift verfaßt, die leider nicht erhalten ist, man kann aber annehmen, daß er ihnen keine besonderen Sympathien entgegengebracht hat.[8] Am Hofe von Qābūs hatte er Gelegenheit, verschiedene Gewährsleute zu befragen. Ein hoher Militär steuerte Nachrichten zur Geschichte des Mani bei, al-Bīrūnī verfaßte seinerseits für ihn ein umfängliches Werk mit dem Titel „Die Schlüssel zur Astronomie".
Die meisten der Schriften, die in dieser Zeit entstanden, waren astronomischen Themen gewidmet. Besonders interessant ist eine Abhandlung über die Konstruktion des Astrolabs, eines handlichen Universalinstruments, mit dem man die Gestirne anvisieren, ihre Bewegung modellhaft darstellen, die Uhrzeit ablesen, ein Horoskop stellen und geodätische Messungen sowie einige Rechenoperationen ausführen konnte. Der am meisten verbreitete Typ war das flache „planisphärische" Astrolab, über das schon der oben genannte Johannes Philoponos einen Traktat geschrieben hatte. Die Herstellung war nicht einfach, weil die Vertikal- und Horizontalkreise der Himmelskugel auf eine Ebene projiziert werden mußten. Gerade um die Jahrtausendwende begann mit der Übernahme dieses Instruments die Rezeption der arabischen Wissenschaft in Westeuropa, und kein Geringerer als Gerbert von Aurillac, nachmals Papst Silvester II. (gest. 1003), soll sich daran beteiligt haben.[9] Al-Bīrūnī beschränkt sich nicht auf das planisphärische Modell, sondern behandelt daneben andere Konstruktionen, darunter eine, die auf der Vorstellung aufgebaut war, daß die Erde rotiert und der Fixsternhimmel stillsteht. Ein Zusatzgerät, das er selbst erfunden hatte, veranschaulichte über ein Zahnradgetriebe die Bewegung von Sonne und Mond, es handelte sich also um eine Art astronomischer Uhr, die allerdings noch mit der Hand bewegt werden

mußte.[10] Zur Ausführung von größer dimensionierten Projekten scheint al-Bīrūnī unter Qābūs nicht gekommen zu sein. Als besonders schmerzlich mußte er die Ablehnung eines Antrags empfinden, in der ebenen Wüste nördlich von Gurgan mit Hilfe von Messungen der Sonnenhöhe die Länge eines Meridiangrades und damit des ganzen Erdumfangs zu bestimmen. Die Expedition hätte vielleicht eine zu aufwendige militärische Bedeckung erfordert. Aber auch abgesehen davon muß zwischen ihm und Qābūs eine Entfremdung eingetreten sein, so daß er seine Blicke wieder nach der choresmischen Heimat richtete. In Gurgentsch hatte sich eine kleine Akademie gelehrter Männer zusammengefunden. Da war sein geliebter Lehrer Abū Naṣr Manṣūr und der universal gebildete christliche Arzt Abū Sahl ʿĪsā ibn Yaḥyā al-Masīḥī. Mit beiden scheint al-Bīrūnī schon von Gurgan aus einen lebhaften Briefwechsel unterhalten zu haben. Auch Avicenna gesellte sich dazu, jedoch geht aus seiner Autobiographie nicht klar hervor, ob er noch vor al-Bīrūnī eintraf.

Dessen Übersiedlung läßt sich gut datieren, denn im Jahre 1003 beobachtete er nach eigenen Angaben zwei Mondfinsternisse in Gurgan und 1004 eine weitere bereits in Gurgentsch. Hier regierte ʿAlī ibn Ma'mūn (997–1009), ein Sohn des Usurpators Ma'mūn ibn Muḥammad, der 995 die alte choresmische Hauptstadt Kath überfallen hatte. Eine Periode neuen fruchtbaren Schaffens folgte. Er beschäftigte sich nun auch mit Metallen und Edelsteinen und baute zum Zweck der Dichtemessung ein geeignetes Überlaufgefäß in immer neuen Varianten, bis er eines mit einem engen Hals entwickelt hatte, in dem das Wasser beim Hineinwerfen der zu untersuchenden Substanzen besonders deutlich anstieg. Die gewonnenen Werte sind vom Standpunkt der modernen Physik aus gesehen erstaunlich genau. Er war sich dabei bewußt, daß Wasser und Wasser nicht dasselbe ist, und stellte Unterschiede in Abhängigkeit von der Jahreszeit, dem Quellort und dergleichen fest, die entscheidende Rolle der Temperatur scheint er noch nicht erkannt zu haben. Die weitere wissenschaftliche Arbeit wurde in der Folgezeit aus politischen Gründen beeinträchtigt, aber nicht etwa deshalb, weil er die Gunst des regierenden Choresmschah verloren hätte, im Gegenteil. Ma'mūn ibn Ma'mūn, der Bruder und Nachfolger des genannten ʿAlī ibn Maʾmūn, fand besonderes Gefallen an al-Bīrūnī und zog ihn immer enger als seinen Vertrauten und Mitarbeiter an sich heran. Die politische Lage war bedrohlich. In Buchara war die Macht der Samaniden endgültig zusammengebrochen, Schuld daran trug der soziale Gegensatz zwischen dem alteingesessenen Landadel und dem neuen Dienstadel, der dazu führte, daß der Widerstand gegen die von Osten her andrängenden Turkstämme immer schwächer wurde. Im Süden hatte sich Sebüktegin, ein türkischer General der Samaniden und ehemaliger Militärsklave, selbständig gemacht und Afghanistan und weite Teile Persiens unter seiner Herrschaft vereinigt. Sein Sohn Maḥmūd betrieb von seiner Hauptstadt Ghazna, heute Gasni, südwestlich von Kabul, eine rastlose Eroberungspolitik. An der Spitze seiner Truppen drang er im Westen bis nach Georgien vor, in Indien überschritt er den Ganges und brachte das Industal fest in seine Gewalt. Im Norden hatte er Choresm zunächst auf friedliche Weise an sich gebunden, indem er sowohl ʿAlī ibn Maʾmūn wie auch Maʾmūn ibn Maʾmūn eine seiner Schwestern zur Frau gegeben hatte, und gerade der letztere war ängstlich darauf bedacht, den mächtigen Herrn Schwager nicht zu reizen. Als ihm der Kalif im fernen Bagdad, immer noch das nominelle Oberhaupt aller rechtgläubigen Muslime, einen Ehrentitel samt zugehörigen Insignien und einem Ehrenkleid verleihen wollte, fürchtete er, daß Maḥmūd dies als eine Herausforderung ansehen könnte. Darum mußte al-Bīrūnī dem Abgesandten des Kalifen in die Wüste entgegenreiten, um dort alles heimlich in Empfang zu nehmen, auf daß in der Hauptstadt jedes öffentliche Aufsehen vermieden würde. Al-Bīrūnī hatte für die zeitgenössische Titelsucht nur Spott übrig,[11] aber Maḥmūd, der Sprößling der Sklavenfamilie, war in Protokollfragen nicht so gleichgültig. Im Jahre 1014 verlangte er, daß in den Moscheen Choresms in der Predigt des Freitagsgottesdienstes neben der pflichtgemäßen Nennung des amtierenden Kalifen auch sein Name genannt werde. Al-Bīrūnī hat die darauf folgenden dramatischen Ereignisse in einer „Geschichte Choresms" festgehalten, die leider nur in Zitaten erhalten ist. Der Adel des Landes lehnte das Ansinnen ab und drohte mit offener Empörung. Al-Bīrūnī riet dem ängstlichen Maʾmūn zu einer hinhaltenden Taktik und zu einem Bündnis mit den östlichen Turkstämmen, obwohl er im nachhinein eingestehen mußte, daß diese alles andere als zuverlässig waren und auch mit Maḥmūd paktierten. Der Choresmschah verfiel auf den unglücklichen Kompromiß, den Namen Maḥmūds in den Moscheen des Landes mit Ausnahme von Gurgentsch und Kath nennen zu lassen. Die befürchtete Revolte brach trotzdem aus, Ma'mūn wurde ermordet, und Maḥmūd konnte sich keinen besseren Anlaß wünschen, um mit seinem Heer in Choresm einzufallen und den Tod des Schwagers zu sühnen. In Kath ließ er drei Anführer des Aufstandes von seinen Kriegselefanten zertrampeln, und eine endlose Reihe von Gefangenen wurde zum Zwecke der Umsiedlung bis nach Indien abgeführt. Zu den Verschleppten gehörte auch al-Bīrūnī und sein alter Lehrer Abū Naṣr Manṣūr. Dies geschah im Jahre 1017. Avicenna hatte sich rechtzeitig in Richtung auf Gurgan abgesetzt, wo er von dem Mäzenatentum des Qābūs zu profitieren hoffte, der aber 1013 im Gefolge einer Militärrevolte ebenfalls ums Leben gekommen war.

Über die Umstände seines Abtransports hat al-Bīrūnī keine näheren Angaben gemacht. Pavel G. Bulgakov, dem wir die gründlichste Rekonstruktion der Biographie verdanken, hat jedoch mit Recht darauf hingewiesen, daß er seine Arbeiten in Ghazna sehr zügig wiederaufnehmen konnte, was darauf hindeutet, daß seine Bücher und Aufzeichnungen mitgingen. Immerhin gibt er in seinem am 20. Oktober 1025 in Ghazna vollendeten Werk „Bestimmung der Grenzen der Orte zur Berichtigung der Entfernungen der Wohnsitze“, meist kurz „Geodäsie“ genannt, eine Andeutung über seine damalige Lage. Sie sei schlimmer als die von Noah und Lot gewesen. In einem Dorf in der Nähe von Kabul habe er das Verlangen verspürt, die geographische Breite des Ortes zu messen, und weil nichts anderes zur Hand war, mußte er sich ein primitives Gerät selber basteln. In derselben „Geodäsie“ findet sich eine andere Stelle, die für die Geschichte der Geographie hochbedeutsam ist. Im Vertrauen auf die Möglichkeit ungestörten Arbeitens, heißt es da, habe er früher, die Kosten nicht scheuend, einen riesigen Halbglobus mit etwa fünf Meter Durchmesser gebaut, um auf ihm die auf astronomischem Wege ermittelten Längen und Breiten der Städte wie auch die von Reisenden mitgeteilten Entfernungen einzuzeichnen, jedoch sei die Arbeit durch eine nicht näher beschriebene Katastrophe unterbrochen worden (s. u. Nr. 24). Damit ist al-Bīrūnī nach gegenwärtiger Kenntnis der erste, der einen Erdglobus hergestellt hat. Einen antiken Vorgänger hat er darin höchstens in dem Homererklärer Krates von Mallos (2. Jahrhundert v. u. Z.), der auf einem Globus die Irrfahrten des Odysseus demonstrieren wollte, die Verteilung der Länder und Meere darauf war jedoch rein spekulativ und phantastisch. Ptolemaios gibt im ersten Buch seiner „Geographie" nur allgemeine Hinweise zur Anlage des Gradnetzes auf dem Erdglobus, aber es ist nicht bekannt, ob es daraufhin zu einer praktischen Anwendung kam. Auf diese ersten Ansätze bei den Griechen pflegt man darum in der Geschichte der Geographie die kleine Erdkugel des Martin Behaim aus dem Jahre 1492 folgen zu lassen, weil die „Geodäsie" al-Bīrūnīs erst in den sechziger Jahren unseres Jahrhunderts herausgegeben wurde. P. G. Bulgakov, der sich als ihr Herausgeber und Übersetzer verdient gemacht hat, datiert den Bau des Erdglobus in die Jugendjahre, als al-Bīrūnī 995 Kath verlassen mußte und nach Rayy floh. Jedoch widerspricht dem die von ihm im selben Zusammenhang geäußerte Hoffnung, alles samt den zugehörigen Notizen einmal wiederzubekommen. Bei dem zweiten Aufenthalt in der Heimatstadt wäre Gelegenheit gewesen festzustellen, ob noch etwas zu retten war. Es ist darum mit E. S. Kennedy eher anzunehmen, daß mit der angedeuteten Katastrophe die Verschleppung durch Maḥmūd gemeint war. Al-Bīrūnī hat also den Bau des Globus in seinen späteren Jahren in Gurgentsch und mit reiferem methodischen Bewußtsein und einem größeren Vorrat an geographischen Informationen begonnen.

Die neuen Lebensumstände gaben ihm andererseits die Möglichkeit, ein lange geplantes Projekt doch noch zu verwirklichen, von dem schon die Rede war. Es ging um die Bestimmung der Größe der Erdkugel, die man kennen mußte, um auf ihrer maßstabgerechten Verkleinerung die in Graden definierten Längen und Breiten der Städte zusammen mit ihren in Meilen bekannten Entfernungen auftragen zu können. In der Wüste nördlich von Gurgan am

Kaspischen Meer hatte sich die Gelegenheit geboten, nach einer schon von Eratosthenes (279–195 v. u. Z.) und dem Kalifen al-Ma'mūn (813–833) praktizierten Methode einen Breitengrad mit Hilfe des Winkels der Sonnenhöhe auszumessen. Der Antrag auf Ausrüstung einer Expedition war von Qābūs abschlägig beschieden worden, und so hatte sich al-Bīrūnī mit den überlieferten Werten behelfen müssen. Um das Jahr 1023 befand er sich, sei es freiwillig oder unfreiwillig, in der Festung Nandana an einem strategisch wichtigen Einfallstor nach Indien. Maḥmūd hatte sie bereits 1014 in seine Gewalt gebracht. Von einem benachbarten Berg eröffnete sich in südöstlicher Richtung ein weiter Blick auf die Indusebene. Hier kam ihm der Gedanke, eine ganz andere Methode anzuwenden, die wahrscheinlich keine antiken Vorbilder hat, aber auch schon auf Geheiß al-Ma'mūns während eines Feldzuges gegen Byzanz ausprobiert worden war. Und zwar hatte der Kalif befohlen, an der kleinasiatischen Küste die Höhe eines Berges zu vermessen und von seinem Gipfel aus den Meereshorizont gegen die untergehende Sonne anzuvisieren. Die Abweichung des Winkels von der Horizontalen ist von der bekannten Höhe des Berges und von dem zu berechnenden Umfang der Erdkugel abhängig. Al-Bīrūnīs Ausblick ging zwar nicht in Richtung auf den Sonnenaufgang, dennoch vermochte er die Horizontlinie der Ebene, die sich glatt wie die Oberfläche eines Meeres erstreckte, gegen das Blau des Himmels gut zu erkennen. Der ermittelte Wert von 110 275 Metern für den Grad ist erstaunlich genau, jedoch meint dazu der pakistanische Forscher Saiyid Samad Husain Rizvi, der die Messungen von derselben Stelle aus mehrfach wiederholt hat, daß sich dabei mehrere Störfaktoren in glücklicher Weise gegenseitig aufgehoben haben müssen.[12]

In der Residenzstadt Ghazna, wo Maḥmūd eine parvenühaft üppige Hofhaltung entfaltete, für die das Letzte aus dem Volk herausgepreßt wurde, hat al-Bīrūnī für sich wieder normale Arbeitsbedingungen erwirken können. Er verfügte über einen ansehnlichen Mauerquadranten im Durchmesser von etwa viereinhalb Metern, wie er ihn zuvor nie besessen hatte. Das Verhältnis zu dem Despoten hatte sich also freundlicher gestaltet, was al-Bīrūnī mit folgendem Vers ausdrückte:

„Er verzieh mir meine Torheiten und bezeugte mir Großmut,
mit milder Hand ließ er meine Erscheinung und mein Gewand in Ehren erstrahlen".

Das war mehr als höfische Pflichtübung, denn er schrieb es erst nach dem Tode Maḥmūds. Im Unterschied zu seinen früheren Brotgebern hatte dieser keine eigentlichen wissenschaftlichen Interessen, aber als geborener Politiker hatte er andere Gründe, den Gelehrten an sich zu binden. Zum einen hatte er einen Mann unter seiner Aufsicht, der einmal ein Wortführer des choresmischen Widerstandes gewesen war, zum anderen mehrte er den Ruhm seines Hofes, wenn sich hier unter den zahlreichen Malern und Dichtern auch ein Wissenschaftler vom Rang al-Bīrūnīs befand, und außerdem gab es hin und wieder Gelegenheiten, von seinen Kenntnissen einen schnellen Nutzen zu ziehen. Im Jahre 1024 erschien in Ghazna ein Gesandter der sogenannten Wolgabulgaren, das heißt jenes Teils des ursprünglich turkstämmigen Volkes, der in der Gegend der Kamamündung einen eigenen Staat gegründet und den Islam angenommen hatte. Der Mann erzählte bei der Audienz beiläufig von Menschen im fernen Norden, wo im Sommer die Sonne nicht untergeht. Maḥmūd brauste auf und erklärte dies für Lüge und Ketzerei. Die Reaktion des frommen Muslim ist verständlich, denn zwei der fünf pflichtgemäßen täglichen Gebete sind an den Auf- und Untergang der Sonne gebunden, und im Fastenmonat Ramadan ist das Essen und Trinken nur nachts gestattet. Al-Bīrūnī, der zugegen war, konnte helfend eingreifen und demonstrieren, daß es aus geometrischen Gründen damit seine Richtigkeit haben müsse, und so den Sultan vor einer noch größeren Blamage bewahren. In der 1025 abgeschlossenen „Geodäsie" findet sich eine interessante Stelle über wagemutige Anwohner der Ostsee, die zu Schiff bis in Breiten vordringen, wo die Sonne im Hochsommer über dem Horizont bleibt (s. u. Nr. 16). Wahrscheinlich hat er diese Nachricht von der erwähnten Gesandtschaft erhalten.[13]
Maḥmūd war ein gefürchteter Mann, dessen Ruhm noch lange nachwirkte, und so ist es kein Wunder, daß sich auch die volkstümliche Legende seines Verhältnisses zu dem

nicht minder bekannten Gelehrten angenommen hat. Über ein Jahrhundert später berichtet der persische Autor Niẓāmī-i ʿArūḍī, der in seinen „Vier Abhandlungen“ Phantastisches und historisch Glaubwürdiges in kunterbunter Weise vermischt hat, die folgende Begebenheit. Der Sultan wollte die astrologischen Fähigkeiten al-Bīrūnīs erproben und fragte ihn, durch welche der vier Türen des Raumes, in dem er sich gerade befand, er hinausgehen werde. Dieser nahm das Astrolab, rechnete eine Weile und schrieb seine Vorhersage auf ein Stück Papier, das er unter das Polster schob. Maḥmūd ließ nun eine fünfte Öffnung in die Mauer brechen, aber genau dies fand sich auf dem Zettel vermerkt. In kindischer Wut befahl der Sultan, den Gelehrten aus dem Fenster zu werfen, der aber in einem zufällig aufgespannten Netz landete, was er ebenfalls aus seinem Horoskop schon vorher wußte. So kam er mit dem Leben davon, aber die folgenden sechs Monate mußte er im Gefängnis zubringen. Ob sich al-Bīrūnī wirklich, wie es diese Anekdote voraussetzt, als Hofastrologe betätigt hat, ist sehr zweifelhaft. Aus mehr als einer seiner Äußerungen geht hervor, daß er sich gegenüber der sogenannten „judiziarischen“ Astrologie, die alle möglichen Ereignisse exakt vorausberechnen wollte, durchaus skeptisch verhalten hat. Etwas anderes ist es mit der sogenannten „natürlichen“ Astrologie, die neben den offenkundigen Einwirkungen der Sonne und des Mondes auf das irdische Geschehen ein Gleiches für die übrigen Gestirne annahm. Hier hat sich al-Bīrūnī mit der ihm eigenen Vorsicht alle Möglichkeiten offengelassen. Gegen Ende der Regierungszeit Maḥmūds schrieb er ein „Buch der Unterweisung in die Anfänge der Kunst der Sterndeutung“. Gewidmet ist es einer sonst nicht bekannten Frau namens Raiḥāna, die auch aus Choresm stammte. Wahrscheinlich war sie eine von der Astrologie besessene Hofdame, der al-Bīrūnī in irgendeiner Weise zu Dank verpflichtet war. Er verteilt die 560 Abschnitte des Werkes, die in der damals für Lehrbücher beliebten Frage-und-Antwort-Form abgefaßt sind, sehr ungleichmäßig auf eine gründliche Einleitung in die geometrischen und arithmetischen Grundlagen der Astronomie und Geographie, er behandelt ferner die Chronologie und die Konstruktion des Astrolabs, während die Darlegung der astrologischen Doktrinen weit weniger als die Hälfte des Buches einnimmt. Natürlich zeigt er sich auch hierin als ein profunder Kenner der Materie.

Al-Bīrūnī machte sich auch den Dichtern des Hofes nützlich. Maḥmūd soll der Überlieferung zufolge die stattliche Anzahl von vierhundert unterhalten haben, um seine Taten besingen zu lassen. Nach einer neueren Berechnung waren es nur neunundzwanzig, was aber immer noch beachtlich wäre.[14] An ihrer Spitze stand ein „Dichterkönig", der ihr Zensor und Maḥmūds Vertrauter war. ʿUnṣurī, der Inhaber dieses Amtes, der übrigens in der persischen Literaturgeschichte keinen schlechten Namen hat, konnte in al-Bīrūnīs arabischer Übersetzung drei altpersische Literaturwerke lesen und für seine neupersischen Fassungen verwerten.[15] Bei der einen handelt es sich um eine orientalische Version des hellenistischen Parthenope-Romans, von dem im griechischen Original nur Papyrusbruchstücke erhalten sind. Der arabische Titel lautet „Wāmiq und ʿAḏrāʾ", die beiden Eigennamen bedeuten übersetzt „der zärtliche Liebhaber" und „die Jungfrau".[16] Sprechende Namen tragen auch die Helden der anderen Erzählung „Qasīm as-Surūr und ʿAin al-Ḥayāt", der „Teilhaber des Glücks" und die „Quelle des Lebens". Ein drittes ist die „Erzählung von den beiden Götzenbildern von Bamijan", gemeint sind zwei riesige und heute noch vorhandene Buddhafiguren, Zeugnisse des einst auch in Afghanistan verbreiteten Buddhismus, die nach der muslimischen Eroberung zum Gegenstand volkstümlicher Sagenbildung wurden.[17] Die Zeit Maḥmūds ist die Epoche des Aufblühens der neupersischen Literatur, die schon unter den Samaniden in Buchara begonnen hatte. Ihr gewaltigstes Zeugnis ist das „Schahnameh" Firdausīs, die legendenhaft verklärte Darstellung der persischen Geschichte vor dem Islam, was schon von der Wahl des Stoffes her ein Ausdruck des erstarkenden persischen Nationalgefühls war. Firdausī hat umsonst auf eine fürstliche Belohnung durch Maḥmūd gehofft, was vielleicht damit zusammenhängt, daß dieser seine Kulturpolitik wieder stärker auf die Pflege des Arabischen als der alle Muslime verbindenden Sprache des Korans ausrichtete. Al-Bīrūnī hat in dem Widerstreit der beiden Sprachen eine klare Stellung bezogen, indem er erklärte, es sei ihm lieber, auf arabisch beschimpft als auf persisch gelobt zu werden (s. u. Nr. 2). Das letztere tauge nicht für die Wissenschaften, sondern höchstens für nächtliche Plaudereien über die alten persischen Könige, eine ebenso deutliche wie spöttische Anspielung auf den Inhalt des „Schahnameh". Was sich hier in so schroffer Weise artikuliert, ist sicherlich nicht nur die Liebe zum Arabischen als der völkerverbindenden Sprache der Wissenschaften, dem „Latein des Ostens", sondern zugleich der Ausdruck eines eigenen choresmischen Selbstbewußtseins, das sich von dem persischen deutlich geschieden wußte. In diesem Zusammenhang sind auch seine Bemühungen um die choresmische Geschichte zu sehen. Ein diesbezügliches Werk ist leider nur in einigen paraphrasierenden Auszügen seines Zeitgenossen Baihaqī erhalten, der ebenfalls in Maḥmūds Diensten stand. Hier hat er auch über das dramatische Ende der Selbständigkeit des Landes und seine eigene Rolle dabei Rechenschaft gegeben. Bereits in der „Chronologie" findet sich viel Material über das alte Choresm, hier schildert er auch in dürren Worten, was die arabische Eroberung des Jahres 712 für das Land und seine Bewohner bedeutete: „Weil Quṭaiba ibn Muslim al-Bāhilī ihre Schriftgelehrten umbrachte und ihre Priester tötete und ihre Bücher und Schriftrollen verbrannte, blieben sie Analphabeten und redeten von dem, was sie wissen mußten, nach dem Gedächtnis."[18] Tatsächlich hat auch er die Liste der alten choresmischen Könige nicht mehr richtig zusammenbekommen, die heute dank der modernen numismatischen Forschung bis ins erste Jahrhundert unserer Zeitrechnung zurückverfolgt werden kann.[19] Dennoch empfand er den Anschluß Choresms an das islamische Reich als einen Gewinn, denn für ihn als Wissenschaftler bedeutete er die Teilhabe an dem gemeinsamen Erbe so vieler Völker, vor allem des griechischen. Mindestens einmal, wahrscheinlich aber erst nach dem Tode Maḥmūds, durfte al-Bīrūnī besuchsweise in die alte Heimat zurückreisen. Er erwähnt diesen Umstand beiläufig in einem Sendschreiben über das Leben und die Schriften des bedeutenden Arztes, Alchemisten und Freidenkers ar-Rāzī (s. u. Nr. 53).

Völlig neue Horizonte eröffneten sich indessen seiner Wißbegier durch die räuberischen Kriegszüge Maḥmūds nach Indien, der in den Jahren 998 bis 1030 insgesamt siebzehnmal in den Subkontinent vorstieß. Er verband so den Ruhm des Glaubenskämpfers, der die Götzendiener aufs Haupt schlägt, mit einem unermeßlichen Gewinn aus der Plünderung der Tempel. Al-Bīrūnī hatte in Ghazna Gelegenheit, mit gefangenen Indern zu sprechen und in die Anfangsgründe des Sanskrit einzudringen. Außerdem hielt er sich mehrfach in den eroberten Gebieten des Pandschab auf, jedoch lassen sich seine Reiserouten nicht rekonstruieren.[20] Auch gibt er keine Auskunft darüber, ob er die Kriegszüge begleiten durfte oder mußte. Er verrät nur, daß er keinerlei Weisungsbefugnis hatte und nicht überall dorthin gehen konnte, wohin er wollte. Immerhin gelang es ihm, in gelehrte Zirkel der Brahmanen einzudringen, wobei er sich von ihrem Eigendünkel nicht abschrecken ließ, wieder in die bescheidene Rolle eines Schülers zurückzufallen (s. u. Nr. 55). Die Frucht aller dieser Bemühungen ist ein Buch über Indien, das in seiner Objektivität und seinem Materialreichtum weder in der Antike noch im Mittelalter und auch bis weit in die Neuzeit hinein nicht seinesgleichen hat und als Quelle von der modernen Indologie hoch geschätzt wird.[21] Mit Bedauern muß der Europäer vermerken, daß es im maurischen Spanien oder in Sizilien leider keinen Muslim gegeben hat, der in analoger Weise Latein gelernt und sich mit der Lebensweise und den Traditionen der dort lebenden Christen befaßt hätte. Die indischen Verhältnisse mußten al-Bīrūnī ebenso bizarr und exotisch vorkommen wie später den Europäern. Sein Herangehen ist vom Geist der griechischen Wissenschaft geprägt und ausgesprochen rationalistisch. So erklärt er die Heiligkeit der Kühe mit ihrer wirtschaftlichen Bedeutung oder das Kastenwesen als eine Einrichtung, mit der sich die alten Könige die Beherrschung ihrer Untertanen erleichtern wollten (s. u. Nr. 57 u. 59). Beim Studium der exakten Wissenschaften der Inder, die ihn in erster Linie interessierten, findet er immer wieder seine Auffassung von der Überlegenheit der alten Griechen bestätigt. Nur sie hätten sich zu einer rein physikalischen Betrachtungsweise der Natur durchringen können, bei den Indern hingegen bemerkt er bemerkenswerte Ansätze dazu und zugleich traurige Kompromisse mit dem Aberglauben der breiten Masse. Er findet in allen zivilisierten Gesellschaften eine Spaltung in eine gebildete Elite und eine ungebildete Mehrheit, die zum abstrakten Denken von vornherein unfähig und zur Aufsässigkeit und zum Aberglauben geneigt ist. Gefahr besteht dann, wenn sie die Herrschenden unter Druck setzen kann, wie im Fall des Sokrates geschehen. Hierin teilt al-Bīrūnī die Ansichten der meisten muslimischen Philosophen (s. u. Nr. 60). Aber die mythologischen Vorstellungen der Inder, die ihm als Muslim und als Wissenschaftler doppelt lächerlich vorkommen mußten, fesseln ihn trotzdem, denn er findet in ihnen wie auch in dem Bilderkult merkwürdige Parallelen zum Heidentum der alten Griechen. Hier befand er sich allerdings hinsichtlich der Quellen in einer mißlichen Lage, denn die arabischen Übersetzer des 9. Jahrhunderts hatten sich auf die Philosophie und die Wissenschaften konzentriert und die schöne Literatur der Antike ausgespart. Es kann auch gar keine Rede davon sein, daß al-Bīrūnī einen Homer oder Hesiod im Original lesen konnte, sondern er hat sich die einschlägigen Verse aus den gelegentlichen Zitaten in den übersetzten wissenschaftlichen Texten herausgesucht.[22] Die Belesenheit, mit der er dies tat, ist wiederum erstaunlich. Immer aber bleibt er in seiner Darstellung der hinduistischen Religion kühl und sachlich und ohne missionarischen Eifer, nur manchmal kann er einen Anflug von Sarkasmus nicht unterdrücken. Inmitten des Kriegsgetümmels, dessen Schrecken er übrigens nicht mit Stillschweigen übergangen hat, leistete er mit seinen Mitteln einen Beitrag zur Versöhnung. Er übersetzte, von indischen Helfern unterstützt, in beide Richtungen. Aus dem Sanskrit ins Arabische übertrug er einige Traktate medizinischen, mathematischen und astronomisch-astrologischen Inhalts, dazu ein religiöses Gespräch eines Asketen mit seinem Schüler, an dem ihm offenbar eine monotheistische Tendenz gefiel und mit dem er zeigen konnte, daß die Inder nicht allesamt dem Schwert verfallene Götzendiener sind.[23] Umgekehrt übersetzte er ins Sanskrit, was ihm am nötigsten erschien, ein Handbuch über das Astrolab, den Almagest des Ptolemaios und die „Elemente" des Euklid, und alles noch dazu in Verse, weil die Inder es anders nicht lesen wollten (s. u. Nr. 72). Erhalten hat sich davon anscheinend nichts, und der Grund mag darin liegen, daß diese Übersetzungen doch zu unbefriedigend ausgefallen waren, obwohl er einheimische Experten

heranziehen konnte. Auf alle Fälle aber stellt diese Art der offenherzigen Zuwendung an eine fremde Kultur eine für seine Zeit sehr ungewöhnliche Erscheinung dar.
Im Jahre 1030 starb der Sultan, und Nachfolger wurde sein Sohn Mas'ūd, der nicht die politische und strategische Begabung seines Vaters besaß. Unter ihm begann bereits der Zerfall des schnell zusammengerafften Reiches. 1040 wurde er von meuternden Offizieren ermordet. Er liebte mehr als sein Vater den Wein und die Freuden des Harems, dazu allerdings auch die Gesellschaft der Gelehrten, und so wird sein Name für immer mit dem umfangreichsten Werk al-Bīrūnīs verbunden sein, das er ihm gewidmet hat. Er nannte es „Al-Qānūn al-Mas'ūdī", den „Mas'ūdischen Kanon", es handelt sich um ein streng systematisch aufgebautes Handbuch der Astronomie, mit dem der Inhalt des Ptolemäischen Almagest erweitert und auf den neuesten Stand gebracht wurde. Dem antiken Vorbild folgend, verzichtet er hier auf die Exkurse und die Dichterzitate, die er sonst einzuflechten liebte.
Mittlerweile aber war er in die Jahre gekommen, da sich körperliche Gebrechen einstellten und auch das Augenlicht nicht mehr ausreichte, um sich den anstrengenden nächtlichen Beobachtungen des Himmels zu widmen. Wiederum erfaßte ihn auch deswegen keine Resignation, sondern er wandte sich anderen Aufgaben zu, die leichter zu bewältigen waren. Für Maudūd, den Nachfolger Mas'ūds, verfaßte er ein Buch über Mineralien, in dem ihre Eigenschaften und Fundstätten sowie ihre Verarbeitung und Verwendung ausführlich beschrieben sind. Der Gesichtskreis ist weit, er reicht vom Bernstein der Ostsee und den Schwertern der Germanen bis hin zum Porzellan der Chinesen. Wie gewohnt, hat er auch hier die Befragung vieler Gewährsleute und eigene Beobachtungen mit der kritischen Auswertung der zum Thema vorhandenen Literatur verbunden. Beiläufig äußert er dabei seine Zweifel an der Echtheit eines auf den Namen des Aristoteles gefälschten Buches über die magischen Eigenschaften der Steine, womit er unter seinen Zeitgenossen ziemlich allein dasteht. Noch bemerkenswerter ist die Einleitung, die weit über den Rahmen hinausgeht, der durch den Titel abgesteckt zu sein scheint (s. u. Nr. 75). Sie handelt von dem Menschen als dem vernunft-

begabten Mängelwesen, das zu seiner Selbsterhaltung auf den arbeitsteiligen Zusammenschluß angewiesen ist. Dies verschmilzt er, durch viele Zitate untermauert, mit der Betrachtungsweise des Korans, nach dessen Lehre die natürliche Umwelt, die sich der Mensch nicht selbst geschaffen hat und die trotzdem seinen Bedürfnissen entgegenkommt, eine Gabe Gottes ist, der ihn als seinen Stellvertreter auf die Erde gesetzt hat. Selbst das Gold und Silber im Schoß der Erde hat Gott im Hinblick auf das Gedeihen der menschlichen Gesellschaft fürsorglich bereitgestellt.
Auch al-Bīrūnīs letztes großes Werk hat nichts mehr mit der Mathematik und der Astronomie zu tun. Die „Pharmakognosie" ist ein riesiges alphabetisches Verzeichnis von Heilpflanzen und Nahrungsmitteln, daneben auch von Tieren und anorganischen Substanzen. Der Zweck ist vorwiegend ein philologischer, es geht ihm darum, die Bezeichnungen der betreffenden Substanzen in den verschiedensten Sprachen und Dialekten festzustellen und miteinander gleichzusetzen. Es gab noch keine international vereinbarte pharmazeutische Nomenklatur, und darum konnte dieses Unternehmen auch eine durchaus praktische Bedeutung haben. Die medizinische Anwendung hat er bewußt ausgeklammert, obwohl er eine umfassende Kenntnis auch der einschlägigen antiken und zeitgenössischen Literatur zeigt, soweit sie ihm zugänglich war. Die 1116 Artikel sind von sehr unterschiedlicher Länge und haben oft den Charakter einer bloßen Sammlung von Belegstellen. Aber das Buch brauchte von seiner Anlage her nicht den systematischen Abschluß wie andere Werke, und es war weise, damit in einem Alter zu beginnen, in dem er damit rechnen mußte, daß ihm der Tod bald das Schreibrohr aus der Hand nehmen würde.
Al-Bīrūnī starb am 9. Dezember 1048.[24] Ein befreundeter Rechtsgelehrter hatte ihn an diesem Tage besucht, und der Meister lag, schon vom Tode gezeichnet, auf seinem Lager und beschäftigte sich mit einem juristischen Problem. Er bat den Freund, ihm eine Schwierigkeit zu erklären, aber der zögerte, ihm in seinem Zustand mit einem langen Vortrag beschwerlich zu fallen. Aber al-Bīrūnī drängte ihn zu sprechen und meinte, es sei doch besser für ihn, wenn er mit diesem Wissen die Welt verließe. Als der Freund sich

verabschiedet hatte und noch nicht weit gegangen war, hörte er plötzlich, wie in dem Haus das laute Geschrei der Totenklage angestimmt wurde. Al-Bīrūnī hatte, wie es scheint, zeit seines Lebens unverheiratet gelebt. Er liebte es, seine Bücher als seine Kinder zu bezeichnen, und davon hinterließ er eine stattliche Anzahl von etwa 145 Titeln, freilich sind hier auch kleine Traktate mit eingerechnet. Erhalten ist davon nur ein kleinerer Teil, jedoch darf man damit rechnen, daß seine wichtigsten Hauptwerke die Zeiten überdauert haben und jetzt auch im Druck vorliegen. Trotzdem steht seine Nachwirkung in keinem angemessenen Verhältnis zu seiner Bedeutung. Das einzigartige Indienbuch fand keine Nachahmer. Wohl schrieb vier Jahrhunderte später ein Astronom vom Range eines Ulugh Bek den Mitarbeitern seiner Akademie in Samarkand vor, den Mas'ūdischen Kanon" zu studieren[25], aber der altbewährte Almagest behauptete unangefochten seine Stellung. Als im 12. und 13. Jahrhundert in Spanien, Sizilien und Unteritalien sehr viele Werke der arabischen Wissenschaft ins Lateinische übersetzt wurden, war kein einziges von al-Bīrūnī dabei.[26] Aber vielleicht ist es eher als ein Glücksumstand anzusehen, daß Columbus seinen sehr genauen Wert des Erdumfangs nicht kannte, er hätte sonst vor der Fahrt westwärts zum chinesischen Großkhan zurückschrecken müssen. Selbst der Name al-Bīrūnīs blieb dem europäischen Mittelalter fremd, während Avicenna und zahllose kleinere Geister unter ihren entsprechend latinisierten Namensformen wohlbekannt waren. Eine kuriose These, daß sich hinter dem französischen „Maître Aliboron", dem dümmlich-gelehrten Alleswisser, kein anderer verberge als al-Bīrūnī, ist von den Romanisten inzwischen wieder zu den Akten gelegt worden. Sie vermuten jetzt eine Herkunft von dem Helleborus, der von der Schnee- oder Christrose gewonnenen Nieswurz, die von den Quacksalbern als Allheilmittel angepriesen wurde.[27] Somit ist ihm in unserem Erdteil selbst diese Form des Nachlebens versagt geblieben. Er erregte erst Aufsehen, als die europäische Naturwissenschaft in allen Punkten weit über ihn hinausgewachsen war und die noch junge Arabistik immer weitere Bereiche der arabischen Literatur in ihren Gesichtskreis einbezog. Im Jahre 1845 veröffentlichte der französische Orientalist Joseph

Reinaud einige ausgewählte Kapitel aus dem Indienbuch, und Alexander von Humboldt hat 1847 im zweiten Band seines „Kosmos“ den deutschen Leser darauf hingewiesen. Die eigentliche Pioniertat in der Erschließung von al-Bīrūnīs Hinterlassenschaft leistete Eduard Sachau, seit 1887 Mitglied der Preußischen Akademie der Wissenschaften,[28] der von 1878 bis 1888 textkritische Ausgaben und englische Übersetzungen der „Chronologie“ und des Indienbuches herausbrachte. Seitdem sind viele weitere Texteditionen und unzählige Spezialuntersuchungen erschienen. Besonders wertvoll für die hier vorgelegte Auswahl war die kommentierte russische Übersetzung der Hauptwerke, die seit 1957 in Taschkent, der mittelasiatischen Heimat des Gelehrten, herausgegeben wird.

Al-Bīrūnīs Neigung zu Exkursen hat es dabei erleichtert, einzelne besonders charakteristische und dabei in sich verständliche Stücke aus dem Kontext herauszunehmen. Die stellenweise Dunkelheit seines Stils, die schon von vielen Übersetzern beklagt wurde, teilt er mit anderen großen Denkern, die mit ungewohnten Problemen zu ringen hatten und sich nicht zugleich um die Glätte und Faßlichkeit des Ausdrucks kümmern konnten. Zuweilen hat er mit einem barocken Schwulst nur dem Zeitgeschmack seinen Tribut gezollt, ein gelegentlich aufblitzender Sarkasmus aber ist ein unverwechselbares Zeugnis seiner Persönlichkeit, die ansonsten aus seinen Werken schwer zu erfassen ist. Er hatte aber gewiß eine liebenswürdige Art, die Leute auszufragen, denn sonst hätte er seine Informationen über ferne Länder und andere Religionen schwerlich in dieser Fülle zusammenbekommen. Bewundernswert bleibt, wie er es verstanden hat, alle Wechselfälle des Schicksals, die manch einen anderen zur Resignation getrieben hätten, zur Erweiterung seines Wissens zu nutzen. Er fällt aus dem Rahmen mittelalterlicher Scholastik heraus, die in der Harmonie und logischen Geschlossenheit des Systems den sichersten Garanten für die Wahrheit erblickte. Immer zeigt er sich bereit, der noch unerkannten Realität zu begegnen, er bleibt lieber beim vorsichtigen Zweifel und bei der hilflosen Suche nach parallelen Erscheinungen, als daß er vorschnelle Begründungen oder Verallgemeinerungen vorträgt oder irgend etwas für unmöglich erklärt, weil es dem Bekannten zu widersprechen scheint. Seine Hauptleistungen auf dem Gebiet der Mathematik, der Geodäsie und der Astronomie konnten freilich, und darin liegt ein unvermeidbarer Mangel dieser Anthologie, nicht ausreichend gewürdigt werden, weil dazu zu viel fachspezifische Erklärungen erforderlich gewesen wären. Nicht unterdrückt werden sollte hingegen seine Vorliebe für Anekdoten und wundersame Geschichten, die noch reizvoller erscheinen, wenn er versucht, sie mit kritischem Verstand zu durchleuchten.

Die benutzten Texteditionen der Werke al-Bīrūnīs, die in der Auswahlbibliographie (s. u. S. 306f.) aufgeführt sind, stellen in der Regel Erstausgaben dar, die noch nicht mit Hilfe aller verfügbaren Handschriften erarbeitet wurden und an vielen Stellen verbesserungsbedürftig sind. Der Übersetzer sah sich darum hin und wieder gezwungen, vermutete Abschreibefehler zu korrigieren, um dem Text einen befriedigenden Sinn abzugewinnen. Wo diese Eingriffe für den des Arabischen Kundigen nicht ohne weiteres erkennbar sind, finden sie sich in den Anmerkungen mit verzeichnet.

Die sehr weit ausgebreiteten Interessen unseres Autors haben es oft nötig gemacht, für die Erklärungen den Rat von Kollegen einzuholen, der mir immer in liebenswürdiger Weise gegeben wurde. Für förderliche Hinweise danke ich Sonja Brentjes (Leipzig), Mirko D. Grmek (Paris), Jürgen Hamel (Berlin), Peter Hanelt (Gatersleben), Benno und Wolfgang Hradský (Magdeburg), Siegfried Kratzsch (Halle), Heinrich Kuch (Berlin), Reimar Müller (Berlin), Holger Preißler (Leipzig), Eva Ritschl (Berlin), Kurt Schubert (Wien), Michael Stubbe (Halle), Werner Sundermann (Berlin), Thomas Thilo (Berlin), Helmut Wilsdorf (Dresden) und Anna M. Wobus (Gatersleben). Mit gleicher Dankbarkeit denke ich auch an alle Kollegen in Ost und West, die mich bei der oft schwierigen Literaturbeschaffung unterstützt haben.

Berlin, im Dezember 1986 *Gotthard Strohmaier*

Die Wissenschaften im Islam

1. Was dem Leser gefällt

Wenn wir an manchen Stellen bei einzelnen Gegenständen verweilen und uns in Probleme vertiefen, die mit dem Gang der Darstellung nur eine lose Beziehung aufweisen, so geschieht das nicht aus einem Hang zur Weitschweifigkeit und Ausführlichkeit. Vielmehr möchten wir den Leser von der Langeweile fernhalten; denn wenn die Untersuchung lange bei einem einzigen Gegenstand verweilt, führt das zum Überdruß und zur Ungeduld. Wechselt sie aber von einem Gebiet zum anderen, so befindet sich der Leser in der Lage eines Mannes, der durch Gärten spazierengeht. Er hat kaum einen durchschritten, da taucht schon ein anderer vor ihm auf und erweckt die Neugier und das Verlangen, ihn auch zu sehen. Nicht umsonst heißt es: „Alles Neue macht Vergnügen."

Aus: Chronologie (S. 72,10–14)

2. Bekenntnis zur arabischen Sprache

Unser Glaube und unser Reich sind beide arabisch und verschwistert wie Zwillinge. Über dem einen schwebt schützend die Kraft Gottes und über dem anderen die Hand des Himmels. Wie viele Scharen von Untertanen haben sich zusammengerottet, und unter ihnen besonders die Gilaniten und Dailamiten[1], um dem Reich ein persisches Gewand überzuziehen, aber ihren Absichten war kein Erfolg beschieden. Und solange der Gebetsruf jeden Tag fünfmal an ihr Ohr dringt und sie sich in Reihen hinter den Vorbetern zum Gebet aufstellen und dazu aus dem „deutlichen arabischen Koran"[2] rezitiert wird und sie in den Moscheen damit zum rechten Wandel ermahnt werden, bleiben sie auf ihr Gesicht und ihre Hände niedergefallen und ist der Faden des Islam nicht abgerissen und seine Festung ohne Bresche.

In die arabische Sprache wurden die Wissenschaften aus allen Weltgegenden übertragen. Damit gewannen sie an Reiz und wurden dem Herzen angenehm, und die Vorzüge der Sprache drangen von ihm her in alle Arterien und Venen, obgleich ein jedes Volk die seinige schön findet, an die es gewöhnt ist und die ihm vertraut ist und mit der man mit seinen Freunden und mit seinesgleichen das Nötige beredet. Ich beurteile dies an mir selbst. Wenn man in dem Idiom, das mir von Haus aus eigen ist[3], eine Wissenschaft aufzeichnen wollte, so würde sie sich darin ebenso sonderbar ausnehmen wie ein Kamel auf der Regenrinne oder wie eine Giraffe im Wassergraben. Dann wechselte ich zum Arabischen und zum Persischen über, und ich bin in beide nur von außen eingedrungen und habe sie mir nur angelernt. Gleichwohl ist es mir lieber, auf arabisch beschimpft als auf persisch gelobt zu werden. Die Wahrheit meiner Worte wird der bestätigen, der ein wissenschaftliches Buch betrachtet, das man ins Persische übersetzt hat, wie sein Glanz dahin, sein Sinn verdunkelt, sein Antlitz geschwärzt und sein Nutzen aufgehoben ist; denn diese Sprache taugt nun einmal nur für die Geschichten über die alten persischen Könige und für nächtliche Plaudereien.

Aus: Pharmakognosie (S. 12,2–18; Meyerhof, S. 12,16–13,10, Übers. S. 39–41; Karimov, S. 138)

3. *Die Mängel der arabischen Schrift*

Meiner Veranlagung nach besaß ich seit meiner Jugend einen übergroßen Drang nach dem Erwerb von Wissen in dem Maße, wie es das Lebensalter und die Verhältnisse gestatteten. Als Zeugnis dafür möge folgendes genügen. In unserem Land ließ sich ein Grieche nieder, und ich pflegte ihm Getreidekörner, Sämereien, Früchte und Pflanzen und dergleichen zu bringen und ihn nach den Bezeichnungen in seiner Sprache zu fragen und sie aufzuschreiben.[4] Die arabische Schrift hat aber einen großen Mangel, nämlich die ähnliche Gestalt der paarweise vorhandenen Buchstaben und die Notwendigkeit der Unterscheidung durch diakritische Punkte und Vokalzeichen. Wenn man sie wegläßt, wird der Sinn verdunkelt, und wenn dann noch das Vergleichen und Korrigieren nach der Vorlage vernachlässigt oder ganz unterlassen wird, und das ist bei unseren Zeitgenossen weit verbreitet, so läuft es auf eines hinaus, ob das Buch noch vorhanden ist oder nicht und ob man noch weiß, was darin steht oder nicht. Wenn es diesen Übelstand nicht gäbe, würde es genügen, die griechischen Bezeichnungen in den ins Arabische übersetzten Büchern eines Dioskurides, eines Galen, eines Paulos oder eines Oreibasios[5] einfach weiter zu tradieren, jedoch haben wir dazu kein Vertrauen und sind vor Veränderungen in den Abschriften nicht sicher. Noch eine andere Verfälschung ließen sich die Übersetzer zuschulden kommen. Einige Heilmittel sind durchaus in unserem Lande vorhanden, und in der arabischen Sprache gibt es auch einen Namen dafür; dennoch haben sie ihn so belassen, wie er im Griechischen lautet,[6] so daß man über die Übersetzung hinaus noch einen Kommentar braucht, wie zum Beispiel bei dem Bergsellerie, der wilden Mohrrübe, der Berberitze, dem Bocksbart und anderen.[7] Denn sie haben sie nicht ins Arabische übersetzt, so wie sie auch die Titel der logischen Bücher, nämlich der „Einleitung“, der „Kategorien“, der „Hermeneutik“, der „Analytik“ und des „Beweises“ nicht übersetzt haben.[8] Damit verdoppelte sich der Haß und die Abneigung von seiten der Gegner.[9]

Aus: Pharmakognosie (S. 14,2–17; Meyerhof, S. 14,8–15,2, Übers. S. 42f.; Karimov, S. 139f.)

4. Die Entwicklung der Wissenschaft

Hinsichtlich der Wissenschaft gehen die Meinungen in einer grundlegenden Weise auseinander. Zum einen wird behauptet, daß sie entstanden sei, zum anderen, daß sie schon immer existiert habe. Zu den Vertretern der ersten Ansicht gehören diejenigen, die von den Künsten[10] meinen, daß sie ihr Dasein einer Einsetzung verdanken, und sie gehen darin so weit, daß sie für jede einzelne einen besonderen Propheten anzugeben wissen, der dazu ausersehen war, sie zu lehren und die Menschen darin zu unterweisen. Zu dieser ersten Gruppe gehören auch diejenigen, die unter Berufung auf die Möglichkeiten des Verstandes, durch Analogieschlüsse etwas herauszufinden, die Meinung vertreten, daß die ganze Kenntnis der Künste ein Wissen sei, das in der

Natur des Menschen angelegt ist, und zwar sei es in ihm der Möglichkeit nach, während es in den übrigen Lebewesen in einer verstreuten Weise dank göttlicher Inspiration als ein Wirkliches vorhanden ist. Mit seiner Hilfe werden sie auf das Zuträgliche oder das Abträgliche hingeführt und werden so auf das aufmerksam, was eine Krankheit vertreiben kann. Wir beobachten viele Tiere, die bei Schwächezuständen sich etwas suchen, was abführt oder Erbrechen bewirkt, und sich dazu zwingen, es hinunterzuschlucken, und sich damit kurieren. Die Anhänger der Empirie und die Liebhaber merkwürdiger Begebenheiten haben für den Ursprung des Klistiers eine Geschichte von einem Vogel überliefert, den man beobachtete, wie er sich mit seinem Schnabel, den er zuvor mit Meerwasser gefüllt hatte, eine Einlauf verabreichte.[11] Man vergleiche, wie Gott, der erhaben ist, Kunde von dem Mann gegeben hat, der nicht wußte, wie man die Toten beerdigt: „Weh mir, bin ich unfähig, zu sein wie dieser Rabe?"[12] An einen solchen Anfang knüpfte sich eine Kette von Analogieschlüssen und Erfahrungen, und die Anschauungen darüber wurden zusammenhängend und vielfältig.

Die Zeit wird in ihrer Länge von den Lebensaltern der aufeinanderfolgenden Individuen durchmessen, und dabei werden die Leistungen der Altvorderen an ihre Nachfahren weitergegeben, so daß sie sich bei den Erben anhäufen und wachsen und sich ausbreiten. Das ist eine Art Seelenwanderung, freilich nicht so, wie man meint, daß die Geister von einem Körper in den anderen übergehen. Vielmehr ist es eine Übertragung des Wissens von den dahingehenden Seelen auf die kommenden in einer ähnlichen Weise, wie es von abgenutzten Buchseiten auf neue umgeschrieben wird. Hinsichtlich des Raumes gibt es eine Dimension in die Breite, und daraus ergibt sich in bezug auf die Quantität, daß zur gleichen Zeit viele Erkenntnisse von einem zum anderen durch die Zungen und die schreibenden Finger weitergegeben werden, und die letzteren reichen weiter als die mündliche Erklärung. So fügen sich dank der Länge der Zeit und der Ausdehnung des Raumes die Grundlagen der Wissenschaften und der praktischen Tätigkeiten zum Wohle des Menschen zusammen. Und weil ihm sein Schöpfer gnädig und wohlgesonnen ist, wird er seine Wohlfahrt hinter seiner bloßen Existenz nicht zurückstehen lassen, wenn er sie nicht sogar für ihn voranstellt, wie er ja auch seinen Wohnort auf der Erde und seine Nahrung aus den Pflanzen und die dienstbaren Tiere vor ihm erschaffen hat. ...

Nun wollen wir uns wieder denen zuwenden, die eine ewige Existenz der Welt behaupten,[13] und bemerken dazu folgendes. Diese Leute glauben auch an die ewige Existenz der Wissenschaften und Künste und daran, daß die Welt niemals ohne sie bestanden habe. Wer jedoch nicht aufs Geratewohl daherredet, wird anerkennen, daß sie zu manchen Zeiten der Möglichkeit nach bestanden haben und zu anderen tatsächlich. Die Völker werden nämlich von Zuständen heimgesucht, die einem Auslöschen gleichkommen, und Landstriche werden von der menschlichen Besiedelung entblößt, wenngleich die Vernichtung nicht ganz vollständig ist. Dann wachsen aus den Resten Menschen heran, deren Verhältnisse, wenn man sie in ihrer Primitivität betrachtet, einem Neuanfang gleichkommen. Ihre Bedürfnisse sind zu jener Zeit noch sehr gering, diese wachsen dann in dem Maße, wie jene Menschen sich vermehren und sich zusammenschließen. In ihrer Mitte tauchen die Kunstfertigkeiten auf und nehmen im Verlauf der Zeit zu und fügen sich ineinander, bis daß sie ihre Vollkommenheit erreicht haben. Nach dem Erreichen eines Zieles pflegt sich bald ein Unheil einzustellen, und es treten dann Ereignisse ein, durch die das tatsächlich Vorhandene in die bloße Möglichkeit zurückversetzt wird. Wie sich nun die Sache auch verhält, so geschieht sie nach Meinung der Leute in Zyklen. Nun lasse man den Plural weg und setze einen einzigen Zyklus voraus, und man wird finden, daß man dabei nicht so weit von dem entfernt ist, was die Vertreter eines Erschaffenseins der Welt behaupten.

Aus: Épître (S. 21,1–23,5 u. 28,5–15)

5. Der Wissenschaftler in der Gesellschaft

Wissenschaften gibt es viele, und sie vermehren sich, wenn sich die verschiedenen Geister nacheinander mit ihnen befassen und wenn die Zeiten für sie günstig sind. Ein Anzeichen dafür besteht darin, daß die Leute nach ihnen verlangen und sie und ihre Vertreter wertschätzen. Am ehesten ist das zu erwarten von den Regierenden, denn ihr Eingreifen verschafft den Herzen Erleichterung, die von den irdischen Bedürfnissen und von dem Verlangen in Anspruch genommen sind, das Ansehen und die allgemeine Anerkennung zu vermehren. Denn die Herzen sind so beschaffen, daß sie dieses lieben und das Entgegengesetzte hassen. Auf unsere Zeit trifft die obenerwähnte Charakteristik nicht zu, sondern das Gegenteil. Wenn es sich nun so verhält und daran nicht zu deuteln ist, wann soll da in ihr eine Wissenschaft neu entstehen oder eine entstandene sich weiterentwickeln? Was es in ihr gibt, besteht nur aus den übriggebliebenen Resten aus solchen Zeiten, auf die jene Charakteristik zutraf. Wenn irgend etwas die ganze Erde ergreift, bekommt jede Gruppe auf ihr ihren Anteil, und die Inder sind eine davon. Ihre Überzeugung, daß die Zeiten immer schlechter werden, stimmt mit dem überein, was man in der Tat beobachten kann.

Aus: India (S. 73,2–8)

6. *Verteidigung der einzelnen Wissenschaften*

Ich bin fast geneigt, die Lehrsätze der Astrologen über die hundert- und tausendfältigen Kreisbewegungen und die Einflüsse der Gestirne und darüber, wie sich der Wechsel aller Zustände auf der ganzen Welt nach ihnen richtet, ernst zu nehmen, wenn ich mir unsere Zeitgenossen betrachte. In allen ihren Regionen sind sie von dem Bilde der Dummheit geprägt; sie wetteifern darin und befehden diejenigen, die sich durch ein Verdienst auszeichnen, sie fallen über die Vertreter der Wissenschaft her und belegen sie mit allen möglichen Schikanen und Kränkungen. Weiter ist ihnen gemeinsam, obwohl die islamische Gemeinde niemals in einem Irrtum übereinstimmen kann,[14] daß sie die schändlichsten und dem Ganzen sehr schädlichen Sitten gutheißen, die in der Hauptsache auf einer fehlgeleiteten Begierde beruhen. Du siehst bei ihnen nur eine ausgestreckte Hand, die vor keiner Gemeinheit zurückschreckt und sich nie aus Scham oder Stolz zurückzieht. Darin segeln sie um die Wette und ergreifen jede Gelegenheit, sich darin noch zu steigern. Das brachte sie schließlich dazu, die Wissenschaften zu verabscheuen und ihren Dienern mit Widerwillen zu begegnen.

Manche von ihnen übertreiben die Sache so weit, daß sie die Wissenschaften als eine Verirrung darstellen, um sie bei solchen Dummköpfen, wie sie es sind, verhaßt zu machen. Sie stempeln sie als eine Art Ketzerei ab, um sich selbst einen Freibrief auszustellen, ihre Vertreter auszurotten, damit durch deren Aussterben und das Verschwinden der Wissenschaften ihre eigene Geistesverfassung nicht ans Licht kommt. Andere unter ihnen sind zwar stumpfsinnig, wissen sich aber das Etikett eines Unparteiischen anzuhängen. Sie hören widerwillig hin, und am Ende kehren sie zu ihrer eigentlichen niedrigen Gesinnung zurück und offenbaren ihre große Weisheit mit den Worten: „Und worin liegt der Nutzen?" Sie wissen nicht, worin der Vorzug des Menschen vor allen anderen Lebewesen besteht und daß er gerade das Wissen schlechthin ist und daß der Mensch, wenn er es aufgibt, zum Verlierer wird. Sie wissen nicht, daß die Wissenschaft an sich etwas Erstrebenswertes ist und vor allem anderen wahrhaft glückbringend. Welcher Nutzen, wenn nicht derjenige, der in der Wissenschaft liegt, ist offenkundiger, und welche Gabe ist wohltätiger als sie, wenn es darum geht, die Leute im Hinblick auf die Religion und die irdischen Angelegenheiten daran zu hindern, sich etwas Schädliches anzueignen und etwas Löbliches zu vermeiden?[15] Wenn es die Wissenschaft nicht gäbe, wäre man nicht davor sicher, daß das Angeeignete etwas Schlechtes und das Vermiedene etwas Gutes ist. Wenn man unter dem erwähnten Nutzen die vergänglichen Güter dieser Welt versteht, so liegt er, wenn es dabei ehrbar zugehen soll, lediglich im Geschäftsleben, im Handel, im Pachten und Verpachten, was eine Sache der rechten Praxis ist, obwohl man auch hier nicht ohne Wissenschaft auskommt. Sollte die Rechtschaffenheit aber dabei vermieden werden, so geht es um Alchemie, Falschmünzerei, Unterschlagung, Betrug, Diebstahl und Aufhetzung. Aber es gibt noch eine dritte Art, vor der sich, wie ich meine, diejenigen nicht bewahren können, deren Herz und Verstand von blinder Gier verfinstert ist, nämlich der Weinhandel, die gewerbliche

Preisgabe von Bauch und Rücken, die Verschleppung von Menschen aus der vertrauten Nähe in die Ferne. Wie sollte sich auch einer davor scheuen, der zur Rechtfertigung mitunter alle möglichen verdrehten Koranauslegungen heranzieht, denn sie klingen nicht nur angenehm, sondern verheißen auch reichlichen Segen mit all dem Nutzen, den er nur will.

Ich meine freilich nicht, daß er mit dem erwähnten Nutzen einen bestimmten Zustand im Jenseits im Sinn hat, aber gesetzt den Fall, er meinte eben dies, so ist bekannt, daß die einfältige Ausübung der Religion nichts helfen wird, wenn ihr nicht das Wissen darum und die Unterscheidung des Richtigen vom Falschen vorangeht. Sie ist so vielgestaltig, und auf der Welt gibt es viele Religionen, wie sie von den verschiedensten Völkern praktiziert werden. Bei ihrer Gegensätzlichkeit ist es unmöglich, daß sie alle im Recht sind. Jedesmal, wenn man sich unter diesem Blickwinkel um sie bemüht, gelangt man zu der Frage, wie die Welt beschaffen ist, ob sie von Ewigkeit her existiert oder entstanden ist. Und wenn man schon glaubt, darauf verzichten zu können, so doch nicht auf eine vorhergehende Betrachtung der Regierung, auf der die Ordnung der Welt im ganzen wie in ihren Teilen beruht, und auf die Untersuchung ihres wahren Wesens, um damit den Lenker zu erkennen und welche Eigenschaften ihm zugeschrieben werden müssen, von wo aus man zur Erkenntnis des Prophetenamtes gelangt,[16] und ob dieses eine Notwendigkeit oder eine Unmöglichkeit darstellt, schließlich zu den Kriterien, um einen wahren von einem falschen Propheten zu unterscheiden; denn der Prediger sind viele, und da sie sich widersprechen, muß es unter ihnen notwendigerweise Irrlehrer geben.

Dieser Standpunkt ist derjenige, an dem Gott, der erhaben ist, bei den Verständigen unter seinen Knechten Gefallen findet, sagt er doch, und sein Wort ist die erleuchtende Wahrheit: „Sie sinnen über die Erschaffung von Himmel und Erde nach: ‚Unser Herr, du hast dies nicht umsonst geschaffen.'"[17] Dieser verehrungswürdige Vers umschließt alles, was ich einzeln aufgeführt habe. Und auf daß der Mensch einen rechten Gebrauch von ihm mache, hat er die Gesamtheit der Wissenschaften und Kenntnisse angesprochen. Denn entweder schöpft sie der Mensch nur aus dem, was überliefert und erzählt wird, oder er bestätigt sie durch Einsicht und Erkenntnis. Was für ein Unterschied besteht doch zwischen dem, der alles prüft, und dem Traditionsgläubigen! „Gleichen diejenigen, die wissen, etwa denjenigen, die nicht wissen? Jene, die Verstand haben, sind dessen eingedenk."[18] Denn wer in diesen Grundsatzfragen nur dem Überlieferten folgt, ist nicht besser als derjenige, der dies in den Einzelwissenschaften tut und den man zu allererst für einen Ignoranten hält. Gott führe uns zur Erkenntnis des Wahren.

Was die Wissenschaften betrifft, so wird er, abgesehen davon, daß er von Natur aus zu ihrem Erwerb disponiert ist, durch seine Existenz in der Welt zu ihnen hingedrängt, und zwar wegen der Aufgaben, die er während seines Verweilens in ihr zu übernehmen hat. Denn wegen seiner vielen Bedürfnisse, seiner Unzufriedenheit und weil ihm angesichts einer Überzahl von Feinden die Organe zur Selbstverteidigung fehlen, muß er sich unbedingt mit seinen Artgenossen zu einer zivilisierten Gemeinschaft zusammenschließen, zum Zweck der gegenseitigen Hilfe und dazu, daß sich ein jeder mit etwas beschäftigt, was zu seiner und anderer Versorgung dient. Sie alle brauchten nun etwas, das sich durch Aufspalten beliebig teilen und durch Vervielfachen wieder vereinigen ließ und gegenüber den Arbeiten und den Bedarfsgegenständen die Proportionen wahren konnte, denn diese sind an sich ungleichartig, und die Zeiten, in denen die Bedürfnisse auftreten, sind auch nicht gleich. Da einigten sie sich auf Äquivalente und Preise, wie etwa Stücke schmelzbaren Metalls, Edelsteine und dergleichen, was schwer zu finden, von beständiger Dauer und gefälligem Aussehen war. Dies machten sie zum Mittel einer gerechten Verteilung, ohne die nicht einmal die Räuber und Verbrecher untereinander auskommen können, ja selbst bei Vögeln wie den Kormoranen und Pelikanen fehlt sie nicht. Wenn sie im seichten Wasser Fische fangen, teilen sie sich in zwei Abteilungen. Die einen scheuchen die Beute auf, indem sie mit den Flügeln aufs Wasser schlagen, und treiben sie vor sich her. Die anderen beobachten und fangen sie. Dann fressen sie nicht eigenmächtig ohne die andere Abteilung, die mit dem Aufscheuchen beschäftigt war, sondern sie sammeln sie in Beuteln,

die sich am Schnabelansatz befinden, bis sie alle fertig sind. Danach bringen sie die Fische heraus und teilen sie gleichmäßig unter sich.[19] Gott ist allmächtig, ihm sei die Ehre.
Da sich ferner die zivilisierte Menschheit in ihrem Besitzstreben anschaffte, was ihr „verlockend erschien an aufgehäuften Reichtümern, an Pferden, mit Besitzermarken gekennzeichnet, an Vieh und Ackerland"[20], brauchte sie unausweichlich das Rechnen und die Feldmeßkunst, wenn man alles das oder Überschüsse davon aus fremdem Besitz in den eigenen überführen wollte oder wenn man es unter seinen Freunden aufteilen wollte, wenn sie bei dieser Übertragung Ansprüche hatten, sei es im Fall eines gezahlten Preises, sei es im Fall einer Erbschaft. Hierin liegen die Wurzeln der sogenannten mathematischen Wissenschaften, ihre Umsetzung in die Praxis geschieht in der Landvermessung, und darin liegt ihr Nutzen.
Weil der Mensch die Luft einatmet, die mit mancherlei Übeln behaftet sein kann, und sich von Wasser und Pflanzen nährt, die beide fatale Eigenschaften haben können, und weil er verschiedenartigen himmlischen und irdischen Einflüssen ausgesetzt ist, die ihn von außen treffen oder in seinem Innern ausbrechen, aber zum Teil auch abgewehrt werden können, und für jedes Gift sein Gegengift bereitet und vorausberechnet ist, so brachten ihn Erfahrungen und Analogieschlüsse zur Begründung der beiden Wissenschaften der Medizin und der Tierheilkunde. Schließlich eignete er sich bei seinem Reiferwerden im Laufe der Zeit die Naturwissenschaft an, deren sich der Mensch bedient und darüber hinaus die meisten Lebewesen, wenngleich deren Wissen außerhalb der eigentlichen Wissenschaft steht und ein unbewußtes ist.[21]
Die verwöhnten Vertreter der Zivilisation mochten nicht auf das Vergnügen verzichten, das von dem Anhören der Melodien herrührt, ja auch die weniger Verwöhnten waren noch versessener darauf und auch die Asketen, zumal das Zuhören ihnen erlaubt war. Nun wirken die Melodien besonders stark auf die Seele, wenn sie in einer strengen Ordnung komponiert sind, denn die Seele ist für die Ordnung empfänglicher, so daß sie zur Poesie wegen ihrer Struktur besonders hingezogen wird, und dies noch mehr, wenn sie vertont ist, weil dann die Struktur des Gedichts mit der

Harmonie der Melodie vereinigt ist. Deshalb haben die Mathematiker Erklärungen zu den zugrunde liegenden Sachverhalten ausgearbeitet, die als Wissenschaft der Musik bekannt sind.

Mit seinem ihm angeborenen Hang zum Wissen verlangt der Mensch danach, das Verborgene zu erkennen und die Umstände, auf die er zugeht, im voraus zu wissen, um Vorsichtsmaßnahmen treffen zu können und mit Entschlossenheit daranzugehen, Unglücksfälle im Rahmen des Möglichen abzuwehren. Von den Einwirkungen der Sonne auf die Luft her wechselten sich für ihn die Verhältnisse im Kreislauf der Jahreszeiten einander ab, und wegen der Einwirkungen des Mondes auf die Meere und die Feuchtigkeiten gab es periodisch sich ändernde Zustände in den Vierteln des Mondmonats und im Ablauf des Tages und der Nacht. Die Erfahrungen, die er damit machte, erweiterten sich schrittweise zu Analogieschlüssen auf die anderen Planeten außer diesen beiden, und so wurde ihm die Kunst der Astrologie zuteil nach ihrer eigentlichen Methode und noch ohne die Kompetenzüberschreitung und die Belastung mit Dingen, die nicht in ihr angelegt sind.

Weil der Mensch mit vernünftiger Rede begabt und geneigt ist, mit seinen Widersachern über die Angelegenheiten des Diesseits und des Jenseits streitbar zu debattieren, bedurfte er eines Richtmaßes für seine Rede. Denn diese kann an sich sowohl die Wahrheit wie die Lüge aufnehmen, und die Schlüsse, die mit ihr beim Disput gebildet werden, können solange der irreführenden Täuschung ebenso ausgesetzt sein wie der klärenden Wahrheit, bis er die Rede mit diesem Richtmaß überprüft und sie im Zweifelsfall mit dessen Methoden korrigiert. So ermittelte er dieses Richtmaß, und es ist das, was man als Logik bezeichnet. Ich muß mich über denjenigen wundern, der sie verabscheut und mit befremdlichen Ausdrücken belegt, weil er sie nicht versteht. Würde er seine Faulheit ablegen und nicht länger in seiner Bequemlichkeit verharren und sich mit dem Studium der Grammatik und der Metrik und der Logik befassen, die an die Rede angeschlossen sind, so wäre ihm bewußt, daß diese an sich in Poesie und Prosa eingeteilt wird. Die Grammatik ist der Prosa und die Metrik der Poesie als ein zuverlässiges und geeichtes Richtmaß zugeordnet; dabei ist die

Grammatik von allgemeinerer Geltung, denn sie umfaßt zugleich die Prosa und die Poesie. Weiterhin ist die Rede in beiden Gattungen der Ausdruck eines Gedankens, den der Redende im Sinn hat. Wenn nun die Gedanken zu einem logischen Schluß zusammengesetzt werden, so bejahen sie entweder einen Gedanken oder verneinen ihn. Die Logik und ihre Kriterien wurden als Maßstäbe für dieses Zusammensetzen festgelegt, und sie hat die gleiche allgemeine Geltung wie die Grammatik. Alle drei sind wie Rennpferde,[22] von denen keines einen Tadel erhält, ohne daß das andere ein gleicher trifft. Unter diesen Disziplinen wird nun aber die Logik auf Aristoteles zurückgeführt, von dessen Meinungen und Überzeugungen manches, wie man bemerkte, nicht mit dem Islam übereinstimmt, weil er sie aus der Spekulation und nicht aus der Religion heraus gewonnen hat. Zudem pflegten die Griechen und Römer zu seiner Zeit die Götzenbilder und die Gestirne zu verehren. Aus diesem Grunde sind heutzutage einige Fanatiker aus Übereilung dazu gekommen, daß sie einen jeden, dessen Name auf „s“ endet, mit dem Unglauben und der Ketzerei in Verbindung bringen. In der Sprache und der Redeweise jenes Volkes gehörte das „s“ nicht zur Wurzel eines Wortes, nahm also dieselbe Stelle ein wie die Nominativendung „u“ beim Subjekt im Arabischen. Wenn man aber einen Sachverhalt aus Haß auf seinen Urheber unterschlägt oder entstellt oder sich von einer Wahrheit abwendet, weil derjenige, der sie ausspricht, in anderen Dingen geirrt hat, so hält man sich an das Gegenteil von dem, was die Offenbarung verkündet hat. Gott, der erhaben ist, hat gesagt: „Diejenigen, die der Rede zuhören und sich dann an das Beste davon halten, das sind jene, die Gott auf den rechten Weg geführt hat.“[23] Allerdings findet sich die Logik mit Worten niedergeschrieben, die denen der Griechen gleichen, und in einer Ausdrucksweise, die sich von derjenigen unterscheidet, die unter den neueren Autoren üblich geworden ist. Dabei ist die Sache an sich schon heikel und subtil und für die Leute schwer zu begreifen, weswegen sie sich davon abwenden. Und doch benutzen sie, wie wir beobachten können, ihre Methoden beim Streitgespräch und in der Grundlegung der Theologie und der Rechtswissenschaft, jedoch mit den Ausdrücken, die sie gewohnt sind, und da zeigen sie keinen Abscheu. Aber wenn man ihnen gegenüber die „Eisagoge" und „Peri hermeneias" und die „Analytika" erwähnt, siehst du sie davor zurückschaudern, und „sie blikken dich an wie einer, der aus Todesangst ohnmächtig wird"[24]. Wiederum haben sie auch recht, und die Schuld liegt bei den Übersetzern, denn hätten sie die Bezeichnungen ins Arabische übertragen und gesagt: *„Kitāb al-madḫal"* (Buch der Einleitung), *„al-maqūlāt"* (die Kategorien), *„al-ʿibāra"* (der Ausdruck), *„al-qiyās"* (der Analogieschluß) und *„al-burhān"* (der Beweis),[25] so würde man herbeieilen, um sie sich anzueignen, und sich nicht davon abwenden.

So verhält es sich mit den Wissenschaften. Die zum Leben notwendigen Bedürfnisse der Menschen haben sie hervorgebracht, und dementsprechend sind sie miteinander verkettet, und in der Befriedigung dieser Bedürfnisse liegt ihr Nutzen. Silber und Gold sind durch sie nicht zu erlangen.

Mit der Rhetorik in der Sprache der Araber verhält es sich folgendermaßen. Fragte man nach ihrem Nutzen, so ist sie etwas an sich Erstrebenswertes, von dem der Prophet, über dem Frieden sei, gesagt hat: „In der Beredsamkeit liegt ein Zauber."[26] In ihre Zuständigkeit fällt die Bestätigung der Unnachahmlichkeit des Korans, was eine Grundlage des Islam und des Glaubens ist. Manche ziehen auch aus ihr bei anderen Leuten einen solchen Nutzen, daß sie durch ihre Anwendung ein Höchstmaß an den vergänglichen Glücksgütern dieser Welt einheimsen und von da bis zum Amt eines Wesirs aufrücken, das gleich nach dem des Kalifen kommt. Manchmal aber findet sie keinen Absatz, weil sie aus der arabischen Sprache in eine andere verpflanzt wurde, und da sieht man ihren Vertreter hilflos dastehen, und sie ist nur ein Unheil für ihn und schützt ihn nicht vor dem Hunger. Dennoch mindert diese Art der Aufnahme nichts an ihrem Wert, wie sie auch nichts von dem Rang desjenigen wegnimmt, der sich um anderes verdient gemacht hat. Der eigentliche Wert einer Sache besteht nicht in dem Nutzen, der sich ihretwegen einstellt.

Einmal war ich in einer Gesellschaft mit einem Sprachgelehrten zusammen. Das Gespräch kam auf das „Buch der Wege und der Königreiche"[27]. Der genannte Gelehrte äußerte sich darüber so geringschätzig, daß er es am liebsten aus dem Kreis des Wissenswerten ausgeschlossen hätte. Er versteifte sich in seinen Reden auf das Argument des Nutzens und darauf, daß es keinen Sinn habe, über das Ausmaß der Entfernungen zwischen den Staaten Bescheid zu wissen. Ich wunderte mich darüber, obwohl es nichts zu wundern gab, denn die Wünsche gehen in verschiedene Richtungen, und die Absichten weichen voneinander ab, und wie man zu sagen pflegt, hat es keinen Zweck, darüber zu streiten. Jedoch ist es besser, man läßt ein Individuum mit einer Sache befaßt sein und das andere nicht, als daß man sie völlig aufgibt. Ich sehe da keinen Unterschied zwischen jenem Mann und denjenigen unserer Zeitgenossen, die ganz im Gegensatz zu ihm das Persische dem Arabischen vorziehen und zu ihm sagen: „Welcher Nutzen sollte darin liegen, das Subjekt auf ‚u' enden zu lassen und das Objekt auf ‚a', und was es in deinem System sonst noch an Regeln und Besonderheiten der Sprache gibt, denn ich brauche das Arabische gar nicht." Diese Auslassungen sind richtig im Hinblick auf den Betreffenden, nicht aber im allgemeinen. Warum sollte ich mich nicht über ihn wundern, da er doch im Wort Gottes, der erhaben ist, liest: „Sprich: Zieht auf der Erde umher und schaut dann, wie das Ende derjenigen war, die alles für erlogen hielten."[28] Auch sagt er, der erhaben ist: „Sind sie nicht auf der Erde umhergezogen und haben gesehen, wie das Ende ihrer Vorgänger war?"[29] Und weiter: „Ziehe mit meinen Knechten in der Nacht davon, siehe, ihr werdet verfolgt."[30] Und weiter: „Zieh mit deiner Familie zur nächtlichen Stunde davon"[31], und all die anderen Gebote, aufzubrechen und des Nachts zu reisen, um Belehrung zu gewinnen oder wegen einer Eroberung oder einer Wallfahrt oder um auszuwandern, ferner, um mit dem Anteil an dieser Welt zu schalten und zu walten, der auch nicht zu vergessen ist,[32] und so manches andere, was nicht ohne beschwerliche Reisen zu regeln ist. Auch bedenke man, was er, der gepriesen sei, von den ihm wohlgefälligen Reisen seiner Heiligen und Propheten sagt, wie Alexander der Große die Orte des Aufgangs und des Untergangs der Sonne erreicht hat,[33] wie Moses, über dem Frieden sei, zu der Stelle gelangte, wo die beiden Meere zusammenkommen,[34] und wie der Prophet, über dem der Segen Gottes sei, des Nachts von der heiligen Moschee zu der fernsten Moschee reiste,[35] wie er von Mekka nach Medina auswanderte und wie er zu seinen Kriegszügen aufbrach und wie im Zusammenhang damit die abseits Stehenden und zu Hause Gebliebenen getadelt werden.[36] Sind jene etwa aufs Geratewohl losgezogen, haben sie etwa, nur um zu probieren, Gift getrunken? Oder haben sie sich vielmehr an die Richtung ihrer Bestimmungsorte gehalten und sind den Fährten der Reiserouten gefolgt und haben die Entfernungen der Etappen und der Wasserstellen berechnet und haben sich ihren Führern an die Fersen geheftet, denen Gott, der erhaben ist, die Sterne als Wegweiser in den Finsternissen zu Lande und zur See gnädig zugeteilt hat? War ihr Verhältnis zu diesen nicht wie das eines Schülers zu seinem Lehrer oder eines Geführten zu seinem Führer? Wen die Umstände am Reisen gehindert haben, der vergleiche als einen analogen Fall einen Fremden, der in eine Stadt gerät, deren Gassen, Märkte und Straßen ihm unbekannt sind, mit einem anderen, der ein Einwohner dieser Stadt ist und sie in- und auswendig kennt. Ist da nicht ein großer Unterschied in der Gemütsverfassung der beiden, hier Aufregung und Verwirrung, dort Gelassenheit und das Wissen um den richtigen Weg? Genauso verhält es sich mit einem, der auf Reisen geht und die Wege kennt oder sie nicht kennt. Und wenn er das von daher nicht anerkennen sollte, so wird er es an den Preisen merken, die für Brieftauben bezahlt werden. Ihr beträchtlicher Nutzen liegt in dem ihnen eigenen Wissen und ihrem Orientierungsvermögen. In dem, was er gut macht, besteht der Wert eines jeden Mannes, ja sogar jeder Taube oder irgendeines anderen Lebewesens. Oder man merkt es daran, daß die Anführer von Karawanen ihre Zuflucht zu einem erfahrenen Tier unter ihren Kamelen nehmen, wenn sie sich verirrt haben und keinen anderen Rat wissen, um wieder auf ihren Weg zu kommen. So ist diesem eine Gabe verliehen, die sogar den Wert eines Kamels so weit erhöht, daß der Mensch, das vernünftige Lebewesen, bei ihm Hilfe sucht. Hätte man eine Kunde von der Geschichte von Ḫālid ibn al-Walīd[37], wie er durch die Wüste zwischen dem Irak und Syrien zog und sich dort in Gefahr begab und wie sie der Führer anhand gewisser Anzeichen zu einer Wasserstelle brachte, obwohl er eine Augenentzündung hatte und nicht sehen und sich nicht zu-

rechtfinden konnte, so würde man wissen, daß diese Sache schon ganze Gemeinschaften wieder zum Leben erweckt hat, die alle Hoffnung aufgegeben hatten. ...
Doch gesetzt den Fall, daß der Mann ohne solche Kenntnisse auskommt, indem er mit den anderen Stubenhockern von solchen Ortsveränderungen Abstand nimmt. Aber ist nicht dem menschlichen Geschlecht eine außerordentliche Begierde eingepflanzt, alles das herauszubekommen, was ihm verborgen und dessen Sachverhalt ihm unklar ist? Sogar die Kinder siehst du in ihrer Unart und Ungezogenheit erst dann friedlich werden, wenn sie Geschichten zu hören bekommen. Auch die Müßiggänger, die schon aller Lustbarkeiten überdrüssig sind, entspannen und erholen sich nur, wenn sie nächtlichen Gesprächen zuhören können. Deswegen wurden Chroniken verfaßt und wurden die Nachrichten von den vergangenen Geschlechtern aufgezeichnet, die von uns in bezug auf die Zeit entfernt sind wie die fremden Länder in bezug auf den Ort, jedoch haben die letzteren vor jenen den Vorzug, daß sie in der Gegenwart vorhanden sind, während die ersteren jetzt verschwunden sind. Und schreckte sie nicht der Gedanke an die Strapazen und an übermächtige Hindernisse davon ab, würden die meisten Menschen nach der Macht verlangen, andere Länder zu unterwerfen und die Königreiche an allen Enden der Erde in Augenschein zu nehmen. Ja kaum einmal kann es einer aushalten, irgendwelchen Vorgängen nicht zuzusehen, es sei denn, daß ihn ein vernünftiger Hinderungsgrund oder eine körperliche Unpäßlichkeit davon abhält, so daß er seiner Begierde standhalten und widerstehen kann.

Aus: Geodäsie (S. 22,9–33,4 u. 35,4–14)

Aus dem Briefwechsel mit Avicenna über physikalische Probleme

7. *Zur Unveränderlichkeit der Sphären, wie sie von Aristoteles in der Schrift „Über den Himmel" vertreten wird*

Frage al-Bīrūnīs:

Warum macht Aristoteles an zwei Stellen seines Buches[38] die Berichte vergangener Generationen und verflossener Jahrhunderte über die Himmelssphäre und daß man sie ebenso vorgefunden habe, wie auch er sie vorfand, zu einem starken Argument für ihre Beständigkeit und Dauer? Wenn einer nicht verbohrt ist und sich nicht auf den Irrtum versteift, wird er eingestehen, daß davon nichts bekannt ist. Wir wissen von ihrer zeitlichen Ausdehnung noch weitaus weniger als das, was die „Leute der Schrift"[39] erwähnen und was von den Indern und ähnlichen Völkern erzählt wird, und das ist offenkundig falsch, wenn man es näher betrachtet. Denn die Bewohner unseres Erdteils wurden von wiederholten Katastrophen heimgesucht, sei es alle auf einmal, sei es abwechselnd. Denn auch der Zustand aller Gebirge scheint in gleicher Weise urewig zu sein, das Zeugnis der Jahrhunderte lautet wie das oben genannte, obwohl es klar ist, daß sie entstanden sind.

Antwort Avicennas:

Du mußt wissen, daß er damit keinen Beweis aufstellen will, vielmehr bringt er es nur nebenher im Verlauf seiner Darlegungen. Indessen verhält es sich mit dem Himmel keineswegs so wie mit den Gebirgen, denn obwohl die Völker beobachtet haben, wie die Gebirge im großen und ganzen erhalten bleiben, so werden sie doch nicht von verschiedenen partiellen Veränderungen verschont, indem etwas abbröckelt, anderes sich übereinandertürmt und die Gestalt dem Verfall unterliegt, darüber hinaus gibt es auch noch das, was Plato in seinen politischen Büchern und anderswo erwähnt hat.[40] Mir kommt es so vor, als ob du diesen Einwand von Johannes Philoponos übernommen hast, der gegenüber den Christen den Anschein erwecken wollte, daß er sich in dieser Hinsicht in einem eklatanten Widerspruch zu Aristoteles befände.[41] Aber wenn man in seinem Kommen-

tar zum Schluß der Schrift „Über das Werden und Vergehen“[42] und zu anderen Büchern hineinschaut, bleibt einem schwerlich verborgen, daß er mit Aristoteles in dieser Frage übereinstimmt. Oder du hast ihn von Muḥammad ibn Zakarīyā ar-Rāzī[43], der sich überflüssigerweise mit der Behandlung metaphysischer Probleme belastet hat, wobei er seine Kompetenzen überschritt, die für das Ausschneiden von Wunden und das Inspizieren von Kot und Urin reichten, und sich unweigerlich selbst blamierte und seine Unwissenheit in dem offenbarte, was er versucht und bezweckt hat. Wie du übrigens wissen solltest, hat Aristoteles mit seiner Behauptung, daß die Welt keinen Anfang habe, keineswegs gemeint, daß sie keinen Schöpfer habe, vielmehr möchte er ihren Schöpfer davon freisprechen, jemals untätig gewesen zu sein. Aber dies ist hier nicht der Ort, dergleichen darzulegen.

Was aber deinen Ausdruck anlangt „wenn einer nicht verbohrt ist und sich nicht auf den Irrtum versteift“, so ist dies eine schlimme Beleidigung und eine Taktlosigkeit; denn entweder hast du den Sinn der Worte des Aristoteles verstanden oder du hast ihn nicht verstanden. Wenn du ihn nicht verstanden hast, so ist es eine Absurdität, daß du einen Mann als Dummkopf hinstellst und mit Geringschätzung behandelst, der etwas gesagt hat, was du nicht verstehst. Wenn du es aber verstanden hast, so sollte dich deine Kenntnis der Bedeutung seiner Worte daran hindern, dich auf solche Grobheiten einzulassen. Daß du so etwas wagst, wovon dich die Vernunft abhalten sollte, ist unanständig und deiner unwürdig.

Entgegnung al-Bīrūnīs:

Das hat Johannes nicht verdient, daß man ihn der Täuschung bezichtigt. Eher paßt ein solcher Ausdruck auf Aristoteles, wenn er uns seine Ketzereien schmackhaft machen will. O du weiser Mann, ich glaube gar, daß du noch nicht sein Buch „Widerlegung des Proklos hinsichtlich der Ewigkeit der Welt“[44] gelesen hast, und auch nicht sein Buch über das, was Aristoteles mit leerem Gerede bedacht hat,[45] und nicht seine Kommentare zu den Aristotelischen Schriften. Er gründet diesen Einwand allein auf Erwägungen zur notwendigen Endlichkeit der Bewegungen und der Zeit auf Grund ihres Anfanges. Auch Aristoteles kommt dem nahe, wenn er die Existenz eines Unendlichen für unmöglich erklärt,[46] obwohl er sich, seiner Tendenz folgend, wieder davon abgekehrt hat. Deine Behauptung, daß Aristoteles mit seinen Worten, daß die Welt keinen Anfang habe, nicht sagen wolle, daß sie keinen Schöpfer habe, trägt nichts ein, denn wenn das, was geschieht, keinen Anfang hat, kann man sich unmöglich vorstellen, daß die Welt einen Schöpfer hat. Und wenn dies die Doktrin des Aristoteles ist, daß die Welt einen bewirkenden, aber keinen zeitlichen Anfang habe, wozu erwähnt er dann jene Leute mit ihrem Zeugnis, obwohl die Veränderung der Eigenschaften nicht notwendig eine Veränderung des Wesens mit sich bringt?[47]

Aus: *Al-asʾila* (S. 12,7–14,8 u. 51,13–52,10)

8. Zu der von Aristoteles ausgeschlossenen Existenz anderer Welten

Frage al-Bīrūnīs:

Warum nimmt Aristoteles an den Worten derjenigen Anstoß, die sagen, es gäbe möglicherweise eine andere Welt außerhalb derjenigen, in der wir uns befinden, und mit einer anderen Natur ausgestattet?[48] Denn wir kennen doch die vier Naturen bzw. Elemente nur, nachdem wir sie so vorgefunden haben, wie auch ein Blindgeborener, wenn er nicht die Leute vom Sehen reden hört, nicht aus sich selbst heraus eine Vorstellung davon haben kann, wie das Sehen beschaffen ist, und daß es eine Wahrnehmung ist, mit der Farben erfaßt werden. Oder aber es gibt dort auch analoge Naturen, jedoch seien sie so geschaffen, daß ihre Bewegungsrichtungen andere sind als bei uns und daß eine jede der beiden Welten von der anderen durch eine Barriere abgeschirmt ist, etwa in der Weise, wie wenn A, B und C einen Hügel auf der Erde vorstellen und A und C dem ebenen Boden näher sind als B.[49] Dabei ist es klar, daß das Wasser von B nach A oder nach C fließt, und das wären zwei entgegengesetzte Bewegungen zu einem bestimmten Ort.

Antwort Avicennas:

Was diese Frage anlangt, so gibt sie nicht die Aussage des Aristoteles in seinem Buch „Der Himmel und die Welt" wieder, wo er die Existenz anderer Welten außer der unseren in Abrede stellt. Denn er diskutiert hier nicht mit denen, die behaupten, daß es Welten gäbe, die der unseren auf irgendeine Weise unähnlich sind. Vielmehr widerlegt er diejenigen, die solche Welten voraussetzen, in denen es einen Himmel und eine Erde und Elemente gibt, die in ihrer Art und ihrer Natur dem entsprechen, was in unserer Welt ist, und nur weitere Einzelexemplare darstellen. Er hat gegenüber dieser Behauptung folgendermaßen argumentiert, indem er sagt: „Unser Ausdruck ‚die Welt und der Himmel' ohne Hinweis und ohne Erläuterung in bezug auf die Elemente ist allgemeiner als unser Ausdruck ‚diese Welt' mit einem solchen Hinweis oder ‚diese Welt aus dieser Teilmenge der Elemente'."[50] *Demzufolge wäre es möglich, daß es mehrere Welten über diese eine hinaus gibt, die in bezug auf die Elemente definiert ist.*

Nun ist das Mögliche bei den ewigen Dingen zugleich etwas Notwendiges, und folglich wäre die Existenz mehrerer Welten eine Notwendigkeit, und es gäbe zwangsläufig neben dieser Welt noch andere. Es gibt Leute, die diese begrenzt sein lassen, während andere sie unbegrenzt sein lassen. Sie alle haben sich in Widersprüche verwickelt. Der Philosoph hat dieses Argument in dem Buch „Der Himmel und die Welt" auf folgende Weise widerlegt, indem er erklärt, daß es unmöglich mehrere Welten geben könne. Denn diese Leute haben die Elemente jener Welten nicht als solche vorausgesetzt, die von den Elementen dieser Welt verschieden wären, sondern haben sie in ihrer Natur mit ihnen übereinstimmen lassen. Wenn also nach den Worten des Philosophen die Elemente der vielen Welten in ihrer Natur nicht untereinander verschieden sind und die in ihrer Natur übereinstimmenden Dinge in den natürlichen Bewegungsrichtungen, auf die sie zustreben, übereinstimmen und desgleichen die Elemente in den vielen Welten in bezug auf ihre natürlichen Örter und wenn sie sich an verschiedenen Örtern und also an mehr als einem Ort befinden, so müßten sie dort unter Zwang sein. Was aber auf Zwang beruht, ist sekundär gegenüber dem, was vom Wesen her so ist. Und es wäre gewiß, daß sie versammelt und vereint waren und dann später getrennt wurden. Jene Leute aber lassen diese Elemente auf ewig voneinander entfernt sein. So wären sie also immerzu voneinander geschieden und zugleich nicht immer voneinander geschieden, und dies ist ein unmöglicher Widerspruch. Was auf Zwang beruht, muß notwendigerweise aufhören, und das Betreffende kehrt zu dem Zustand zurück, in dem es zuerst und von seinem Wesen her war. Somit würden sich jene getrennten Welten wiederum vereinigen. Jene Leute aber setzen voraus, daß sie sich in alle Ewigkeit nicht vereinigen. Sie vereinigen sich also und vereinigen

sich in alle Ewigkeit doch nicht, und dies ist ein unmöglicher Widerspruch.
Notwendigerweise muß das, was durch Zwang so ist, eine Ursache haben. Was diese Körper anlangt, so ist es undenkbar, daß sie sich gegenseitig zu einer Zertrennung hin zu natürlichen Örtern zwingen oder zu einer Bewegung hin zur Vereinigung an nicht natürlichen Örtern; denn wir haben früher einmal dargelegt, daß man bei den Körpern, von denen der eine den anderen zu einer Bewegung zwingt, schließlich bei einem Körper anlangt, der sich in einer natürlichen Bewegungsrichtung bewegt. Wenn sich ein Körper unter Zwang zu einem nicht natürlichen Ort bewegt, wie es bei den Elementen jener Welten vorauszusetzen wäre, so muß es notwendigerweise einen anderen Körper geben, der sich von Natur aus in jene Richtung bewegt. Doch nehmen wir einmal ausnahmsweise das Gegenteil des folgenden an, nämlich daß es nur solche Körper gibt, die aus diesen Elementen bestehen; denn wir haben dargelegt, daß kein Ding von Natur aus einen anderen Ort haben kann als diese Örter. Wollten wir also voraussetzen, daß es sich von Natur aus nicht zu einem natürlichen Ort bewegt, das heißt zu einem anderen als den existierenden natürlichen Örtern, so ergibt sich ein Widerspruch. Es gibt keinen anderen Körper außer diesen, weil es keinen Körper gibt, der entgegengesetzt zu diesen wäre. Wir erläutern die Richtigkeit dieser Feststellung weiter unten. So ergäbe sich ein Widerspruch zu dem vorher Gesagten, daß nämlich diese Körper einander nicht zur Bewegung in jene Richtung zwingen können, weil sich kein Ding davon von Natur aus in jene Richtung bewegt und auch in keine andere, denn es gibt keine andere als diese im Bereich des Körperlichen. Es gibt folglich keine körperliche Ursache, die einen solchen Zwang ausübt, und auch keine unkörperliche, denn die Ursachen, die keine Körper sind, wie diejenigen, welche die Philosophen „Natur", „Intellekt"[51] *und „erste Ursache"*[52] *nennen, führen die Ordnung nicht zur Unordnung, vielmehr ist es ihr Anliegen, die Unordnung zur Ordnung zu führen oder die Ordnung in ihrer Ordnung zu halten. Also gibt es keine körperliche Ursache und keine vom Wesen her unkörperliche Ursache, die so etwas täte.*
Was die akzidentiellen[53] *Ursachen anlangt, wie etwa den Zufall, so gilt für sie doch, obwohl ihre Zwecke akzidentieller Art sind, daß ihre Ursachen im Wesen gleichbleibend sind. Wer darüber Klarheit gewinnen will, möge das zweite Buch der „Physikvorlesung" des Philosophen*[54] *studieren oder meinen Kommentar zum ersten Buch der „Metaphysik"*[55] *über das, was nach den Naturdingen kommt. Wenn*

es nun, wie wir sagen, dafür akzidentielle Ursachen gibt, so haben sie auch wesenhafte Ursachen. Doch nehmen wir einmal ausnahmsweise das Gegenteil dieses Nachsatzes an, woraus sich nach Regeln des verbundenen hypothetischen Schlusses das Gegenteil des Vordersatzes ergibt, nämlich daß sie keine akzidentiellen und zufälligen Ursachen haben und daß es also nicht durch Zufall geschieht. Es ist auch nicht möglich, daß es weder von einer wesenhaften Ursache noch von einer akzidentiellen Ursache geschieht. Die breite Masse nennt so etwas Zufall, weil die Entstehung eines Dinges auf diese Art und Weise eine Unmöglichkeit darstellt, so daß sie fast schon von den obersten der Intellekte[51] *ausgehen müßte. Und wenn die Bücher nicht voll wären mit der Anführung der offenkundigen Nichtigkeit dieser Behauptung, würde ich mich auf ihre Widerlegung einlassen. Wenn es aber dafür keine wesenhafte und keine akzidentielle Ursache gibt und es eine Unmöglichkeit darstellt, daß etwas ohne Ursache entsteht, so ist seine Existenz ausgeschlossen. Somit ist es unmöglich, daß es viele Welten gibt, die dieser Welt gleichen. Das ist es, was wir darlegen wollten.*

Ich möchte noch auf einen Teilaspekt der Ausführungen eingehen, durch die wir erläutern, daß es unmöglich einen Körper geben kann, der von den bekannten Körpern in bezug auf seine Bewegungen und Eigenschaften verschieden ist. Was die Bewegungen anlangt, so sind sie gemäß der vernunftgemäßen und notwendigen Einteilung entweder gerade oder kreisförmig, und wenn es kein Vakuum gibt, so berührt die Bewegung eines Körpers notwendigerweise andere Körper. Somit geht die gerade Bewegung entweder zum Weltmittelpunkt oder in gerader Linie über den Mittelpunkt hinaus. Sie beginnt von den beiden Endpunkten her oder sie beginnt nicht von ihnen her, sondern läuft ihnen entgegen. Jedoch ist das von Natur aus Existierende nur so denkbar, daß es in naturgemäßer und nicht nur in relativer Weise von dem einen Ende zum entgegengesetzten Ende verläuft. Die Erklärung dafür findet sich nachgewiesen in den Werken des Aristoteles, besonders im fünften Buch des Werkes, das als „Physikvorlesung" betitelt ist,[56] *und in den Erläuterungen seiner Kommentatoren und in manchem, was wir verfaßt haben. Aus dem allen ist zu entnehmen, daß die natürlichen endlichen Bewegungen bei allen Körpern durch logischen Schluß entweder vom Zentrum weg oder zum Zentrum hin verlaufen.*

Was die wahrnehmbaren Qualitäten anlangt, so ist es unmöglich, daß ihrer mehr als neunzehn sind. Der Philosoph hat das im dritten Buch der Abhandlung „Über die Seele" dargelegt, und die Kommen-

tatoren wie Themistios und Alexander und andere haben es erläutert.[57] *Und wenn ich nicht Langatmigkeit vermeiden wollte, würde ich mich hierüber verbreiten, doch werde ich auf einen kleinen Teilaspekt davon eingehen und folgendes sagen: Solange die Natur bei einer vollkommeneren Art nicht die Bedingungen der geringeren primären Art für ihre Vollendung erfüllt hat, geht sie nicht zu der zweiten Art auf der zweiten Stufe über. Ein Beispiel: Solange die Natur einem Ding von der ersten und geringsten und mangelhaftesten Art, und dies ist die Körperlichkeit, nicht alle Besonderheiten der körperlichen Qualitäten, die es in dieser Welt gibt, verliehen hat, geht sie mit ihm nicht zu der zweiten und relativ edleren Art über, und das ist die pflanzliche. Und solange nicht alle Besonderheiten des Pflanzlichen wie die ernährende, die wachsende und die fortpflanzende Kraft in der geringeren ersten Art vorhanden sind, schreitet die Natur mit ihr nicht weiter zu der zweiten edleren Art, wie sie die animalische Stufe darstellt. Die Besonderheiten der animalischen Stufe sind einzuteilen in die Sinneswahrnehmung und die willentliche Bewegung. Solange bei der geringeren und niedrigeren ersten Art nicht alle die Sinne vorhanden sind, die alles Wahrnehmbare erfassen, ist es auch unvermeidlich, daß die Natur mit der animalischen Art noch nicht zu der vernünftigen Art fortschreiten kann. Nun hat aber die Natur unter alledem, was geboren wird, ein vernünftiges Wesen hervorgebracht, und darum hat sie dieses notwendigerweise mit allen Kräften der Wahrnehmung vollständig ausgestattet, um dem die Verleihung der vernünftigen Kraft folgen zu lassen. Wenn also die vernünftige Art im Besitz aller Kräfte ist, welche die wahrnehmbaren Dinge erfassen, so erfaßt folglich die vernünftige Art alle wahrnehmbaren Dinge, und darum gibt es nichts Wahrnehmbares außerhalb von dem, was das vernunftbegabte Wesen erfaßt, und folglich gibt es keine Qualitäten außerhalb der sechzehn, die durch ihr Wesen wahrgenommen werden, und der drei, die akzidentiell wahrgenommen werden, nämlich der Bewegung, der Ruhe und der Form.*[58] *Darum gibt es keinen Körper, der mit einer Qualität über diese Anzahl hinaus ausgestattet wäre. Also gibt es keine Welt, die mit ihren körperlichen Qualitäten von dieser Welt verschieden ist. Wenn es also viele Welten gibt, müßten sie in ihrer Natur übereinstimmen. Und wir haben oben erklärt, daß es nicht viele Welten geben kann, die in ihrer Natur übereinstimmen. Folglich ist die Welt eine einzige, und das ist es, was wir zeigen wollten.*

Wenn man einen solchen Weg beschreitet, wie ich ihn dieser Frage entnehme, so führt das, wie du wissen solltest, unvermeidlich ins Un-

endliche und vereitelt das Wissen um ein beliebiges Einzelding und bestätigt nur, was die Partei der Sophisten glaubt, und diese Leute kann man nicht mit einer solchen Arznei heilen, sondern mit ganz anderen. Bei Gott ist unsere Hilfe.

Entgegnung al-Bīrūnīs:

Entweder ich verstehe diese Ausführungen nicht ganz, oder sie sind mißlungen, oder aber, der sie vorträgt, will damit sagen, daß der Schöpfer, der gelobt sei, unfähig ist, andere Welten als diese eine zu erschaffen. Denn derjenige, der zwei verschiedene Erdelemente und zwei verschiedene Feuerelemente hervorbringt, der vermag sehr wohl für jedes von ihnen ein gesondertes Unten und Oben zu schaffen. Und wenn du das nicht zugibst, so werde auch ich nicht zugeben, daß die Bewegungen vom Mittelpunkt zur Peripherie Bewegungen sind, die zu ein und derselben Gattung gehören, und ich werde mit den Basrensern[59] behaupten ...
(Über das Ende der Antwort auf die Frage sagt er als Erwiderung[60]:) Wenn du das als sophistisch bezeichnest, so werde ich mich wiederum diesen Leuten anschließen, und ich werde nicht zugeben, daß es über unsere Sinneswahrnehmungen hinaus keine weiteren geben kann, und daß es nichts gebe, was nicht zugleich wahrgenommen wird.

Aus: *Al-as'ila* (S. 19,9–27,8 u. 53,16–54,8)

9. Zur Natur der Sonnenstrahlen

Frage al-Bīrūnīs:

Wenn die Wärme von dem Weltmittelpunkt wegstrebt, wieso gelangt sie dann von der Sonne und ihren Strahlen her zu uns? Handelt es sich bei diesen um Körper oder um Akzidenzien oder um etwas anderes?

Antwort Avicennas:

Du mußt wissen, daß die Wärme nicht von dem Weltmittelpunkt wegstrebt, denn sie ist nicht beweglich, es sei denn als Akzidens, indem sie sich an einem bewegten Körper befindet, so wie ein Mensch auf einem fahrenden Schiff sitzt. Weiter mußt du wissen, daß die Sonnenwärme nicht zu uns gelangt, indem sie von der Sonne von oben her herunterfällt, und zwar in folgender Hinsicht. Erstens bewegt sich die Wärme nicht von selbst. Zweitens ist sie kein warmer Körper, der von oben herunterfällt und erwärmt, was darunter ist, und deshalb fällt auch keine Wärme als Akzidens von der Sonne herunter. Drittens ist auch die Sonne nicht warm. Also fällt die Wärme, die hier entsteht, aus diesen drei genannten Gesichtspunkten nicht von oben herunter, vielmehr ergibt sie sich hier durch die Reflexion des Lichtes. Die Erwärmung der Luft kommt von da her, wie man das an den Brennspiegeln beobachten kann. Wie du wissen mußt, sind die Strahlen keine Körper, denn wenn sie Körper wären, gäbe es zwei Körper an einem Ort, nämlich die Luft und die Strahlen. Indessen ist das Licht die wesenhafte Farbe des Durchsichtigen, insofern es durchsichtig ist. Aristoteles hat das definiert im zweiten Buch der Abhandlung „Über die Seele"[61] und in der Abhandlung „Über die Wahrnehmung" im ersten Buch[62], indem es die Vollendung des Durchsichtigen ist, insofern es durchsichtig ist.

Entgegnung al-Bīrūnīs:

Wenn die Strahlen dort, wo sie auftreffen, reflektiert werden und deswegen Wärme erzeugen, so frage ich, welcher Beweis dafür vorliegt und worin die Ähnlichkeit zwischen diesem Vorgang und den Brennspiegeln besteht. Denn die Stelle, wo das Entflammen geschieht, ist von der Stelle entfernt, wo die Strahlen reflektiert werden. Wenn du auf die Reflexion zu sprechen kommst, solltest du eine Zeichnung dazu machen, denn nur durch eine Zeichnung würden deine Worte einsichtig werden und die Folgerichtigkeit dessen, was du gesagt hast. Wenn einer behauptet, daß die Strahlen ein Körper sind, so bestätigt er entweder die Existenz des Leeren, was nach deiner Rede nicht vorauszusetzen ist, oder er sagt damit, daß die Strahlen immer innerhalb der Weltkugel zusammen mit der Luft in ihr vorhanden sind. Warum sagst du dann nicht, daß das Wasser kein Körper ist, weil dann, wenn es ein Körper ist, zwei Körper an einem Ort sind, ich meine das Wasser und den Staub im Lehm? Du bist gezwungen zu erklären, daß das Licht eine Farbe sei, die von der Luft oder einem durchsichtigen Körper aufgenommen wird. Ich aber behaupte das Gegenteil davon, nämlich daß das Licht auf dem sichtbar wird, was nicht durchsichtig ist, und nicht sichtbar wird auf dem Durchsichtigen und nicht von ihm aufgenommen wird. Was man in den Zimmern sehen kann, ist nur das, was davon auf den Staub[63] fällt. Wenn aber die Luft mit dem Licht zusammen ist, was ja möglich ist, so wird es nicht sichtbar, und es gibt dabei keinen Unterschied zwischen der Luft und etwas anderem, das durchsichtig ist.

Aus: *Al-asʾila* (S. 33,6–34,9 u. 54,13–55,8)

10. Zur Verwandlung der Elemente ineinander

Frage al-Bīrūnīs:

Geschieht die Umwandlung der Dinge ineinander auf dem Wege einer Ausdehnung und eines gegenseitigen Durchdringens oder auf dem Weg einer Veränderung? Nehmen wir als Beispiel die Luft und das Wasser. Denn wenn das Wasser in den luftartigen Zustand übergeht, wird es dann richtige Luft oder lösen sich seine Teilchen in ihr auf, so daß es sich unserem Gesichtssinn entzieht und die verstreuten Teilchen unsichtbar werden?

Antwort Avicennas:

Die Umwandlungen der Dinge ineinander gehen nicht so vor sich, wie du dir das bei der Umwandlung des Wassers in Luft vorstellst, indem wir seine Teile sich in der Luft zerstreuen lassen, so daß sie der Wahrnehmung entschwinden. Vielmehr geschieht das deswegen, weil die Materie des Wassers die Form des Wassers ablegt und die der Luft annimmt. Wer sich damit gründlich vertraut machen will, der studiere, was die Kommentatoren zu den Abhandlungen „Über das Werden und Vergehen" und der „Meteorologie" und zum dritten Buch der Abhandlung „Über den Himmel" erläutert haben.[64] *Jedoch werde ich das von einem Teilaspekt her angeben, den sie klargelegt haben, und werde ein induktives Beispiel anführen, womit sie ihre Argumentation gestützt haben. Wie ich meine, geschieht die quantitative Zunahme der Körper so wie bei dem Wasser, mit dem wir eine Flasche gefüllt haben, die wir oben zustöpselten und dann stark erhitzten. Die Flasche zerbrach, weil sie einen größeren Platz als den ihrigen haben wollte. Sie vergrößerte sich nämlich nach allen Seiten, weil sich die Wasserteilchen in Luft verwandelt hatten, sei es nun, daß sich leerer Raum zwischen den Wasserteilchen eingelagert hatte, sei es, daß die Ursache für die Veränderung keine Verstreuung der Teilchen war. Nun ist aber die Existenz des Leeren eine Unmöglich-*

keit, also ist notwendigerweise die zweite Annahme richtig, daß nämlich die Ursache der Veränderung nicht eine Ausbreitung der Teilchen war, vielmehr liegt sie darin, daß die Materie eine zweite Form annahm. Wenn nun gesagt wird, daß in die Flasche Luft oder etwas anderes eindringt und das Volumen des Ganzen vergrößert, so entgegnen wir, daß dies unmöglich ist, weil in das gefüllte Gefäß kein weiterer Körper eindringen kann, es sei denn, nachdem der erste herausgekommen ist. Und das Wasser kam nicht aus der verstöpselten Flasche heraus, weil es keine Öffnung gab. Ich habe das an einer kleinen Flasche beobachtet, die wir oben verstöpselt und in einen Ofen gelegt haben. Es dauerte nicht lange, bis sie zerplatzte und ihr ganzer Inhalt als Feuer herauskam. Es war nicht vorauszusetzen, daß sich mit den verstreuten Wasserteilchen etwas anderes vermischt hätte, wodurch die Veränderung eingetreten sei. Denn das Feuer war nicht anfänglich in der Flasche und ist auch nicht nachträglich hineingekommen, weil die Flasche keinerlei Öffnung hatte. Somit ist vorauszusetzen, daß die Umwandlung auf dem Wege einer wesenhaften Veränderung zum luftartigen und zum feurigen Zustand hin erfolgte, nicht auf dem Wege einer Ausbreitung der Teilchen. Ich habe ein Beispiel angeführt, das die Ausführungen des Aristoteles über das Werden und die Veränderung von den Einzelerscheinungen in der Natur her bestätigt. Ich will mich damit begnügen, denn eine breitere Darlegung wäre sehr mühsam, und zu diesem Problemkreis kann man viele Einwände vorbringen. Wenn du über etwas davon Klarheit gewinnen möchtest, so müßtest du mir wieder die Ehre erweisen, eine Frage zu stellen, damit ich sie dir beantworte, so Gott will.

Entgegnung al-Bīrūnīs:

Wenn man behauptet, daß die Umwandlung gleich einer Ausbreitung der Teilchen eines Dinges innerhalb der Teilchen eines anderen Dinges ist, so heißt das nicht, daß ein Körper bei Erwärmung einen größeren Raum einnehmen will, vielmehr besagt das, daß feurige Teilchen durch Lükken und Poren in jenen Körper eindringen, so daß in ihm die feurigen Teilchen mehr werden und sein Volumen durch die Vereinigung der beiden Körper zunimmt. Wenn die Flasche erhitzt wird, dringen in ihre Poren feurige Teilchen ein, die sie ausdehnen, worauf sie zerplatzt. Ein Indiz dafür haben wir in folgendem. Wir finden niemals, daß Wasser, das seine wässerige Form abgelegt und die Form der Luft angenommen[65] hat, diese nicht wieder ablegen würde, wenn es sich verdichtet und zusammenzieht. Würde das Wasser richtige Luft werden, so würde es sich beim Verdichten nicht in Wasser zurückverwandeln, und es ist gar keine Luft gewesen. Somit ist die Rückkehr in den wässerigen Zustand angemessener als irgend etwas anderes. Außerdem hast du noch die Aufgabe zu beweisen, daß dann, wenn ein Körper erwärmt wird und sich nach allen Richtungen ausdehnt, in der Welt ein entsprechender anderer Körper sich mit einemmal umgekehrt verhält und sein Durchmesser in dem Maße schrumpft, wie jener zunimmt, so daß es für ihn nicht an einem sicheren Platz[66] mangelt. Wenn aber nicht, wohin soll sich dann jener Zuwachs hineindrängen?

Aus: *Al-as'ila* (S. 34,10–36,14 u. 55,9–56,3)

11. Zum Strahlengang durch ein Glasgefäß

Frage al-Bīrūnīs:

Wenn man ein kugeliges Glasgefäß, das klar und farblos ist, mit reinem Wasser füllt, so hat es dieselbe Wirkung wie ein rundes Brennglas. Wenn aber das klare Wasser entleert wurde und es mit Luft gefüllt ist, entzündet es nichts und sammelt nicht die Strahlen. Warum hat das Wasser eine solche Wirkung, während die Luft sie nicht hat, und wieso kommt es zu diesem Entzünden und zu der Sammlung der Strahlen?

Antwort Avicennas:

Das Wasser ist ein dichter und glänzender Körper und hat in sich wenig Farbe. Von allem, was so beschaffen ist, wird das Licht reflektiert. Deshalb wird das Licht von dem wassergefüllten Glasgefäß zurückgeworfen, und aus der zusammengeballten und starken Reflexion resultiert das Zünden. Die Luft aber gehört nicht zu den Dingen, an denen eine Reflexion stattfindet, vielmehr geschieht sie in ihr, denn sie ist das Durchsichtige schlechthin. Wenn in dem Glasgefäß Luft ist, ergibt sich daraus keine starke Reflexion.

Entgegnung al-Bīrūnīs:

Wenn du von der Reflexion an den Körpern und in den

Körpern redest, müßtest du eine Zeichnung machen. Wenn aber nicht, so bringt deine Antwort nichts weiter als eine Unterstreichung meiner Worte, indem du sie wiederholst.

Aus: *Al-as'ila* (S. 38,2–11 u. 56,5–7)

12. Zum natürlichen Ort der vier Elemente

Frage al-Bīrūnīs:

Welche ist die richtige von den folgenden zwei Behauptungen? Die eine besagt, daß sich das Wasser und die Erde zum Weltmittelpunkt hin bewegen, während die Luft und das Feuer von ihm wegstreben. Der anderen Meinung zufolge bewegen sich alle in Richtung auf den Mittelpunkt, jedoch kommt das Schwerere dem Leichteren bei dieser Bewegung zuvor.[67]

Antwort Avicennas:

Die Behauptung des zweiten Kontrahenten ist unrichtig, denn wenn sich das Feuer zum Weltmittelpunkt bewegte, so würde es bei seiner Bewegung entweder dort anlangen oder es würde niemals dort anlangen. Wenn es aber nie dort anlangt, so bewegt es sich auch nicht dorthin, vielmehr bewegt es sich nur in die Richtung, wo es auch anlangt. Und wenn es bei ihm, das heißt dem Weltmittelpunkt, angelangt sein sollte, so ist das unwahr, denn es wurde noch nie ein Feuer beobachtet, das sich in absteigender Richtung bewegt hätte, es sei denn gezwungenermaßen, wie bei dem Feuer des Blitzes und dergleichen. Und was sagt dieser Mann über das Feuer, das sich von unten her bewegt? Bewegt es sich von Natur aus oder unter Zwang? Wenn er sagt „unter Zwang", so müßte es notwendigerweise einen anderen Körper geben, der sich von Natur aus in diese Richtung bewegte, und das wäre derjenige, der den ersteren mit Gewalt bewegt, wie wir dargelegt haben. Nun hat er gesagt, daß es gar keinen Körper gibt, der sich von Natur aus nach oben bewegt. Also gibt es einen Körper, der sich von Natur aus nach oben bewegt, und es gibt doch keinen Körper, der sich von Natur aus nach oben bewegt. Das ist ein unmöglicher Widerspruch, denn wenn einer bestreitet, daß sich einer der vier Körper nach oben bewegt – und die Himmelssphäre bewegt sich ja auch weder in ihrer Gesamtheit noch in ihren Teilen nach oben, wie wir dargetan haben –, so bewegt sich gar kein Körper nach oben.

Und wenn sich ein Körper unter Zwang nach oben bewegt, so muß es einen Körper geben, der sich von Natur aus dahin bewegt. Dieser Widerspruch ist unausweichlich. Jedoch ist jener Nachsatz widerlegt, somit bleibt die zweite Aussage, welche besagt, daß sich das Feuer von Natur aus nach oben bewegt, und das ist es, was wir darlegen wollten.

Entgegnung al-Bīrūnīs:

Deine Formulierung „wenn es nie ankommt, so bewegt es sich auch nicht" ist nicht richtig. Und zwar hindert uns nichts zu behaupten, daß ein Stein sich von Natur aus zum Weltmittelpunkt bewegt, und weiter, daß er nie dort ankommen wird, weil es Hindernisse gibt, die ihm den Weg dorthin verlegen. Ich habe diesen Kontrahenten danach gefragt, und er antwortete: „Ich behaupte darüber nichts anderes, als was wir von einem wassergefüllten Gefäß mit zwei Hälsen sagen, in das durch den einen Hals Steinchen geworfen wurden, worauf das Wasser zu steigen begann." Ich finde hier bei diesem Ansteigen keine anderen Umstände vor und auch kein eigentliches Aufsteigen bei den anderen bewegten Körpern. Und wenn das Ansteigen des Wassers in Relation zu den Steinchen auch nach deiner Auffassung notwendig ist, so lautet meine Interpretation hinsichtlich des Feuers gleichermaßen,[68] und für dich ergibt sich nur ein gemeinsames Streben nach dem Weltmittelpunkt.

Aus: *Al-as'ila* (S. 38,12–40,5 u. 56,8–15)

13. Zu den Ursachen der Klimaunterschiede

Frage al-Bīrūnīs:

Warum ist ein Viertel der Erde der menschlichen Besiedelung gewürdigt worden, unter Ausschluß des anderen nördlichen Viertels und der beiden südlichen Viertel, die doch ebenso zu beurteilen sind wie die beiden nördlichen?

Antwort Avicennas:

Die Gründe, welche die Besiedelung bestimmter Stellen verhindern, sind teils übermäßige Hitze, teils übermäßige Kälte, teils die Meere. Die Ursache der übermäßigen Hitze sind die gehäufte Reflexion der Sonnenstrahlen im rechten Winkel und die Dauer des Sonnenscheins an dieser Stelle, wie sie an den Polen zu finden ist. Die Ursache der übermäßigen Kälte ist die Reflexion der Sonnenstrahlen unter sehr weit geöffneten stumpfen Winkeln und die lange Abwesenheit der Sonne von der betreffenden Stelle. Das wäre es, was in meine Kompetenz fällt. Was aber die Ermittlung der Größe des Platzes anlangt, der frei von der Ursache ist, welche die Besiedelung an ihm unmöglich macht, so ist das die Sache der Mathematiker. Und wenn du in dieser Disziplin nicht so gewandt wärest, würde ich mich ein wenig auf die Behandlung der Geometrie einlassen, die solches verursacht, soweit es in meiner Kraft steht.

Entgegnung al-Bīrūnīs:

In der Frage der Hitze ist deine Bezugnahme auf die Sonnenscheindauer ein schlimmer Fehler, der für einen Mann wie dich unpassend ist. Denn der Ort, an dem die Sonne lange scheint, ist der, an dem sie gerade ebenso lange abwesend ist. Die Besiedelung ist dort unmöglich wegen der Kälte, nicht wegen der Hitze. Diese ist nur an dem Ort zu finden, wo die Dauer des Scheinens der Sonne gleichbleibt und ihre Abwesenheit bei ihrem durch die Himmelssphäre verursachten täglichen Kreisen ein und dieselbe bleibt. Was die Reflexion in rechten und stumpfen Winkeln anlangt und wie dies zur Ursache für die Hitze und die Kälte werden soll, so ist das etwas, was nur durch eine Zeichnung verständlich wird.

Aus: *Al-as'ila* (S. 41,10–42,6 u. 57,10–16)

14. Experimente für und gegen das Vakuum

Frage al-Bīrūnīs:

Wenn für uns feststeht, daß es kein Leeres gibt, weder innerhalb noch außerhalb der Welt, wieso dringt dann das Wasser in eine Flasche ein und steigt in ihr hoch, wenn man sie aussaugt und umgekehrt ins Wasser hält, usw.?[69]

Antwort Avicennas:

Dies ist nicht wegen der Leere, sondern die Ursache liegt darin, daß beim Saugen an der Flasche, wobei die Luft wegen der Nichtexistenz des Leeren nicht herauskommen kann, dieses Saugen die Luft in ihr fortgesetzt gewaltsam bewegt. Die fortgesetzten gewaltsamen Bewe-

gungen erzeugen eine Wärme und eine Hitze, und die Hitze erzeugt in der Luft eine Aufblähung[70]*, und wenn sich die Luft in der Flasche aufbläht, verlangt sie mehr Platz. So kommt notwendigerweise ein Teil von ihr heraus, und was die Flasche fassen kann, bleibt darin. Wenn nun die Kälte des Wassers auf sie trifft, verdichtet sie sich und zieht sich zusammen und nimmt einen kleineren Raum ein. Da es kein Leeres geben kann, dringt das Wasser in die Flasche in dem Maße ein, wie in der aufgeblähten Luft bei der Berührung mit dem kalten Körper eine Zusammenziehung erfolgt. Siehst du nicht, daß du diese selbe Wirkung erzielst, wenn du nicht saugst, sondern das Gegenteil davon machst, nämlich hineinbläst? Du mußt ununterbrochen und fortgesetzt in die Flasche hineinblasen, bis die Bewegungen des Pustens die Luft in der Flasche erwärmt haben, worauf du sie auf das Wasser stülpst. Das ist erprobt. Ebenso erzielst du auch diese Wirkung, wenn du die Flasche erhitzt, und das soll als Antwort genug sein.*

Entgegnung al-Bīrūnīs:

Deine Argumente dienen nur den Anhängern des Vakuums, denn wenn in der Luft durch das Saugen eine Aufblähung eintritt, wie du dargelegt hast, und aus der Flasche das herauskommt, was sie nicht mehr faßt, wohin soll es gehen, wenn es in der Welt kein Leeres gibt? Es sei denn, man würde fordern, daß in der Welt mit einemmal ein entsprechendes Volumen an Luft reduziert wird und sich zusammenzieht und daß sich die Zusammenziehung und die Aufblähung die Waage halten. Was aber deine Worte angeht „das ist erprobt", so habe ich es probiert und habe auch die entgegengesetzte Operation ausgeführt. Und zwar kam die Luft aus der Flasche mit Gluckern heraus, während überhaupt kein Wasser hineinging, und mir sind so viele Flaschen dabei zersprungen, wie sie für das Wasser des Amudarja reichen würden.

Aus: *Al-as'ila* (S. 47,5–48,7 u. 58,4–10)

15. Zur Ausdehnung des Wassers beim Gefrieren

Frage al-Bīrūnīs:

Wenn sich die Körper durch die Wärme ausdehnen und durch die Kälte zusammenziehen und deswegen die Parfümflaschen und Lampen und andere Gegenstände zerspringen, warum zerspringt und zerbricht dann ein Gefäß, wenn in ihm Wasser gefriert, usw.?[71]

Antwort Avicennas:

Eben aus der Frage selbst kann man eine Antwort darauf ableiten. Denn wenn sich ein Körper beim Erwärmen ausdehnt, braucht er einen größeren Platz, so daß er die Flasche zersprengt. Wenn sich analog dazu der Körper beim Abkühlen zusammenzieht und er einen kleineren Raum einnimmt, würde beinahe ein Vakuum in dem Gefäß entstehen, es zerbricht aber und zerspringt, weil es so etwas nicht geben kann. Dafür gibt es von Natur aus noch andere Gesichtspunkte, und dies ist die Ursache für das meiste, was davon vorkommt, jedoch mag das, was wir erwähnt haben, als Antwort genug sein.

Entgegnung al-Bīrūnīs:

Würde das Zerspringen bei den Flaschen nach innen erfolgen, so verhielte es sich ohne Zweifel so, wie du gesagt hast. Nun ist aber das Gegenteil der Fall, denn sie zerspringen nach außen. Sie verhalten sich wie einer, dem etwas aufgeladen wurde, was er zu tragen nicht imstande ist und das ihm zuviel ist.

Aus: *Al-as'ila* (S. 48,8–49,4 u. 58,11–13)

Das Bild unserer Erde

16. Menschen im hohen Norden und tiefen Süden

Weil sich die Griechen und andere Bewohner des Westens bei allem, was sie unternahmen, an die zweckmäßigsten und der Wahrheit am nächsten kommenden Methoden hielten, haben sie bei der Untersuchung der sich parallel zueinander von Ost nach West erstreckenden Landstriche keinerlei Unterschiede gefunden außer denen, die sich vielleicht zufällig aus der Lage der Berge oder der Meere sowie aus den Winden ergaben, denen sie ausgesetzt sind. Als sie aber die Sache bei der Bewegung auf den Himmelsnordpol zu und von ihm weg verfolgten, fanden sie Unterschiede hinsichtlich der Wärme und Kälte in der Luft und dazu Veränderungen in bezug auf den tieferen Stand der Sonne und der Planeten gegenüber der Zenitrichtung, ferner ein Höhersteigen des Himmelspols und der ihn umgebenden Sterne, weiter einen veränderten Wechsel von Nacht und Tag. Sie teilten die bewohnte Erde in sieben Klimazonen nach dem auffälligsten Unterschied, nämlich dem zwischen Tag und Nacht, und zwar durch parallele Linien, die vom fernsten Osten der bewohnten Welt bis zum äußersten Westen verlaufen. Sie machten den Anfang mit der Mitte der ersten Klimazone und setzten sie dort an, wo der längste Tag des Sommers dreizehn Stunden dauert. Die Mitte der zweiten war dort, wo der längste Tag dreizehn und eine halbe Stunde beträgt. Auf diese Weise bestimmten sie jeweils die Mitte der Klimazonen, indem sie eine halbe Stunde nach der anderen hinzufügten, bis zu der Mitte der siebenten, wo der längste Tag sechzehn Stunden dauert.

Was es nämlich jenseits dieses Ortes an Bewohnern gibt, ist wenig und gleichsam von tierischer Natur. Denn das äußerste Gebiet, wo sich solche Leute versammelt finden, ist das Land Jura[72]. Man reist dorthin von den Isu[73] in zwölf Tagen, und zu den Isu von den Wolgabulgaren in zwanzig Tagen, und zwar auf hölzernen Schlitten, mit denen sie ihren Proviant über die schneebedeckten Ebenen transportieren. Gezogen werden sie entweder von ihnen selbst oder von ihren

Hunden. Auf anderen gleitenden Gerätschaften aus Knochen, die sie sich an die Füße binden, durchmessen sie große Entfernungen in kurzer Zeit. Handel betreiben die Leute von Jura, indem sie ihre Waren an einer Stelle niederlegen und sich dann entfernen, dies wegen ihrer Wildheit und Menschenscheu, ähnlich wie beim Gewürznelkenhandel mit den Bewohnern des Landes Ceylon im Meere.

So wurde auf die erwähnte Weise die Mitte der ersten Klimazone festgelegt, denn sie ist der Wohnort von Wesen, die bereits zur menschlichen Art gezählt werden können. Der Äquator beginnt nämlich im Westen in dem Meer jenseits des Landes der westlichen Schwarzen, verläuft dann über deren Steppen und Sandwüsten nahe den Nilquellen, dann über das ostafrikanische Sofala[74] jenseits von Nubien, danach über die Inseln der Malediven, der Wāqwāq[75] und der Inseln von Zābāg[76] in östlicher Richtung. Alle aber, die hinter dem Äquator sind, haben insofern den Charakter von wilden Tieren, als sie Menschenfresser sind. Diese Sitten nehmen bei denen, die vom Äquator aus mehr nach Norden zu wohnen, nach und nach ab, bis man in die erste Klimazone kommt. Dort sind die Leute zivilisiert und von menschlicher Gesittung und führen einen lobenswerten Lebenswandel. …

Die Besiedelung hört nicht nach dem Ende der siebenten Klimazone auf und auch nicht vor dem Beginn der ersten. Vielmehr ist sie hier spärlicher und beschränkt sich auf bestimmte Gegenden. Denn südlich der ersten Klimazone wirkt die Hitze verbrennend, wenn dem nicht die Lage des Ortes zu den Meeren und den Gebirgen entgegenwirkt. Die Wüsten der Neger sind hier nämlich verbrannt und ohne Pflanzenwuchs, der die Lebewesen gedeihen läßt, und ohne die gemäßigte Temperatur der Luft, die sie zu ihrer Erhaltung einatmen müssen. Dann aber gibt es auf den Inseln, die auf ihrer Breite liegen, eine Besiedelung, jedoch ist es möglich, daß die Bewohner nicht unter die Menschen zu rechnen sind.

Ebenso verderblich ist die Kälte nördlich der siebenten Klimazone. Sie ist so heftig und beißend und dauert so lange, und der Schnee, der nie oder nur für kurze Zeit verschwindet, ist derart angehäuft, daß der Pflanzenwuchs, der die Lebewesen existieren läßt, verhindert wird, es sei denn, daß auch hier die Lage des Ortes einige Erleichterungen bietet. So können wir annehmen, daß die nördlichen Gegenden wegen der Kälte und des Schnees unbewohnt sind. Nun finden wir aber Anwohner an dem Meer, das von dem Ozean aus zu den nördlichen Gebieten der Slawen hin eine Bucht bildet und als „Meer der Waräger" bekannt ist[77], denn dieses Volk lebt an seiner Küste an einem Ort, der parallel zu den von Schnee und Frost heimgesuchten Landstrichen liegt, und die Kälte ist dort nicht in dem Maße heftig. Es gibt sogar unter diesen Leuten einige, die sich in den Tagen des Sommers zum Fischfang oder zu Raubzügen auf dieses Meer hinauswagen und dabei ihre Fahrt in Richtung auf den Himmelsnordpol bis zu einer Stelle fortsetzen, wo die Sonne bei ihrer sommerlichen Wende über dem Horizont kreist. Sie beobachten das und brüsten sich damit bei ihren Leuten, daß sie den Ort erreicht haben, an dem es keine Nacht gibt.

Aus: Geodäsie (S. 135,16–138,12 u. 142,1–17)

17. Der Äquator und was hinter ihm liegt

Keiner weiß, was in südlicher Richtung jenseits des Äquators ist, denn diese Linie der Erde ist verbrannt und unbewohnbar, und die ersten menschlichen Ansiedlungen in Richtung auf die Seite des bewohnten Erdviertels sind von ihr durch eine Strecke von mehreren Tagereisen getrennt. Das Wasser des Meeres ist dort dick, weil die Sonne seine leichteren Teilchen zu stark verdunsten läßt, und es nimmt eine solche Beschaffenheit an, daß es von den Fischen und den anderen Lebewesen gemieden wird. Weder uns noch einem anderen, der sich darum bemüht hat, ist zu Ohren gekommen, daß man es befahren hat oder daß man darüber hinaus nach Süden vorgedrungen ist. Manche Leute haben sich durch den Ausdruck „Äquator" oder „Gleicher" zu dem Gedanken verleiten lassen, daß die Witterung dort gemäßigt sei, zumal Tag und Nacht dort gleich lang sind.[78] Das machten sie zur Grundlage für ihre Hirngespinste, indem sie den Äquator mit den Eigenschaften eines Paradiesgartens und mit geradezu engelgleichen Bewohnern ausstatten. Hinsichtlich dessen, was jenseits davon liegt, behaupten andere Leute, daß es unbewohnbar sei, weil die Sonne beim Erreichen des tiefsten Punktes ihrer exzentrischen Umlaufbahn dort ungefähr am weitesten nach Süden geneigt ist und die Orte verbrennt, über denen sie senkrecht steht. Was aber 65 Grad südlicher Breite hat, weise eine Natur auf, wie sie der mittleren Klimazone des Nordens entspricht.[79] Von dort bis zur Gegend unter dem Himmelssüdpol sei eine Besiedelung möglich. Mit Bestimmtheit dürfen wir dies nicht annehmen, denn die Ursachen, die solches verhindern, sind nicht allein die extreme Hitze und Kälte. Diese fehlen nämlich auch in dem zweiten der beiden nördlichen Erdviertel, und das ist auch nicht bewohnt.

Aus: Chronologie (S. 258,11–22)

18. Der Wasserhaushalt der Erde

Das Ansteigen des Wassers erfolgt nicht bei allen Flüssen und Strömen auf dieselbe Weise, es weist vielmehr beträchtliche Unterschiede auf, wie etwa beim Amudarja, denn er steigt, wenn die Wasser des Tigris und des Euphrat und anderer Flüsse abnehmen. Diejenigen nämlich, die von kälteren Gegenden ihren Ausgang nehmen, führen im Sommer mehr Wasser und im Winter weniger. Die Ursache dafür ist, daß ihr Wasser sich am Anfang zumeist aus Quellen sammelt, und deren Zu- und Abnahme hängt von den Niederschlägen in den Bergen ab, von denen sie ausgehen oder die sie durchfließen, wobei deren Bäche in sie einmünden. Nun fallen bekanntlich im Winter und zu Beginn des Frühlings die Niederschläge reichlicher als in den anderen Jahreszeiten, wobei sie zu jenen Zeiten an diesen Orten gefrieren, weil sie weiter nach Norden zu gelegen sind und die Kälte dort stärker ist. Wenn sich dann die Luft erhitzt, schmilzt der Schnee, und der Amudarja schwillt an. Was aber das Wasser des Tigris und des Euphrat anlangt, so entspringt es in Gegenden, die weniger weit nach Norden reichen,[80] und deshalb steigen sie im Winter und im Frühling, weil die Niederschläge sogleich in sie abfließen, und was möglicherweise gefroren war, am Anfang des Frühlings abschmilzt. Der Nil dagegen schwillt an, wenn Tigris und Euphrat abnehmen. Er entspringt nämlich, wie es heißt, im

Mondgebirge hinter der äthiopischen Stadt Assuan in südlicher Richtung entweder am Äquator oder noch jenseits davon. Hier liegt eine Unsicherheit, denn der Umkreis ist nicht bewohnt, wie wir weiter oben ausgeführt haben.[81] Nun ist offenkundig, daß dort ein Gefrieren des Wassers ganz ausgeschlossen ist. Wenn aber die Nilschwelle von den Niederschlägen kommt, so haben diese nach ihrem Fallen keinen Bestand, es sei denn, daß sie Wasserläufe bilden und zu ihm hinfließen. Wenn sie aber von Quellen herrührt, so fließt deren Wasser im Winter reichlicher. Und darum steigt der Nil im Sommer an, denn wenn sich die Sonne uns und unserem Zenit nähert, entfernt sie sich von der Gegend, wo der Nil entspringt, und deshalb hat sie dann ihren Winter.

Der Grund aber, weswegen die Quellen im Winter reichlicher fließen, liegt in dem Nutzen, den der unfehlbare und weise Baumeister, der groß und erhaben ist, bei der Erschaffung der Berge bezweckt hat. Ṯābit ibn Qurra[82] erwähnt etwas davon in seinem Buch „Über die Ursache der Erschaffung der Berge", und diese Ursache ist diejenige, die den Zweck vollendet, um dessentwillen das Meerwasser salzig wurde. Wie bekannt, fallen im Winter mehr Niederschläge als im Sommer und im Gebirge mehr als im Flachland. Wenn sie in den Bergen fallen und zum Teil in Sturzbächen abfließen, verschwindet der Rest in Wasserläufen, die sich durch die Hohlräume der Berge ziehen, und wird dort gespeichert. Dann beginnt es nach draußen zu dringen durch die Öffnungen, die Quellen genannt werden. Im Winter fließen sie deswegen reichlicher, weil die anfallende Materie mehr ist. Wenn diese Hohlräume einwandfrei und rein sind, kommt das Wasser so wohlschmeckend heraus, wie es an sich ist. Wenn dem nicht so ist, nimmt es darin verschiedenartige Qualitäten an und wird zum Träger mannigfacher besonderer Eigenschaften, deren Ursachen uns verborgen sind.

Was das Aufwallen mancher Quellen und das Emporsteigen des Wassers betrifft, so liegt das daran, daß der Speicherraum höher liegt als sie, wie es bei den künstlich angelegten Springbrunnen der Fall ist, denn das Wasser steigt niemals in die Höhe, es sei denn aus diesem Grunde. Etliche Leute, deren Unwissenheit in den Naturwissenschaften zum Himmel schreit,[83] haben mir darin widersprochen und haben als Beweis angeführt, daß nach ihrer eigenen Beobachtung das Wasser in Flüssen und Kanälen in die Höhe gewandert sei. Je mehr sich das Wasser in seinem Lauf entfernt habe, desto mehr sei es angestiegen. Das beruht auf nichts anderem als auf ihrer Unkenntnis der Naturgesetze und weil sie nicht richtig zwischen oben und unten unterscheiden können. Sie sehen nämlich, wie die Wasserläufe in Gebirgstälern auf einer Wegstrecke von einer Meile fünfzig bis hundert und noch mehr Ellen an Höhe verlieren. Wenn die Bauern an einer Stelle davon einen Graben ausheben und ihn leicht geneigt machen, fließt das Wasser darin nur einen kurzen Weg, bis es schon eine beträchtliche Höhe über dem Wasserspiegel des Flusses erreicht hat. Wenn nun ein Ungeübter glaubt, daß der Fluß ganz eben oder nur mit leichtem Gefälle fließt, so muß er sich zwangsläufig einbilden, daß der Graben in die Höhe steigt. Man kann diese Unsicherheit aus ihren Gemütern nur ausräumen, nachdem sie mit den Instrumenten umzugehen gelernt haben, mit denen das Land gemessen und nivelliert wird und die Kanäle gegraben und ausgehoben werden. Denn würden sie das Niveau des Bodens feststellen, in dem das Wasser fließen soll, so würde ihnen das Gegenteil ihrer Ansichten deutlich werden. Oder sie sehen es ein, nachdem sie sich mit den Naturwissenschaften beschäftigt und erkannt haben, daß sich das Wasser zum Mittelpunkt der Welt bewegt oder zu einem Ort, der ihm näher ist.

Gewiß steigt das Wasser, wohin man will, selbst auf die Gipfel der Berge, vorausgesetzt, daß es einen Abstieg gibt, der tiefer geht als der Aufstieg, und alles ferngehalten wird, was den Platz des Wassers einnehmen könnte, wenn es ihn zu räumen im Begriff ist. Dieser natürliche Vorgang wird aber nur in Verbindung mit etwas Gewaltsamem und Künstlichem bewerkstelligt.[84] Oft wendet man dies bei Kanälen an, denen Berge im Weg stehen, die man nicht durchgraben kann. Ein Beispiel bietet auch das Gerät, das „Wasserdiebin"[85] genannt wird, denn wenn man es mit Wasser füllt und die beiden Enden in zwei Gefäße mit gleich hohem Wasserstand steckt, so bleibt das Wasser in ihm stehen, und sei es eine ganze Ewigkeit, und fließt nicht in eines der beiden Gefäße, denn dieses hätte nicht mehr

Anspruch darauf als das andere. Es ist auch unmöglich, daß es gleichmäßig in beide Gefäße abfließt, denn das Gerät würde dann leer werden. Ein Vakuum aber kann es nach Meinung einiger Philosophen entweder gar nicht geben, oder aber es existiert, wie andere überzeugt sind, und hält die Körper zusammen. Falls seine Existenz ausgeschlossen ist, so entsteht es auch hier nicht, und wenn es die Körper zusammenhält, so hält es das Wasser zusammen und läßt es nicht abfließen, es sei denn, nachdem ein anderer Körper die Stelle des Wassers eingenommen hat. Wenn man dann eines der beiden Enden nur ein klein wenig tiefer plaziert, fließt zu ihm der Inhalt des Gefäßes. Wenn nämlich dieses Ende tiefer liegt, ist es dem Mittelpunkt der Welt näher, darum fließt das Wasser zu ihm. Dann setzt sich das Fließen fort, weil die Teilchen des Wassers beieinanderliegen und miteinander verbunden sind, bis daß das Wasser aus dem zu entleerenden Gefäß verschwunden ist oder das Niveau des zufließenden und des abfließenden Wassers ausgeglichen und das Ganze zu seinem früheren Zustand zurückgekehrt ist. Nach diesem Beispiel verfährt man in den Bergen.

Zuweilen schießt das Wasser sogar in Fontänen aus den Brunnen empor, nachdem man springendes Wasser in ihnen gefunden hat. Denn von dem Wasser der Brunnen gibt es solches, das von den Seiten her durchgesickert ist und sich so gesammelt hat, und dieses steigt nicht in die Höhe. Sein Ursprung ist von einem Wasser in der Nähe, und das Niveau ist dort, wo es sich sammelt, ebenso hoch wie bei jenem Wasser, von dem es gespeist wird. Es gibt auch Brunnenwasser, das vom Grunde her aufwallt, und das ist das, was man erhofft und bei dem die Möglichkeit besteht, daß es bis zur Erdoberfläche emporsprudelt und auf ihr weiterfließt. Meistens findet sich das in Gebieten in der Nähe von Bergen, wo keine Seen und keine tiefen Flüsse dazwischenliegen. Ist der Ursprungsort ein Speicherbecken, das höher liegt als das Niveau des Erdbodens, steigt das Wasser als Fontäne empor, wenn es entsprechend eingeengt ist. Wenn aber der Speicher tiefer liegt, kommt das Ansteigen bis dorthin nicht zustande und gelingt nicht. Manchmal liegt der Speicher um Tausende von Ellen höher in den Bergen, und dann ist es möglich, daß das Wasser zum Beispiel bis zur Höhe einer Festung oder der Spitze eines Minaretts emporsteigt. Wie ich hörte, stößt man im Jemen manchmal beim Graben auf Felsgrund, von dem man weiß, daß sich unter ihm Wasser befindet. Sie klopfen in einer solchen Weise darauf, daß sie an dem Geräusch die Menge des Wassers erkennen. Dann bringen sie eine dünne Bohrung nieder und prüfen das Wasser. Ist es gesund, lassen sie es so hoch springen, wie es geht. Wenn sie Bedenken haben, verstopfen sie es schnell mit Gips und Kalk und schütten die Stelle zu, wie sie anfangs war, denn zuweilen sei davon etwas Ähnliches wie die „Flut des Dammbruchs“[86] zu befürchten.

Was das Wasser oben auf dem Gebirge zwischen Abaršahr[87] und Ṭūs[88] anlangt – es handelt sich um einen See von einer Parasange[89] Umfang, der Sabzarūd heißt –, so wird er ohne Zweifel entweder von einem höher liegenden, und sei es auch einem weiter entfernten, Becken gespeist, wobei der Zufluß in dem Maße erfolgt, wie zum Ausgleich für das Austrocknen und die Verdunstung durch die Sonne nötig ist, wodurch er unverändert seinen Zustand beibehält. Das Wasser kommt entweder von einem Speicherbecken mit gleichem und nicht darüber liegendem Wasserstand, oder aber es gibt hinsichtlich der Austrittsöffnungen eine analoge Ursache wie bei dem Wasser des *daḫǧ*[90] und bei der Lampe, die sich selbst bedient. Und zwar nimmt man dazu einen Wasserkrug oder eine Ölkanne und macht feine Einkerbungen an mehreren Stellen des Randes und bohrt ein enges Loch unterhalb der Ausgußöffnung in dem Abstand, wie hoch das Wasser in dem Gefäß oder das Öl in der Lampe stehen soll. Dann wird der Krug oder die Ölkanne gefüllt und verkehrt herum in die Schüssel oder in die Lampe gesetzt. Denn das Wasser oder das Öl treten nur so lange aus den Einkerbungen aus, bis sie das Loch bedecken. Wenn dann so viel verbraucht ist, daß gerade das Loch sichtbar wird, tritt etwas aus, was das Loch wieder zudeckt, und somit bleibt es auf demselben Stand. Ähnlich wie mit jenem See verhält es sich mit einer Süßwasserquelle im Lande der Kīmāk[91] auf einem Berg, der Mankūr heißt. Sie hat den Durchmesser eines großen Schildes. Der Wasserspiegel ist auf gleicher Höhe wie der Rand. Manchmal trinkt ein ganzes Heer daraus, ohne daß er auch nur um ei-

nen Finger breit absinkt. Bei dieser Quelle sieht man die Fußspur eines Menschen und Eindrücke seiner Hände samt den Fingern und seiner Knie, als ob er dort gebetet habe, und auch Spuren vom Fuß eines Kindes und von den Hufen eines Esels. Die oghusischen Türken[92] fallen anbetend nieder, wenn sie dieses erblicken. Ähnlich ist es mit einem See in den Bergen vom Bamijan[93] von der Größe einer Quadratmeile, auf der Höhe des Berges. Das Wasser des Dorfes, das an seinem Fuße liegt, stammt von ihm und fließt aus einem kleinen Loch herab, und zwar nur so viel, wie sie verbrauchen, und es ist ihnen nicht möglich, mehr abfließen zu lassen. Manchmal entstand eine Springquelle im ebenen Gelände, wobei sie ihren Ursprung in einem hoch gelegenen Becken hat und auf der Quelle etwas gelegen hatte, das sie zurückhielt. Wenn das Hindernis weggeräumt ist, schießt das Wasser empor, wie es bei dem Dorf zwischen Buchara und der neuen Ansiedlung der Fall war, wie al-Ǧaihānī[94] berichtet. Dort gab es einen Hügel, der von Schatzgräbern angeschnitten wurde. Es kam ihnen aber Wasser entgegen, und sie konnten es nicht zurückdrängen, und es floß weiter bis auf diesen Tag.
Wenn man das erstaunlich findet, so mag man sich auch über einen Ort wundern, der Fīluwān heißt und in der Nähe von al-Mihraǧān[95] liegt. Er ist wie ein Gesims, das aus dem Fels herausgehauen ist. Von seinem Dach tropft ständig Wasser, und wenn die Luft kalt wird, gefriert es beim Herabfließen in länglicher Form. Ich hörte Einwohner von al-Mihraǧān behaupten, sie hätten es oft mit der Spitzhacke abgeschlagen, und da sei die betreffende Stelle trocken gewesen, und es sei auch kein Wasser nachgeflossen, während es logisch wäre, daß es, wenn es schon nicht nachfließt, so doch in seinem Zustand verbleibt. Aber noch wunderbarer als dieses ist, was al-Ǧaihānī in dem „Buch der Wege und Königreiche“[27] von den beiden Säulen in der Moschee von Kairouan[96] berichtet, von denen man nicht weiß, aus welchem Material sie bestehen. Er behauptet, daß sie an jedem Freitag vor Sonnenaufgang Wasser ausschwitzen. Anlaß zur Verwunderung ist, daß es freitags geschehen soll. Wenn nur schlechthin von irgendeinem Tag in der Woche die Rede wäre, könnte man es darauf zurückführen, daß der Mond eine bestimmte Position gegenüber der Sonne er-

reicht hat, oder auf eine analoge Erscheinung. Wenn man jedoch den Freitag voraussetzt, ist dies nicht möglich. Man erzählt auch, daß der byzantinische König zum Zweck des Ankaufs der Säulen ein Schreiben geschickt habe, worin es hieß: „Wenn die Muslime aus ihrem Preis einen Nutzen ziehen, so ist das besser, als wenn zwei Steine in der Moschee stehen." Doch die Einwohner von Kairouan waren darüber entrüstet und erklärten: „Wir geben sie nicht heraus aus dem Hause Gottes in das Haus des Teufels." Noch seltsamer als dies ist die Geschichte von der beweglichen Säule in Kairouan, denn sie neigt sich nach irgendeiner Seite, und dann legt man, wenn sie schief steht, einen Gegenstand darunter. Wenn sie wieder gerade steht, kann man ihn nicht herausziehen, und wenn es sich um Glas handelt, hört man, wie es zerbricht und zersplittert. Hier handelt es sich ohne Zweifel um etwas künstlich Gemachtes, auch der Standort läßt darauf schließen.

Aus: Chronologie (S. 261,7–265,2)

19. Frühe Veränderungen der Erdoberfläche

Obwohl wir, wie ich jetzt sagen möchte, durch vernunftgemäße Beweise und korrekte logische Schlußfolgerungen zu der Erkenntnis kommen, daß die Welt geschaffen ist und daß die Teile ihrer Dauer, die bis jetzt in einer endlichen Zahl in die Wirklichkeit und die Existenz überführt wurden, einmal mit ihrem Beginn angefangen haben müssen, so wissen wir durch diese und ähnliche Beweise noch lange nicht die Quantität dieser Teile, so daß wir von daher imstande wären, das Datum der Weltschöpfung zu erfahren. Der Schluß nämlich ist folgendermaßen aufgebaut und zusammengesetzt. Ein Körper läßt sich nicht von den Geschehnissen lösen, die an ihm aufeinander folgen. Alles aber, was sich nicht von Geschehnissen lösen läßt, ist selber ein Geschehnis wie sie. Der Körper ist folglich etwas Geschaffenes und nichts Ewiges, und es folgt in der ersten Schlußfigur[97] das Geschaffensein für den Körper. Es ist auch unmöglich, daß die Abfolge der Geschehnisse unendlich weitergeht, denn das erforderte eine Ewigkeit der Zeit, was absurd wäre. Denn wenn wir sagen, daß die Vergangenheit aus Zeiteinheiten, das heißt Gestirnumläufen, besteht, die in einer endlichen Zahl existiert haben und die auch hätten mehr sein können, und wenn jedes gezählte Existierende einen Anfang bei der Eins hat und bei der Grenze einer ganz bestimmten Zahl endet, so beginnt folglich die Zeit bei einem Anfangspunkt und endet bei einem festgesetzten Termin. So resultiert in der ersten Schlußfigur die Endlichkeit und das Geschaffensein der Zeit.

Was aber die Kenntnis ihrer Teile anlangt, die in die Wirklichkeit überführt worden sind, nämlich die vergangenen Jahre, Monate, Tage und ihre Anzahl, so gibt es für die Vernunft auf keinerlei Weise durch logische Schlüsse einen Zugang dazu. Und wenn wir schon irgendeinen Zeitpunkt ansetzen wollten, so bleibt die Möglichkeit, daß der Beginn der Zeit und die Schöpfung der Welt um einen Augenblick früher war, wie es auch denkbar wäre, daß sie ihm um Millionen Jahre vorausging, nachdem man diese abgezählt und bestimmt hat, damit sie mit einer wirklichen Existenz versehen seien. In solchen Fällen pflegt man auf Worte der Wahrheit zurückzugreifen, aber was das Buch Gottes, der gewaltig und erhaben ist, und die glaubhaften Überlieferungen von Mohammed anlangt, so verlauten sie überhaupt nichts darüber. Die „Leute des Buches", nämlich die Juden und Christen, daneben auch die Sabier[98] und die Zoroastrier[99], stimmen hinsichtlich der Zeitrechnung von dem ersten Menschen an überein, des weiteren differieren sie in bezug auf die Zeitdauer beträchtlich. Was die Erschaffung der Welt anlangt, so befassen sie sich damit nur im Zusammenhang mit dem Anfang des Alten Testaments, wo es, wenn auch nicht wörtlich, so doch sinngemäß heißt: „Im Anfang schuf Gott die Substanz des Himmels und die Substanz der Erde, und die Erde war wüst, und der Wind Gottes wehte über die Fläche des Wassers."[100] Sie behaupten, daß dies der erste Tag der Schöpfungswoche gewesen sei, während doch dieser Zeitraum nicht nach Tag und Nacht zu messen war, denn die Ursache dafür ist die Sonne mit ihrem Auf- und Untergehen, und die wurde zusammen mit dem Mond doch erst am Mittwoch dieser Woche geschaffen.[101] Wie kann man sich da vorstellen, daß diese Tage wie diejenigen waren, die wir heute zählen! Die Offenbarung spricht davon, daß „ein Tag vor deinem Herrn wie tausend

Jahre ist, wie ihr sie zählt"[102]. Und an einer anderen Stelle heißt es: „an einem Tag, dessen Dauer fünfzigtausend Jahre ist"[103]. Somit ist es klar, daß jener Zeitraum nicht so zu bemessen ist, wie wir ihn heute berechnen, und daß wir keine Möglichkeit haben, ihn von dem Anfang der Schöpfung her zu bestimmen. Während das Alte Testament von der Entstehung des ersten Menschen an dem Freitag jener Woche spricht, die für die Schöpfung vorgesehen war, berichtet Gott, der erhaben ist, von der Rede der Engel: „Willst du etwa auf die Erde einen setzen, der Unheil anrichtet und Blut vergießt, während wir dir Lob und Preis singen."[104]
Wir wissen von den Zuständen der Erde nichts außer dem, was an den Spuren zu beobachten ist, die zu ihrer Entstehung lange Zeiträume brauchen, wenngleich auch sie einen Anfang und ein Ende haben, wie die hohen Berge, die aus glatten und verschiedenfarbigen Kieseln bestehen, zusammengehalten mit versteinertem Lehm und Sand, denn wenn man das Problem von dieser Seite her betrachtet und es von diesem Zugang her angeht, erkennt man, daß die Kiesel und die Steinchen ein Gestein sind, das von den Bergen durch Spaltung und Zusammenprall abgesplittert ist. Dann ist viel Wasser darüber geflossen, und viele Winde haben darüber geweht, sie haben sich ständig aneinander gerieben, und so wurden sie abgenutzt. Diese Abnutzung begann an den Ecken und Kanten, bis sie verschwunden sind und eine abgerundete Form entstanden war. Die kleinen Splitter, die sich davon abtrennten, wurden zu Sand und schließlich zu Staub. Als diese Kiesel in den Flußbetten vereinigt waren, so daß sie darin fest zusammengepackt waren und sich der Sand und der Staub dazwischenlagerte, da wurde alles darin verknetet und begraben. Die Fluten gingen darüber hin, und so geriet es in den Boden und in die Tiefe, nachdem es ein Teil der Erdoberfläche gewesen war. Durch die Kälte wurde es zu Stein, denn die Versteinerung der meisten Berge geschah in der Tiefe durch die Kälte, und deswegen schmelzen die Steine, wenn man sie dem Feuer aussetzt. Denn was sich durch die Kälte verfestigt, löst sich durch die Wärme, und was sich durch die Wärme verfestigt, löst sich durch die Kälte. Wenn wir also einen Berg finden, der aus diesen glatten Steinen gebildet ist, wobei auch größere dazwischen sind, so wissen wir, daß er auf

die beschriebene Weise entstanden ist und daß er sich einmal unten befand und ein anderes Mal oben.
Alle diese Prozesse vollzogen sich notwendigerweise in ausgedehnten und unermeßlichen Zeiträumen und unter Veränderungen, von denen nicht bekannt ist, wie sie beschaffen waren, und ihnen entsprechend wechselte die Besiedelung in den einzelnen Gebieten der Erde. Denn wenn sich Teile von ihr von einem Ort zum anderen verlagern, so verlagert sich mit ihnen ihr Gewicht und belastet nun die Gegend seitlich davon. Nun steht die Erde allein deswegen fest, weil ihr Schwerpunkt der Mittelpunkt der Welt ist. Deshalb muß sie jenen Unterschied ausgleichen, und daraus folgt, daß sich ihr Schwerpunkt gemäß der veränderten Position der Teile, die sich auf ihr verlagert haben, verschiebt. Somit haben die Entfernungen der einzelnen Gebiete vom Mittelpunkt der Welt im Verlauf der Zeit nicht beständig ein und dieselbe Länge gehabt. Wenn diese Gebiete angehoben werden oder wenn ihre Umgebung stärker zusammengedrückt wird, so verringert sich in ihr das Wasser, die Quellen versiegen, die Flüsse verschwinden in der Tiefe, und die Besiedelung wird unmöglich, so daß die Bewohner in eine andere Gegend abwandern. Diese Verödung bringt man mit einer Altersschwäche in Verbindung und die Besiedelung der Ruinenstätten mit einem Wachsen und einer Jugendblüte, und deswegen erfrieren warme Länder und erwärmen sich kalte Gebiete.[105]
Abu l-ʿAbbās al-Īrānšahrī[106] berichtet, daß er in einer Festung mit Namen al-Baiḍā', eine Parasange[107] von der Stadt Sīrǧān in Kirmān[108] entfernt, Wurzeln von Palmen gesehen hat, die es dort einmal gab. Die Gegend ist verödet, die Palmen sind eingegangen und verdorrt, und zu seiner Zeit gab es im Umkreis von zwanzig Parasangen keine Palmen mehr. Der Vorgang gibt uns einen weiteren Aufschluß darüber, daß mit der Anhebung der Gegend ringsum die Kanäle und Flüsse versiegt sind, die zuvor dort Wasser führten.
In entsprechender Weise verlagert sich das Meer zum Festland und das Festland zum Meer hin, und zwar in Zeiträumen, von denen uns keine Kunde vorliegen kann, wenn sie vor der Entstehung des Menschen in dieser Welt lagen, oder von denen, falls sie danach anzusetzen sind, keine Erinnerung bleiben konnte, denn die Überlieferung hört im

Verlaufe der Zeit auf, und besonders bei Vorgängen, die sich allmählich vollziehen und über die sich nur die Gelehrten ihre Gedanken machen. So verhält es sich mit der arabischen Wüste. Sie war einmal ein Meer, in dem es Ablagerungen gab. Spuren davon treten beim Ausschachten von Brunnen und Teichen zutage, denn es werden Schichten von Erde und Sand und Kieselsteinen sichtbar. Weiter findet man darin Keramik und Glas und Knochen, was man unmöglich auf ein absichtliches Eingraben an dem betreffenden Ort zurückführen kann. Es werden sogar Steine mit herausbefördert, die beim Zerbrechen Perl- und Kaurimuscheln und die sogenannten Fischohren[109] enthalten. Sie haben sich darin entweder in ihrem Zustand gehalten, oder sie sind zerfallen und verschwunden, und an ihrer Stelle ist ein Hohlraum geblieben, der ihrer Form nachgebildet ist. Solche Funde macht man auch in Derbent an der Küste des Kaspischen Meeres. Dazu erfährt man überhaupt keine bestimmte Zeit und keine Datierung. Die Araber bewohnten ihr Land von ihrem Urvater Yaqṭān[110] an, obwohl sie möglicherweise zu der Zeit, da die Wüste noch Meer war, im jemenitischen Gebirge saßen. Das waren die echten alten Araber, und ihre Kultur hing dort von einem Damm zwischen zwei Bergen ab, durch den das Wasser bis zu ihren Gipfeln gehoben wurde. Er versorgte rechts und links davon zwei Gärten, bis ihn die „Flut des Dammbruchs" hinwegnahm. Da sank das Wasser, und die Kultur hörte auf, und an ihre Stelle traten zwei andere Gärten „mit Früchten des Dornbuschs und Tamarisken und wenig Christdorn"[111].

Man findet ähnliche Steine, in deren Mitte „Fischohren" sind, in der Sandwüste zwischen Gurgan und Choresm[112]. Sie war früher wie ein See, denn das Bett des Ǧaiḥūn, das ist der Amudarja, verlief hier bis zum Kaspischen Meer bei einer Gegend mit Namen Balḫān. Ebenso erwähnt Ptolemaios in seinem Buch der „Geographie", daß er in das Hyrkanische, das heißt das Kaspische Meer mündete.[113] Zwischen uns heute und Ptolemaios liegen ungefähr achthundert Jahre, und damals durchschnitt der Amudarja jene Gegend, die jetzt Wüste ist, von einer zwischen Zamm und Āmul[114] gelegenen Stelle an und versorgte die Städte und Dörfer an seinem Lauf bis hin nach Balḫān, wo er zwischen

Gurgan und den Chasaren[115] ins Meer mündete. Dann wandten sich seine Wasser infolge einer plötzlichen Sperrung in Richtung auf das Land der Oghusen[116]. Dem stand ein Berg im Wege, der jetzt „Maul des Löwen", bei den Choresmiern aber „Teufelsdamm" heißt. Es kam zu einem Stau und zu einer Überschwemmung, und Spuren des Anbrandens der Wogen sind an seinen oberen Partien erhalten geblieben. Als sein Gewicht und sein Druck auf das gelokkerte Gestein zu übermächtig geworden war, brach er sich Bahn und überschritt es in der Entfernung einer Tagesreise, dann wandte er sich nach Süden in Richtung auf Fārāb[117] in einem Flußbett, das jetzt unter dem Namen al-Faḥmī bekannt ist. In mehr als dreihundert Städten und Dörfern siedelten die Menschen an seinen Ufern, und Ruinen blieben davon bis auf den heutigen Tag. Nach einiger Zeit aber geschah mit diesem Flußlauf dasselbe wie mit dem ersten. Er wurde versperrt, und das Wasser wandte sich nach links zum Land der Petschenegen[118] in dem Lauf, der als das Tal des Mazdubast[119] bekannt ist, in der Wüste zwischen Choresm und Gurgan. Er versorgte eine lange Zeit viele Landstriche, aber die verfielen auch, und ihre Bewohner wanderten ab zum Gestade des Kaspischen Meeres, und sie sind das Volk der Alanen und Asen.[120] Ihre Sprache ist jetzt ein Gemisch aus Choresmisch und Petschenegisch. Dann strömte das ganze Wasser in Richtung auf Choresm, nachdem zuvor nur ein Rest davon dorthin geflossen war und dabei eine von Felsen versperrte Stelle passiert hatte. Sie liegt jetzt am Anfang der Ebene von Choresm. Das Wasser brach sich hier Bahn und überflutete die Gegend und verwandelte sie von dort an in einen See. Wegen der Menge des Wassers und der starken Strömung trübte es sich durch den mitgeführten Schlamm. Wo es in die Breite floß, setzte sich das Erdreich in ihm ab; und von dem Ausfluß an ließ es den Grund nach und nach anwachsen, bis er als trockenes Land auftauchte. Der See ging zurück, bis ganz Choresm zutage getreten war. Auf seiner Wanderung erreichte der See ein Gebirge, das sich ihm in den Weg stellte und das er nicht beiseite schieben konnte. So wandte er sich nach Norden zu dem Land, das jetzt die Turkmenen[121] bewohnen. Zwischen diesem See und dem, der zu dem Tal des Mazdubast gehört hatte, ist keine große Entfernung. Jener wurde zu einem schlammigen und unpassierbaren Salzsumpf. Er heißt in der Turksprache Ḫīz Tenqizī, das heißt „das Meer der Jungfrau".

Ibn al-'Amīd[122] erwähnt in seinem Buch über den Städtebau, daß vor nicht langer Zeit in Rūyān[123] ein Erdbeben war. Es stürzte zwei Berge um, so daß sie gegeneinanderstießen und den Flüssen zwischen ihnen den Weg versperrten. Da wich das Wasser zurück und wurde zu einem See. So verhält sich das Wasser, wenn es keinen Abfluß findet, wie auch das Tote Meer, das von dem Wasser des Jordan gebildet wird. Er zitiert auch aus den Chroniken der Syrer, daß sich im Jahre 838 der Ära des Alexander, und das war das zweite Regierungsjahr Kaiser Justinians,[124] in Antiochien ein Beben und ein Erdeinbruch ereigneten und daß ein Berg oberhalb von Claudias[125] zerbarst und in den Euphrat stürzte. Es kam zu einem Stau, das Wasser stieg und verursachte Überschwemmungen und Verwüstungen. Dann wich es nach rückwärts, bis es sich einen Weg bahnte und in sein Bett zurückkehrte.

Und so verhält es sich mit dem Land Ägypten. Einst war es, wie Aristoteles in dem Buch der „Meteorologie" erwähnt,[126] vom Nil überflutet und bedeckt, so daß es wie ein Meer war. Dann versickerte das Wasser immer mehr, und die höher gelegenen Stellen wurden allmählich trocken und bewohnbar, bis es von Städten und Menschen angefüllt war, wenngleich man jetzt den Anfang der Besiedelung nicht mehr kennt. Das Land Ägypten hieß in der Frühzeit Theben nach dem Namen einer Stadt in Oberägypten, das zuerst besiedelt war. Sie ist nicht die Stadt, die jetzt die größte ist, diese heißt vielmehr Memphis, arabisch Manf.[127] Der Dichter Homer, und er ist verhältnismäßig jung gegenüber den Anfängen Ägyptens, nennt sie in seinem Gedicht auch Theben.[128] Als das Land Ägypten noch ein Meer war, bemühten sich die persischen Könige, als sie einmal Ägypten in ihre Gewalt gebracht hatten, von al-Qulzum[129] her einen Graben auszuheben und so die Barriere zwischen den beiden Meeren zu beseitigen, so daß ein Schiff vom westlichen zum östlichen Ozean fahren könne, alles dies um des Nutzens und um der allgemeinen Wohlfahrt willen. Der erste war König Sesostris[130], nach ihm Darius[131]. Sie ließen über eine weite Strecke hin einen Graben ausheben, er ist noch heute vorhanden. Das Wasser des Roten Meeres drang mit der Flut hinein und kam mit der Ebbe wieder heraus. Aber als sie das Niveau des Roten Meeres messen ließen, nahmen sie von ihrem Vorhaben Abstand, weil sie fürchteten, daß das Rote Meer den Fluß Ägyptens wegen des höheren Wasserstandes verderben könnte. Schließlich vollendete ihn Ptolemaios III.[132] mit der Hilfe des Archimedes[133] in der Weise, daß das Ziel erreicht wurde, ohne daß ein Schaden auftrat. Später ließ ihn ein byzantinischer König zuschütten, weil er die Perser hindern wollte, durch ihn nach Ägypten einzudringen.[134]

Jene Wüste zwischen Fars, Sidschistan und Chorasan, die Karkas Kūh heißt, ist voll von den Ruinen vergangener Besiedelungen. Ptolemaios nennt sie das wüste Karmania[135], das heißt das wüste Kirman. Die Perser erzählen, daß es ein sehr reich mit Wasser versehenes Land war, das sich in ihm aus tausend mächtigen Quellen sammelte, die um Sidschistan herum entsprangen, und daß Afrasiab, der Türke[136], sie versiegen ließ. Da wurde dem Land das Wasser entzogen und verödete, und der Rest des Wassers floß zu dem Zarah-See, den es zuvor nicht gegeben hatte. In Gegenden Syriens und anderen Wüsten, wo es kein Wasser, keine Pflanzen und Tiere gibt, entdeckt man Spuren des Altertums, die mit Sicherheit davon Zeugnis geben, daß es dort eine Besiedelung gab, die nicht möglich gewesen wäre ohne das Wasser, das es einmal gab und das dann versiegt ist. Ähnliches sieht man an den Ruinen in den Sumpfniederungen von Basra. Einst floß der Tigris nicht durch diese Niederungen, danach brach er zu diesen Stellen durch und überschwemmte sie.

Abu l-ʿAbbās al-Īrānšahrī[106] erwähnt, daß im Landkreis von Bušt in der Gegend von Nischapur ein Kanal gegraben wurde. Dabei fand man in einer Tiefe von etwas über fünfzig Ellen die Stümpfe von drei Zypressen, die mit der Säge gefällt worden waren. Wie man einsehen wird, ist der Zeitraum zwischen dem Fällen, als sie noch auf der Erdoberfläche standen, und der Ablagerung darüber in der genannten Höhe nicht mehr zu bestimmen, weil er zu lang war, um überliefert zu werden. Übrigens darf man sich nicht wundern, daß das Holz darin einen solchen Bestand hatte, denn wenn es von dem Ort entfernt ist, an dem es dem jährlichen

Wechsel von Hitze und Kälte stark ausgesetzt ist, hält es sich länger.

Ein Beispiel ist auch der Baumstamm von Gurgan. Er kommt jedes Jahr aus einer Wasserquelle herauf, wobei seine Wurzel in der Tiefe bleibt und das obere Ende sich am Rand des Quellbeckens herumbewegt. Die Bewohner von Gurgan erzählen davon phantastische Geschichten und machen viel Wesens damit. Er ist nichts weiter als eine Zypresse. Als einmal die Erde dort bebte und sich ein Spalt bildete, fiel der Baum da hinein, und die Erde schloß sich wieder darüber. Der Spalt wurde zu einer Quelle, deren Wasser indes den Baum nicht herausbeförderte. Seine Äste verfaulten und fielen ab. Wenn nun der Zufluß im Frühjahr stärker wird, hebt er ihn hoch, so daß er auftaucht. Von seinen Wurzeln ist so viel geblieben, daß sie sein gänzliches Heraufkommen vom Grund der Quelle verhindern. Wie einer erzählt hat, der hinuntergetaucht ist, faßte er sich an wie die Spitze eines Backofens. In der Zeit des stärkeren Zustroms bleibt er oben, und wenn das Wasser auf sein normales Maß zurückgeht, kehrt der Baumstamm auf den Grund zurück. Unter den Einwohnern dieser Gegend gibt es keinen, der von dieser Geschichte den Anfang erfahren hätte.

Aus: Geodäsie (S. 38,13–52,5)

20. Die Zukunft der Meere

Wie bekannt, verlagert sich die Besiedelung, weil sich das Wasser verlagert, denn sie folgt ihm. Aristoteles gibt im Buch der „Meteorologie"[137] die Meinung einiger alter Autoritäten wieder, daß die Erde einst feucht war. Dann ließen die Sonne und der Mond die Nässe verdampfen, bis einzelne Stellen trocken waren. Von den Dämpfen seien Winde und Veränderungen in der Luft entstanden. Das verbliebene Wasser aber sei das Meer, und es werde noch weiter zurückgehen und weniger werden und am Ende ganz austrocknen. Diese Rede ist in sich schlüssig, doch steht sie im offenkundigen Widerspruch zu dem, was wir von der Natur wissen. Bei entsprechender Interpretation aber wäre es möglich, sie mit der natürlichen Realität in Einklang zu bringen. Denn in den Anfangsgründen der Astronomie ist festgelegt, daß die Erde eine Kugel in der Mitte des kugelförmigen Kosmos ist und daß den schweren Dingen die Eigenschaft verliehen ist, sich von allen Seiten her nach dem Mittelpunkt zu bewegen. Daraus erklärt sich die Kugelform der Wasseroberfläche, von der sie nur in dem Ausmaß ihrer Wellen abweicht. Das rührt daher, daß es zwischen den Teilen des Wassers keinen festen Zusammenhalt gibt.

Ferner ist aus der Erfahrung bekannt, daß der natürliche Ort der Erde unter dem des Wassers liegt. Einen Hinweis darauf hat man in dem Umstand, daß Erde im Wasser zu Boden sinkt. Wenn das Wasser von oben her in den Staub oder das Erdreich eindringt, so liegt die Ursache nur darin, daß sie locker und mit Luft durchsetzt sind und das Wasser das Bestreben hat, seinen Platz unterhalb der Luft einzunehmen, die sich in den Zwischenräumen des fest in sich verbundenen Erdreichs befindet. Wenn übrigens, wie einzusehen ist, die Teile der Erde dieses erzwungenen Zusammenhangs ermangelten, würden sie sich rund um den Mittelpunkt herum lagern, und wenn das so geschähe, würde das Wasser sie von allen Seiten gleichmäßig umgeben. Dieser Zustand herrschte zum Beginn der Schöpfung, wie er vom Alten Testament geschildert wird, als nämlich der Wind Gottes über die Fläche des Wassers wehte und die Erde wüst und ungestaltet war.[138] Gleiches bezeugt auch die Offenbarung, da er, der erhaben ist, sagt: „Und sein Thron war auf dem Wasser.“[139] Als Gott, der erhaben ist, den Menschen erschaffen wollte, da wandte er sich zuerst mit seinem Willen der Erde zu und verlieh ihr den inneren Zusammenhalt, damit sie damit in einer von der natürlichen Gestalt, nämlich der einer reinen Kugel, abweichenden Form verharren konnte. Er ließ einen Teil aus dem Wasser hervortreten, worauf sich das Wasser von ihm nach den Orten entfernte, die durch die Anhebung dieses Teils tiefer geworden waren. Diese Ansammlung wurde Meer genannt.

Ihm wurde nach den Worten Ṯābit ibn Qurras[140] der salzige Geschmack verliehen, um eine Verderbnis abzuwenden und eine Fäulnis auszuschließen, die für die Menschen, die geschaffen werden sollten, gefährlich gewesen wäre, und um es in dem Zustand zu speichern, der für sie notwendig sein würde. Denn da das Leben des Menschen und der in seinen Dienst gestellten Tiere vom Süßwasser abhängig ist, und sein Aufenthaltsort fern dem des Wassers ist, hat Gott, der erhaben ist, die Sonne und den Mond zu seinen unermüdlichen Dienern gemacht und ihnen die Aufgabe zugewiesen, das Wasser zu bewegen, aufzuwühlen und es verdampfen und aufsteigen zu lassen. Das Herausheben eines Teils der Erde aus dem Wasser hatte sie in eine Verbindung mit der Luft gebracht. Das Wasser ist von Natur aus zur Vermischung und Verbindung geneigt, was aber ohne die Wärme kaum möglich wäre. Als er bei der Schöpfung die Gestirnsphären in Bewegung setzte, wurde die angrenzende Luft zu Feuer, und er ließ die Gestirne kreisen, damit sie die Wärme nach dem Mittelpunkt gelangen lassen, ferner machte er diese Kreisbahnen ungleichartig, indem sie geneigt und teils näher, teils ferner zur Erde gelagert sind, damit es nicht unverändert nach ein und derselben Ordnung ablaufe, sondern sich periodisch wiederkehrende Zeiträume ergeben, denn die Natur wird leicht müde, und jedes Geschöpf bedarf der Ruhe. Danach wies er die Winde an, den Dampf des Wassers als Wolken nach dem toten und wasserlosen Land zu treiben, um durch den Regen Tiere und Pflanzen aufleben zu lassen, und damit er in die Hohlräume der Berge eindringt und als Schnee auf ihren Gipfeln liegenbleibt, auf daß sich aus ihm die Flüsse bilden, die zum Meer zurückkehren und an den Wohnstätten der Menschen und Tiere vorbeifließen, die davon getränkt werden und anderen Nutzen haben. Das wäre nicht zu vollbringen gewesen ohne den Salzgehalt, denn alles, was verdampft, trägt den Geschmack dessen mit sich, wovon es aufsteigt, außer dem Salzigen. Das Bittere hingegen ist den Lebewesen widerwärtig, das Süße ist der Fäulnis noch näher als das ohne Geschmack. Das Saure ist austrocknend, ätzend, unangenehm und hat außerdem eine zu starke Wirkung, so daß es alles, womit es in Berührung kommt, angreift und verändert. Es wirkt auch aggressiv auf das Eisen und ähnliche Stoffe. So sei der Lobpreis dem, der die vollkommene Macht hat und die allumfassende Weisheit.

So weit könnte man also mit dieser Erörterung gehen, daß das Meer ständig Dampf abgibt und sein Ort möglicherweise einmal Festland wird, indem es sich an einen anderen

Ort verlagert. Was aber sein gänzliches Verschwinden anlangt, so würde dies nicht nur die Vernichtung der Lebewesen und das Verschwinden ihrer Art bedeuten, was der vollkommenen Weltregierung zuwiderliefe, sondern auch zum Verschwinden eines der insgesamt vier Elemente führen, nämlich des Wassers, und dies wäre eine Unmöglichkeit, insofern als sie sich nicht darum kümmern würde.

Aus: Geodäsie (S.52,6–55,2)

21. Die Form des Ozeans

Daß die menschliche Besiedelung sowohl in Richtung Osten wie in Richtung Westen ein Ende hat, wobei weder eine übermäßige Hitze noch eine übermäßige Kälte einen Hinderungsgrund darstellt, liegt, wie oben ausgeführt, daran, daß die bewohnte Erde aus der Gesamtheit des Wassers emporragt, und dies lag nicht in der Natur der Sache, sondern an der göttlichen Vorsehung. Dies hatte zur Folge, daß ein Stück einen Vorzug vor dem übrigen bekommen hat und nun von dem Wasser umgeben ist. Daraus ergab sich notwendigerweise eine Begrenzung sowohl in östlicher wie in westlicher Richtung. Das Meer, das sich südlich der bewohnten Erde befindet, ich meine das vom Ozean östlich von China ausgehende, erstreckt sich entlang dem Äquator zunächst parallel zu China, dann zu Indien, dann zu Persien, dann zum Land der Araber, bis ein Ausläufer von ihm bei Al-Qulzum[141] endet. Es trägt jeweils den Namen des Landes, das ihm gegenüberliegt. Auch was vom Ozean bei den westlichen Gebieten der Schwarzen bei dem Prason genannten Kap[142] ausgeht, erstreckt sich in gleicher Weise südlich des Äquators gegenüber dem Lande der Neger und dem ostafrikanischen Sofala[143]. Sonne, Mond und Planeten steigen in beiden Zonen zum Zenit, deshalb wird hier die Luft dünn und die Bewegung im Wasser leicht.
Der Ozean in Richtung Westen, und das ist der größte Teil der Wassermasse, ist sehr seicht und meist von geringer Tiefe. Das Wasser ist hier dick, denn es handelt sich um den „schlammigen Quell“[144]. Das Befahren ist schwierig, und die Routen sind unbekannt. Deswegen hat hier der Riese Herakles gegenüber von Spanien seine Zeichen und

Säulen aufgestellt, um die Reisenden davon abzuhalten, darüber hinaus fahren zu wollen.[145] Es scheint, daß sie einst auf dem Festland aufgerichtet waren, das erst danach aus einem der obengenannten Gründe oder aus ähnlichen Ursachen vom Wasser überflutet würde. Ein vertrauenswürdiger Mann berichtete in einem Brief an Ḥamza ibn al-Ḥasan al-Iṣbahānī[146] über die merkwürdigen Dinge, die er im Westen gesehen hatte, darunter erwähnte er, daß er auf einem Schiff „die Straße" überquerte, das ist die Meerenge, durch die das Mittelmeer mit dem Ozean verbunden ist und wo die beiden Küsten von der spanischen wie auch von dem Land um Tanger und dem westlichen Teil Marokkos sichtbar sind. Er blickte hier ins Wasser und gewahrte in der Tiefe eine Brücke aus bogenförmig zusammengefügten Steinblöcken.[147] Ein Mitreisender behauptete, daß dies eines von den Bauwerken Alexanders sei, aber die Spanier sagten: „Zum Teufel mit dem Alexander, hat er sich etwa dieses Landes bemächtigt, um ein solches Werk aufführen zu können? Dies hat vielmehr der alte Herakles gemacht." Meines Erachtens ist der im Buch der „Geographie" erwähnte „Übergang des Herakles"[148] kein anderer als eben dieser. Ohne Zweifel ragte die Brücke einst aus dem Wasser, denn sie war ja dazu gebaut, um den Übergang zu ermöglichen, und als das Wasser stieg, wurde sie überflutet.

Was den Ozean in Richtung Osten anlangt, so ist er sehr finster und ohne Bewegung, und das Befahren ist sehr gefährlich. Man meint von diesen beiden Meeren im Westen und im Osten der bewohnten Erde, daß sie voneinander geschieden seien, dann wird aber auch von Leuten, die beide Meere befahren haben und die im Sturm Schiffbruch erlitten, etwas erzählt, was daran denken läßt, daß sie zusammenhängen. Nun ist in dieser unserer Zeit etwas aufgetaucht, was diese Vermutung bekräftigt, ja zur Gewißheit erhebt. Und zwar fand man im Ozean vor der Verbindung zum Mittelmeer genähte Schiffsplanken, und die gibt es nur im Indischen Meer wegen des vielen Magneteisens in ihm,[149] nicht hingegen im Meer des Westens, denn dort werden die Schiffe mit eisernen Nägeln zusammengehalten und nicht genäht. Wenn man aber so etwas dort findet, so ist das ein Anzeichen, daß es über eine Verbindung zwischen den beiden Meeren dorthin gelangt ist, und diese wird nicht durch das Rote Meer hergestellt, denn da liegt eine Landenge dazwischen. Weiterhin ist ein solcher Transport durch die Verbindung über das nördliche Meer unwahrscheinlich. Diese geborstenen Planken müßten aus dem Indischen Meer über eine verbindende Meerenge im Osten hinausgelangt und dann unter dem Himmelspol im Norden oder über das andere nördliche Viertel herumgeschwommen sein, welches das Gegenstück zur bewohnten Erde bildet und im Vergleich zu ihr ein tieferes Niveau hat. Doch was es auch für Möglichkeiten geben mag, so ist doch eine Verbindung im Süden der bewohnten Erde am ehesten denkbar. Insbesondere gibt es hinsichtlich dieser Verbindung Berichte, daß nämlich das Wasser im Osten ein höheres Niveau hat als das im Westen, wie man auch bei geodätischen Untersuchungen gefunden hat, daß das Wasser des Roten Meeres höher steht als das, was ins Mittelmeer fließt.[150] Möglicherweise wird diese Höhe durch die Zunahme des Wassers verursacht, die auch die mit dem Mond gleichlaufende Flutwelle von Osten nach Westen hervorruft, von anderen Gründen abgesehen. Ich werde das in einem besonderen Buch über das Phänomen von Flut und Ebbe untersuchen, wenn Gott mir dazu seinen gnädigen Beistand gewährt.

Aus: Geodäsie (S. 143,1–145,10)

22. Abenteuer auf einer Seereise nach China

Nicht lange vor unserer Zeit gab es unter den Seeleuten von Sīrāf[151] einen Lotsen namens Māfannā, der sich auf den Routen des Meeres auskannte. Den hatte ein Schiffsbesitzer um viel Geld zur Fahrt nach China angeheuert. Als sie sich den „Toren“ näherten, das sind die Flüsse, die sich zwischen hohen Bergen ins Meer ergießen, hinderte ihn der Wind am Einlaufen in das „Tor“, das nach Ḫānfū[152] führt, und das ist die erste Stadt in China, und sie war das Ziel der Reise. Da hielt Māfannā auf ein anderes „Tor“ zu, das zu einer anderen Stadt als Ḫānfū führte. Der Schiffsbesitzer aber ersuchte ihn, zurück auf das Meer zu wenden und das „Tor“ nach Ḫānfū anzusteuern. Māfannā warnte ihn, sich wieder den Gefahren des Meeres auszusetzen, nachdem er ihnen glücklich entronnen war. Aber der Schiffsbesitzer lehnte ab, und das Schiff gelangte wieder ins tiefe Wasser. Da erhob sich ein Sturm und ließ es untergehen. Māfannā warf sich auf eine treibende Holzplanke und blieb so auf dem Meer drei Tage und drei Nächte, bis ein Boot vorbeikam, das von Zābaǧ[153] nach China segelte und vom Kurs abgekommen war. Māfannā winkte ihnen zu, und sie nahmen ihn an Bord, weil er so berühmt war. Sie freuten sich über seine Anwesenheit und baten ihn, den Lotsendienst zu übernehmen. Er aber forderte dafür einen Lohn. Da wurde der Besitzer des Bootes zornig und sagte zu ihm: „Genügt es dir nicht, daß wir dir das Leben gerettet haben, daß du noch von uns einen Lohn verlangst? Und wenn wir heil davonkommen, so hast du mit uns deinen Anteil daran." Er antwortete: „Ich werde euch nicht lotsen, wenn ihr mir kein Geld gebt. Mir ist es gleich, ob ich umkomme oder in solch einem Zustand China betrete." Der Besitzer des Bootes sprach: „Wenn du mich nicht führen willst, werde ich dich in deinen vorigen Zustand zurückbefördern." Er antwortete: „Das ist deine Sache." Da warfen sie ihn wieder auf jene Holzplanke und segelten davon. Sie setzten ihre Irrfahrt fort, bis sie Schiffbruch erlitten. Māfannā trieb zwei Tage im Meer, bis ein anderes verirrtes Boot vorbeikam. Sie erkundigten sich nach seinem Schicksal und fragten ihn, als er seine Geschichte erzählt hatte, wozu er in ihrem Falle entschlossen sei. Er antwortete: „Einen Lohn zu fordern, und wenn nicht, so werft mich wieder in die See." Da gaben sie ihm zweihundert *miṯqāl*[154] Gold, worauf er das Steuerruder des Schiffes in die Hand nahm und den *buld* auswarf, das ist ein schweres Stück Blei, mit dem man die Tiefe feststellt und die Klippen, die vom Grund aufragen. Er holte Schlamm vom Meeresboden herauf und roch daran, bis er sich der Position sicher war. So brachte er sie auf den richtigen Kurs und kam mit dem Leben davon.

Aus: Geodäsie (S. 33,5–35,3)

23. *Das Gebet in Richtung Mekka*

Nun wollen wir uns von alledem abwenden und es dem überlassen, der es bestreitet, und darlegen, wie dringend nötig es für uns ist, die Richtung der *qibla*[155] zu kennen und genau zu ermitteln, um damit die Stütze und die Achse des Islam aufzurichten. Gott, der erhaben ist, hat gesagt: „Und wo du auch immer herausgetreten bist, so wende dein Gesicht in Richtung auf die heilige Moschee, und wo ihr auch immer seid, so wendet euer Gesicht in diese Richtung."[156] Nun sieht jeder Vernünftige ohne weiteres, daß diese Richtung verschieden ist, je nach der Seite, auf der man sich von der Kaaba[157] entfernt hat. In der heiligen Moschee selbst ist das offenkundig, aber wie wird es, wenn man weiter weggeht? Wenn die Entfernung gering ist, kommt jeder darauf, der sich darum bemüht, aber wenn sie größer ist, können das nur noch die Astronomen.

Jede Arbeit hat ihre Leute, und jene haben für die Länder die Längen ermittelt, nach denen sie in ost-westlicher Richtung, und ihre Breiten, nach denen sie in nord-südlicher Richtung voneinander entfernt sind, auf Grund der kosmologischen Lehrsätze über die Bewegung der schweren Dinge zum Weltmittelpunkt hin.[158] Da aber die Menschen ihren Bogen nicht dem in Auftrag zu geben pflegen, der ihn zu schnitzen versteht, und von sich selbst eine sehr hohe Meinung haben, wenn es darum geht, sich mit den Details irgendeiner Wissenschaft einzulassen, und da sie glauben, daß sie das Ganze beherrschen können, ohne von seinen Grundlagen und Quellen auszugehen, so geraten sie in Verwirrung und mühen sich, wie man sehen kann, um die Bestimmung der *qibla* mit Hilfe der Windrichtungen und des Aufgangs der Mondstationen[159] und dergleichen, worin überhaupt kein Nutzen liegt.

Nun sind auch die Fachleute kaum imstande, die *qibla* richtig zu bestimmen, um wieviel weniger diejenigen, die von dieser Kunst keine Ahnung haben. Am wunderlichsten von allen sind aber diejenigen, die sich mit der Mittagshöhe der Sonne befassen und dazu erstens der Auffassung huldigen, daß diese für die ganze bewohnte Erde zu ein und derselben Zeit eintritt. Dem fügen sie eine zweite Prämisse hinzu, und zwar die, daß die Sonne über den Einwohnern

Mekkas im Zenit steht. Daraus ziehen sie einen logischen Schluß und sagen, daß die Mittagszeit für die ganze bewohnte Erde ein und dieselbe ist und daß die Sonne über den Köpfen der Einwohner Mekkas zu Mittag im Zenit steht. Wenn man also folglich sein Gesicht zur Mittagszeit der Sonne zuwendet, stünde man in der Richtung nach Mekka. Indessen sind diese scharfsinnigen Leute im Irrtum, denn sie haben ihren Schluß auf zwei Prämissen aufgebaut, von denen die erste falsch und die zweite partiell richtig ist,[160] und sie haben sie zu einer allgemeingültigen gemacht. Aber mit ihresgleichen kann man nicht disputieren, weil sie mit der Astronomie überhaupt nichts im Sinn haben. Doch wollen wir einmal die langsame Gangart ihres Geistes übernehmen und sie nach ihrer Schlußfolgerung in bezug auf Mekka selbst fragen, warum sich dort die *qibla* nicht auf dem Meridian befindet, und nach den Orten, die davon eine Meile in östlicher und westlicher Richtung entfernt sind, warum man dort nicht zum Gebet nach dem Meridian ausgerichtet steht, obwohl er doch über sie alle läuft. Nach ihrer Meinung gibt es in Wahrheit nur einen Meridian, nach Meinung der Astronomen ist er freilich nur einer der Sinneswahrnehmung nach.

Unter allen Leuten ist keiner der Wahrheit näher als derjenige, der ihn nach dem Himmelspol bestimmt, der als *al-ǧudayy*[161] bekannt ist. Denn dank seines Stillstehens kann man die Richtung einer Reise annähernd beibehalten. Und wenn man auf der Reiserichtung, sofern die Entfernung nicht zu groß ist, umkehrt, so steht man mit dem Gesicht zur Kaaba oder in ihre ungefähre Richtung. Das meinen die Worte dessen, der da erhaben ist: „Wendet eure Gesichter in ihre Richtung“[162], da man die Bestimmung meist nur vermutungsweise durchführen kann. In der Praxis muß man sich mit einer Näherung begnügen, und deshalb ist für den, der sich darum bemüht, nur etwas von der „Richtung“ gesagt.

Selbst wenn wir, abgesehen von der Notwendigkeit der Bestimmung der *qibla*, keinen Bedarf danach hätten, die Entfernungen zwischen den Ländern zu ermitteln und die ganze bewohnte Erde zu überschauen, wodurch die Richtungen deutlich werden, in der die Länder zueinander liegen, so müßten wir dennoch unsere ganze Aufmerksamkeit gerade auf die *qibla* wenden und unsere Anstrengungen darauf beschränken. Denn der Islam hat sich über den größten Teil der Erde verbreitet, und sein Reich hat die äußersten Enden des Ostens und des Westens erreicht, und ein jeder muß sich in der *qibla* zum Gebet aufstellen und den Glauben bekennen. Was ich bei diesen Ermittlungen oder bei der Schaffung der Voraussetzungen dafür geleistet habe, kann, wie ich meine, nicht ohne Lohn im Jenseits bleiben und auch nicht ohne Anerkennung in dieser Welt.

Aus: Geodäsie (S. 35,15–37,18)

24. Der Bau eines Erdglobus

In vergangenen Tagen hatte ich mir vorgenommen, die Methode des Ptolemaios in seinem Buch der „Geographie" und die von al-Ǧaihānī[163] und anderer in ihren Werken über die Wegstrecken zusammenzufassen und damit das Zerstreute zu vereinigen, das Verschlossene zugänglich und diesen Wissenszweig vollkommen zu machen. Ich überprüfte zuerst die Entfernungen und die Namen der Orte und der Länder, indem ich denen zuhörte, die sie bereist hatten, und indem ich die mündlichen Berichte derer sammelte, die sie gesehen hatten, nachdem ich mich mit der nötigen Umsicht vergewissert und sie gegeneinander verglichen hatte. Ich befleißigte mich nicht des Strebens nach Geld und Ehren, sondern allein der Erlangung dieses Zieles. Ich verfertigte dafür eine Halbkugel von zehn Ellen Durchmesser, um mit ihrer Hilfe die geographischen Längen und Breiten aus den Entfernungen herzuleiten, denn die Zeit war zu knapp, um die vielen und langwierigen Rechenoperationen durchzuführen. Jedoch in der trügerischen Hoffnung auf Sicherheit vor Unglücksfällen verließ ich mich darauf, die gewonnenen Ergebnisse schriftlich festzuhalten, ohne sie dem Gedächtnis einzuprägen. Als aber das Unheil über mich hereinbrach, vernichtete es, was ich eben erwähnte, zusammen mit allem anderen, worum ich mich abgemüht hatte, und es ging dahin, „gleich als ob es gestern nicht üppig gewesen wäre"[164]. Sollte es mir Gott ermöglichen, alles wiederzubekommen, und er hat wohl die Macht dazu, so würde ich nicht säumen, dies zu Ende zu bringen.

Aus: Geodäsie (S. 37,18–38,12)

25. Die Messung des Erdumfangs

Eine Untersuchung durch al-Ma'mūn[165] fand statt, als er in Büchern der Griechen las, daß der Anteil eines Grades 500 Stadien[166] betrage, und es handelt sich dabei um eine ihrer Maßeinheiten, mit der sie Entfernungen anzugeben pflegten. Er fand aber bei den Übersetzern keine klare Auskunft über die Größe des Stadions, um sich davon eine Vorstellung machen zu können. Da befahl er, Instrumente zu bauen und einen Platz für die Messung auszusuchen. So erzählt Ḥabaš[167] nach dem Bericht des Ḫālid al-Marwarrūḏī und einer Gruppe von Experten und geschickten Tischlern und Kupferschmieden. Man wählte in der Wüste von Sinǧār[168] in der Umgebung von Mossul einen Ort, der von der Distriktshauptstadt 19 Parasangen[169] und von Samarra[170] 43 Parasangen entfernt war. Sie waren mit der ebenen Beschaffenheit des Bodens zufrieden und brachten die Instrumente dorthin. An einer bestimmten Stelle maßen sie zur Mittagszeit die Sonnenhöhe. Dann teilten sie sich in zwei Gruppen, und Ḫālid wandte sich mit einem Trupp von Landvermessern und Technikern in Richtung auf den Himmelsnordpol, während ʿAlī ibn ʿĪsā al-Asṭurlābī[171] und Aḥmad ibn al-Buḥturī, der Wegemesser,[172] mit ihrer Gruppe die Richtung auf den Himmelssüdpol einschlugen. Jede Abteilung maß zur Mittagszeit die Sonnenhöhe, bis sie fand, daß sie sich um einen Grad verändert hatte, außer der Veränderung, die von der Deklination herrührt. Dabei hatten sie den zurückgelegten Weg gemessen und mit Pflöcken markiert. Auf dem Rückweg überprüften sie die Vermessung ein zweites Mal. Die beiden Abteilungen trafen sich wieder, wo sie sich getrennt hatten. Sie ermittelten als Wert für einen Grad des Erdumfangs 56 Meilen[173]. Nach Behauptung des Berichterstatters hat er gehört, wie Ḫālid dies dem Richter Yaḥyā ibn Akṭam[174] diktierte. Somit hat er es von ihm nach dem Gehör aufgenommen. Ebenso erzählt es Abū Ḥāmid aṣ-Ṣaġānī[175] nach dem Bericht von Ṯābit ibn Qurra[176], während nach den Angaben von al-Farġānī[177] der genannten Anzahl von Meilen noch zwei Drittel hinzuzufügen seien.

Hinsichtlich dieser zwei Drittel fand ich nun alle Berichte in Übereinstimmung, und ich kann das auch nicht auf eine

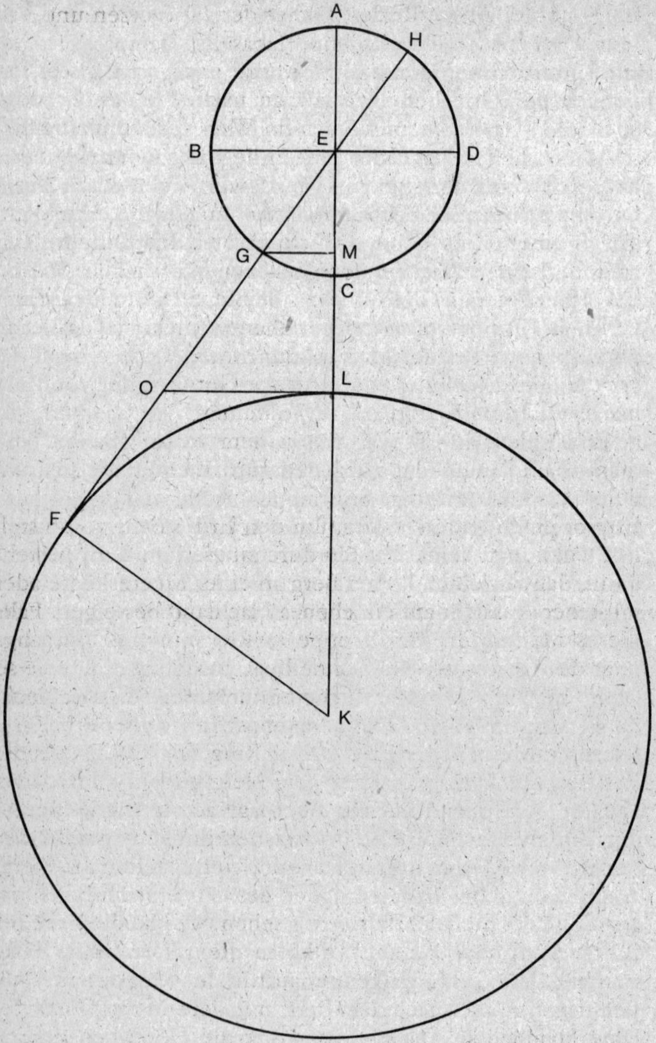
A
H
E
B
D
G
M
C
O
L
F
K

Lücke in der Abschrift des Buches der „Distanzen und Volumen“[178] zurückführen, denn Ḥabaš hat daraus den Umfang und den Durchmesser der Erde und sonstige Entfernungen errechnet, und wenn man nachprüft, findet man, daß das Ergebnis allein von einem Wert von 56 Meilen für den Grad hergeleitet ist. Indessen liegt der Gedanke nahe, daß die beiden Versionen in den zwei Abteilungen ihren Ursprung haben. Das gibt nun Anlaß zu einer Ratlosigkeit, die zu einer erneuten Untersuchung und Beobachtung auffordert. Aber wer steht mir dazu zur Verfügung? Wegen des ausgedehnten Territoriums müßte er über die Macht verfügen, um Schutz vor Überfällen von Leuten, die sich dort herumtreiben, bieten zu können. Ich hatte einmal dafür die Gegend zwischen dem nahe Gurgan gelegenen Dihistan und dem Gebiet der turkstämmigen Oghusen[179] ausgewählt, aber das Schicksal war dem nicht günstig, und nichts halfen alle Bemühungen, dafür Unterstützung zu finden. …

Es gibt einen anderen Weg, um den Erdumfang festzustellen, wozu man keine Wüsten durchqueren muß. Er besteht darin, daß wir einen hohen Berg an einer Meeresküste oder mit einer Aussicht auf ein ebenes Flachland besteigen. Falls dieses Meer oder diese Steppe in Richtung des Aufgangs oder des Untergangs der Sonne liegt, beobachten wir sie so lange, bis die Hälfte ihrer Scheibe für unser Auge verdeckt ist. Dann messen wir ihren Neigungswinkel mit Hilfe eines Ringes mit einem Visierstab. Der Ring sei ABCD und die Position des Visierstabes HG, die Neigung BG und die Ergänzung GC. Wenn sich die Ebene gerade nicht nach einer der beiden angegebenen Himmelsrichtungen erstreckt, lassen wir den Ring in der Aufhängung und blicken mit einem Auge durch die beiden Löcher des Visierstabes, bis wir durch sie die Stelle des Himmels sehen, welche die Erde berührt. So kommt der Visierstab in die erstgenannte Position, und der Strahl HEGF verläuft in der Richtung des Visierstabes. Nun verbinden wir F mit dem Mittelpunkt der Erde, nämlich K. Dann messen wir die Höhe des Berges, nämlich EL, und fällen eine Senkrechte GM, woraufhin sich die beiden Dreiecke EGM und EKF ähnlich sind. Der volle Sinus EG verhält sich zu GM, dem Kosinus der Neigung, wie EK zu KF. Wenn wir es einzeln darlegen, so verhält

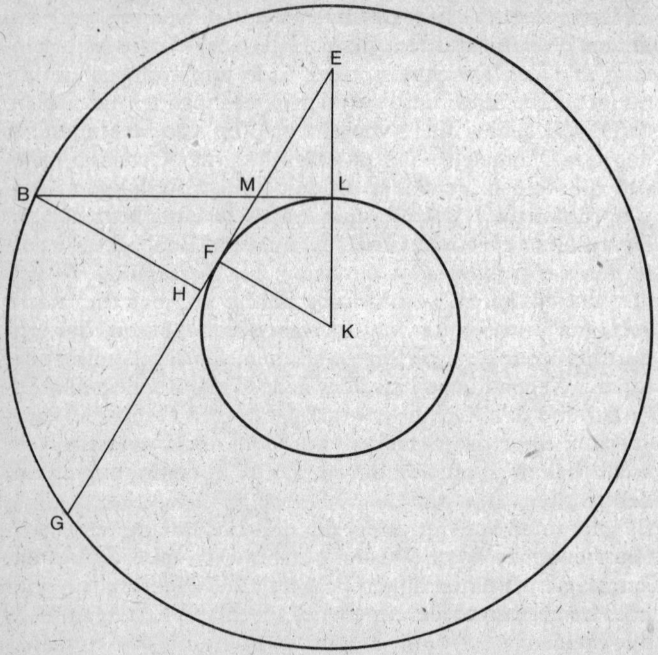

sich EG zu dem Unterschied zwischen ihm und GM, was dem Sinus versus von BG entspricht, wie EK zu dem Unterschied zwischen ihm und KF, und das ist EL. Somit ist EK bekannt, und EL ist bekannt, und LK ist bekannt durch den Wert, der für EL gemessen wurde. Und wenn man die Hälfte des Erddurchmessers kennt, weiß man auch den Umfang.

Außerdem können wir eine Linie LO ziehen, welche die Erde in L berührt. Der Winkel bei E ist bekannt. EL verhält sich zu LO wie der Sinus des Winkels EOL, das heißt der Neigung, zu dem Sinus des Winkels OEL, das heißt der Ergänzung der Neigung. Somit ist LO bekannt, und es ist gleich OF. EO ist bekannt, und EF ist bekannt, das sich zu KF verhält wie der Kosinus der Neigung zu dem Sinus der Neigung.[180] Damit sind die Seiten des Winkels KFE bekannt.

Mit derselben Methode ermittelte al-Ma'mūn den Erdumfang. Und zwar berichtet Abu ṭ-Ṭayyib Sanad ibn 'Alī[181], daß er sich in der Begleitung al-Ma'mūns befand, als er gegen Byzanz zog. Bei seinem Vormarsch kam al-Ma'mūn dort an einem hohen Berg vorbei, der an der Küste des Meeres emporragte. Er bestellte ihn zu sich und befahl ihm, hinaufzusteigen und vom Gipfel aus den Neigungswinkel der Sonne bei ihrem Untergang zu messen. Er tat es und ermittelte den Erdumfang durch folgendes Verfahren. Es sei LF der Erdumfang um den Mittelpunkt K, und die Höhe des Berges sei LE, und LB sei in der Ebene des sichtbaren Horizonts. Nun ziehen wir die Linie EG so, daß sie die Erde in F berührt. Somit ist BG die Neigung im Kreis des Höhenwinkels. Wir verbinden K mit F und fällen auf EG die Senkrechte BH. Sie ist der Sinus des Neigungswinkels, denn M vertritt den Mittelpunkt der Welt,[182] und MG ist gleich der Hälfte ihres Durchmessers. Somit ist MH bekannt als der Kosinus des Neigungswinkels, und MB ist der ganze Sinus. Somit hat das Dreieck BMH bekannte Seiten, und es ist ähnlich dem Dreieck EFK, und MB verhält sich zu MH[183] wie EK zu KF. Oder einzeln dargestellt, verhält sich BM zur Differenz zwischen MB und MH wie EK zu ⟨der Differenz zwischen EK und⟩[184] EL. Damit ist LK bekannt, und dies war unsere Absicht.

Um aber die Höhe des Berges zu ermitteln, und dabei handelt es sich um eine Abart der Entfernungsmessung, fertigen wir uns dazu eine rechtwinklige viereckige Tafel an,

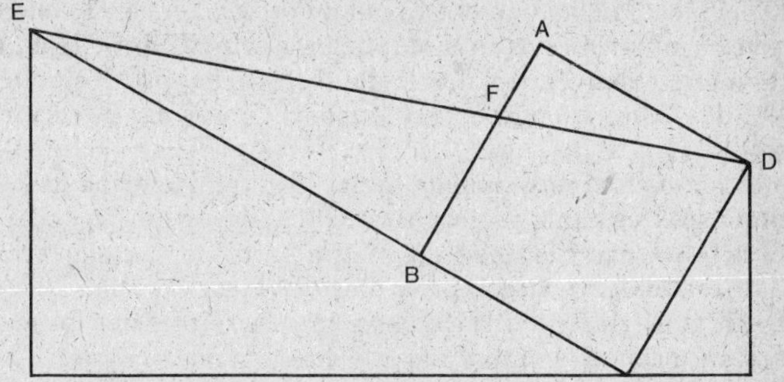

eine Elle mal eine Elle groß, wie das rechtwinklige Viereck ABCD. Wir versehen die Seiten AB und AD mit einer beliebigen Einteilung, die jedoch in den Maßen und der Zahl übereinstimmen soll. Dann montieren wir auf die Ecken B und C zwei von der Fläche des Quadrats senkrecht abstehende Pflöcke und auf die Ecke D einen schwenkbaren Visierstab mit zwei Löchern oder zwei Pflöcken. Seine Länge sei gleich der Diagonale des Vierecks. Ferner sei die gesuchte Höhe des Berges EG und die Horizontebene GC. Auf sie setzen wir senkrecht das Instrument in einer Weise, daß wir es heben und senken können, bis beim Visieren von der Ecke C aus die beiden Pflöcke C und B die Spitze des Berges, nämlich E, verdecken. Wir arretieren das Instrument in dieser Position. Wir lassen von D einen Stein herabfallen, der bei H auftrifft. Dann kennzeichnen wir die Strecke zwischen C und H, dem Ort, wo der Stein aufgeschlagen ist, mit Hilfe der Randeinteilung des Instruments. Nun wenden wir uns dem Drehpunkt D zu und heben und senken den Visierstab, bis wir den Gipfel E durch die beiden Löcher sehen oder er durch die Pflöcke verdeckt wird. Und wie das auch immer ausfällt, nämlich bei F, so sind doch DAF und ECD ähnliche Dreiecke; FA verhält sich zu AD wie DC zu CE. Wir multiplizieren die Teile von AD mit der von DC, der Elle, und dividieren das Ergebnis durch die Teile von AF, und heraus kommt CE in Ellen. Es verhält sich zu EG wie DC zu CH, denn die beiden Winkel DCH und ECG ergeben einen rechten. Auch die beiden Winkel ECG und CEG ergeben einen rechten. Wenn wir den gemeinsamen Winkel ECG senken, bleibt der Winkel DCH gleich dem Winkel CEG und der Winkel CDH gleich dem Winkel ECG. Nun multiplizieren wir EC mit CH und dividieren den Betrag durch die Teilstriche auf der Seite DC des Vierecks, und heraus kommt EG, was das Gesuchte war.

Als ich mich einmal zufällig in der Festung Nandana in Indien aufhielt und von dem westlich davon aufragenden Berg Ausschau hielt und die Wüste erblickte, die sich von da nach Süden erstreckt, kam mir der Gedanke, diese Methode dort zu erproben. Ich konnte vom Gipfel des Berges aus ausmachen, wo die Erde mit dem Blau des Himmels in wahrnehmbarer Weise zusammentraf. Die Visierlinie wich

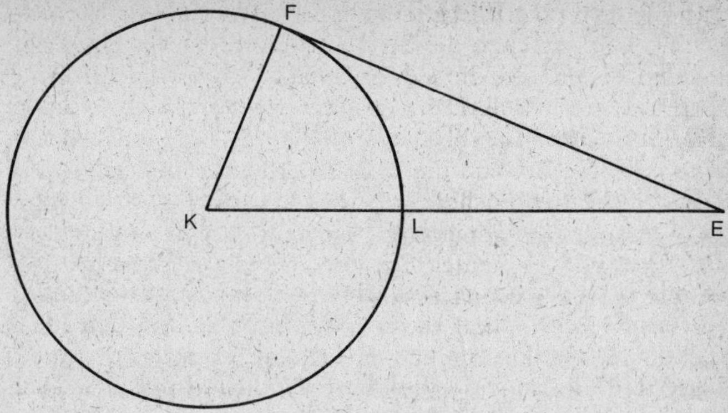

von dem rechten Winkel auf der Senkrechten um 34′ nach unten ab. Ich maß die Höhe des Berges und ermittelte 652 3′ 18″ Ellen nach dem Maß der Kleiderelle, wie sie in dieser Gegend verwendet wird.[185] Sie sei EL auf der Zeichnung. Weil der Winkel F ein rechter ist und der Winkel K dem Maß der Neigung von 34′ entspricht und der Winkel E dem Maß seiner Ergänzung, das heißt 89° 26′, so ist das Dreieck EFK hinsichtlich seiner Winkel bekannt. Seine Seitenlängen sind bekannt in dem Maße, wie EK der ganze Sinus ist. Nach diesem Maß ist FK 59 59′ 49″, und die Differenz zwischen ihm und dem vollen Sinus beträgt 11″, und das ist die Senkrechte EL. Diese ist indes in Ellen bekannt, und ihre Ellen verhalten sich zu denen von LK wie 11″ zu 59 59′ 49″. Die Multiplikation der 652 3′ 18″ Ellen von EL mit den 59 59′ 49″ Graden von LK ergibt 39121 18′ 27″ 23‴ 42^{IV}. Wenn man sie durch die 11″ der Grade von EL dividiert, ergeben sich 12803337 2′ 9″, und das sind die Ellen von LK, des halben Durchmessers der Erde. Folglich hat der Erdumfang 80478118 30′ 39″ Ellen, und der Anteil eines der 360 Grade beträgt 223550 19′ 45″. Wenn man dies durch 4000 teilt, ergeben sich für den einzelnen Grad 55 53′ 15″ Meilen. Das ist nicht weit von der Version des Ḥabaš entfernt. Gott aber verleiht den Erfolg.

Aus: Geodäsie (S. 213,12–215,4 u. 218,19–223,16)

Die Gestirne und ihre Wirkungen

26. Nationalismus in der Sternkunde

Die alten Araber setzten den Löwen aus mehreren Sternbildern zusammen. Er umfaßte in der Länge drei Tierkreiszeichen und etwas mehr, abgesehen von seiner Ausdehnung in der Breite. Und zwar machten sie die Köpfe der Zwillinge zu seiner ausgestreckten Vorderpfote und den Fleck auf der Brust des Krebses, ich meine *an-naṯra*, zu seiner Nase und die Brust der Jungfrau, nämlich *al-ʿawwāʾ*, zu seinen Schenkeln und die Hand der Jungfrau, nämlich *as-simāk al-aʿzal*, zu einem seiner Hinterbeine und *as-simāk ar-rāmiḥ* zu seinem anderen Hinterbein. So erstreckte sich das Sternbild des Löwen nach ihrer Meinung über das Tierkreiszeichen des Krebses, des Löwen, der Jungfrau und eines Teils der Waage und noch einige Sternbilder des Nord- und Südhimmels. In Wirklichkeit ist er aber nicht so beschaffen, wie sie meinen. Dieselbe Erfahrung macht man, wenn man sich ihre Bezeichnungen der Fixsterne betrachtet, nämlich daß sie von den Tierkreiszeichen und Sternbildern keine Ahnung hatten, obwohl Abū Muḥammad ʿAbdallāh ibn Muslim ibn Qutaiba al-Ǧabalī[186] davon ein großes Wesen zu machen und in allen seinen Büchern viel zu erzählen pflegte, besonders in seinem Buch „Von der Überlegenheit der Araber über die Perser". Nach seiner Behauptung wußten die Araber mehr als alle anderen Völker über die Sterne und ihre heliakischen Aufgänge und Untergänge. Mir ist unerfindlich, ob er es nicht gewußt hat oder ob er nur eine Unkenntnis darüber vorgetäuscht hat, daß überall und in jedem Land die Bauern und Landleute wissen, wann sie mit ihren Arbeiten und dergleichen zu beginnen haben, und sie kennen die Zeiten dafür. Denn wenn einer den Himmel als Dach über sich hat und er durch nichts anderes verdeckt wird und wenn über ihm ständig die Sterne in ein- und derselben Reihenfolge auf- und untergehen, verknüpft er damit die Grundlagen seines Lebensunterhaltes und die Kenntnis der Zeiten.

Indessen hatten die alten Araber etwas, was den anderen

fehlte, indem sie das, was sie wußten oder vermuteten, sei es nun Wahrheit oder Lüge, Lob oder Tadel, durch Gedichte, durch Verse im *rağaz*-Metrum[187] und in Reimprosa verewigten. So ist es ihnen und ihren Nachfahren als Erbe geblieben. Wenn man aber dies in den Büchern über die mit den Sternen verbundenen Witterungsumschläge prüft, und besonders in seinem Buch, das er „Die Wissenschaft vom Erscheinen der Sterne" betitelt hat und von dem wir am Ende des Werkes etwas zitiert haben,[188] so wird man merken, daß sie sich darin durchaus nicht mehr ausgezeichnet haben als die Bauern aller anderer Länder. Nur übertreibt dieser Mann bei seinem Thema und ist bei seiner eigenwilligen Betrachtungsweise nicht frei von den Manieren der Gebirgler.[189] Seine Redeweise in dem erwähnten Buch verrät, daß zwischen ihm und den Persern Haß und Feindschaft bestand, denn er gibt sich nicht damit zufrieden, die Vorzüge der Araber auf ihre Kosten herauszustellen, sondern er macht sie sogar zu dem verächtlichsten, erbärmlichsten und verworfensten unter den Völkern. Er bezichtigt sie des Unglaubens und der Feindschaft gegen den Islam in noch stärkerem Maße, als Gott in der Sure „Die Buße" die arabischen Beduinen schildert.[190] Er schreibt ihnen alle Schandtaten zu, aber wenn er ein wenig nachgedacht und sich an die Vorfahren derer erinnert hätte, die er derart über die Perser erhebt, so hätte er sich selber Lügen strafen müssen in bezug auf das, was er über die beiden Völker in übertreibender und maßloser Weise gesagt hat.

Aus: Chronologie (S. 238,12–239,10)

27. *Die griechische Herkunft des Astrolabs*

Ḥamza al-Iṣbahānī[191] erzählt in seinem Buch des „Abwägens", daß es sich beim Astrolab um einen persischen Ausdruck handelt, der arabisiert worden sei. Er laute *istāra yāb*, was soviel wie „Sternenerlanger" heißt. Nun ist es möglich, daß diese Bezeichnung bei den Persern entweder von seiner speziellen Funktion hergeleitet ist, oder aber die arabisierte Form kann ebensogut wie aus dem Persischen auch aus dem Griechischen stammen. Sein griechischer Name ist nämlich *astrolabon*, und *astro*[192] ist der Stern. Ein Hinweis darauf ist, daß die Himmelskunde bei ihnen *astronomia* heißt und die Kunst der Vorhersage aus den Sternen *astrologia*.[193] Zu diesem Instrument haben wir über seine Herstellung wie auch über seine Verwendung alte Bücher der Griechen gefunden, während wir hinsichtlich der anderen Völker nichts dergleichen feststellen konnten, und wenn es bei ihnen vorhanden ist, so ist es von den Griechen übernommen. Die Bewohner des Ostens kennen das Astrolab nicht und sind nur so weit gekommen, daß sie sich an seiner Stelle des Schattens bedienen. Die Torheit derjenigen, die für die Inder auf Kosten der Griechen Partei nehmen, geht so weit, daß einer von ihnen einem seiner Bücher folgende Behauptung anvertraut hat: „Mit dem Schattenstab wurde auch das Astrolab und der Himmelsglobus und die Armillarsphäre erfunden, und in seinem Schatten wurde der Grund für deren Abarten gelegt. In der Vergangenheit kannten die Gelehrten in allen ihren Büchern nur den Schattenstab, denn er ist vortrefflicher als alles andere, und mit ihm kommt man der Wahrheit am nächsten. Darum ist bei den Indern die Sternkunde richtig und mit wenig Fehlern behaftet, weil sie mit dem Gnomon so exakt umgehen, daß sie sogar den Aszendenten bis auf zehn Minuten genau bestimmen.“ Diese Rede gleicht der eines Verrückten, der nichts von den Fachausdrücken und nichts von den Funktionen, die er erwähnt, begriffen hat. Wir aber wünschen ihm zu seinem Niesen Glück[194] und Gesundheit und bitten für ihn um Barmherzigkeit.

Aus: *Aẓ-ẓilāl* (S. 69,6–70,4)

28. Der Bau des Sextanten in Rayy durch al-Ḫuǧandī

Der Meister, dem Gott beistehen möge, ermittelte den Meridian und errichtete zu beiden Seiten zwei Mauern parallel zum Meridian und mit einem Abstand von sieben Ellen voneinander. Auf der Südseite baute er über den Zwischenraum einen Bogen von stabiler Konstruktion und machte an seiner höchsten Stelle eine Öffnung von einer Spanne Durchmesser. Ihre Höhe über dem Erdboden war zwanzig Ellen. Quer über dieser Öffnung befestigte er eine stabile Eisenstange. Dann wurde in der Erde eine Grube von zwanzig Ellen Tiefe ausgehoben, und zwar unter einem Lot, das senkrecht von der Mitte der Öffnung herabfiel. Danach nahm er feste Bretter und baute daraus zwischen den Mauern einen stabilen Balken mit quadratischem Querschnitt, hohl, nicht biegsam und mit einer Länge von vierzig Ellen. An dem einen der beiden Enden befestigte er einen Ring und hängte ihn an die Eisenstange, die quer über der Öffnung lag. Auf diese Weise nahm dieser Balken die Stelle eines halben Durchmessers des Kreises ein. Dann bewegte er den Balken in der ausgehobenen Grube in der Weise, daß ein Bogen entstand, der einem Sechstel des Vollkreises entsprach. Er legte ihn mit Brettern aus, die er hobelte, glättete und einander anpaßte. Diese verkleidete er mit Platten, die für eine Gradeinteilung geeignet waren. Den Bogen teilte er in sechzig gleiche Teile, die jeweils einem Grad entsprachen. Jeden Zwischenraum der Grade, für die er annahm, daß sie der Neigung (der Sonnenbahn) entsprächen, teilte er weiter in dreihundertsechzig Teile, von denen jeder gleich fünfzehn Sekunden war. Als die Sonne die Mittagslinie erreichte, warf sie ihre Strahlen durch jene Öffnung auf den Meridianbogen.[195] Da sich die Sonnenstrahlen in der Form eines Kegels ausbreiten, war das, was von ihnen auf den Boden fiel, größer als die Öffnung. Deswegen machte es sich nötig, eine weitere Vorrichtung herzustellen, nämlich einen Ring, in den er zwei sich kreuzende Durchmesser einfügte. Der Ort, wo sich ihre Kanten schnitten, entsprach dem Mittelpunkt des Ringes. Den Ring machte er gleich der Größe der Strahlen, wie sie auf den Boden fielen. Wenn sie sich dem Meridian näherten, legte er den Ring auf sie und bewegte ihn sacht, ihrer Bewegung folgend, bis er sich auf dem Meridian befand. Damit fixierte er die Lage des Mittelpunktes der Strahlen auf dem Meridian, und daraus ergab sich die Mittagshöhe der Sonne. Von dem Ring bis zu der Stelle, wo das Lot von der Öffnung herabfiel, ist die Ergänzung der Sonnenhöhe, und von dem Ring nach der anderen Seite bis zum Niveau des Erdbodens hat man die Höhe minus 30 Grad, was den Unterschied zwischen dem Sextanten und dem Quadranten ausmacht, und Gott läßt uns das Richtige finden.

Aus: *As-suds* (S. 68f.)

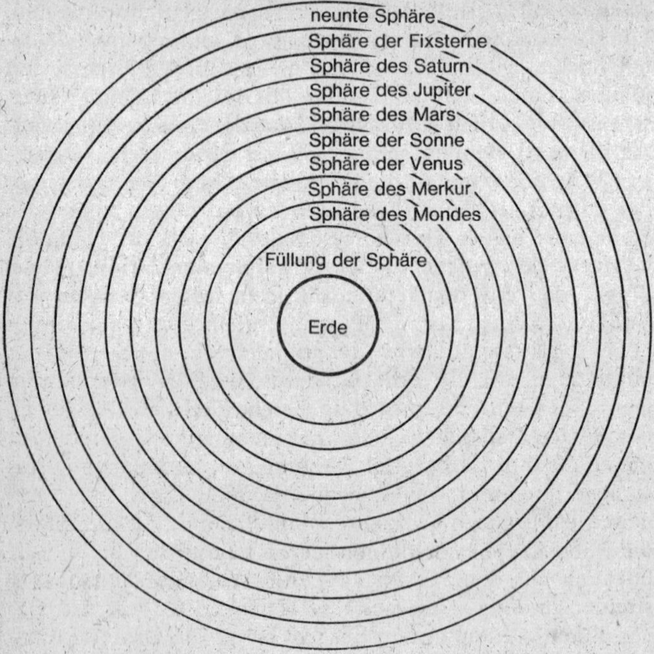

29. Die Sphären des Himmels

Was ist eine Sphäre? – Sie ist ein kugelförmiger Körper, der sich am Ort bewegt und der in seinem Inneren andere Dinge umschließt, deren Bewegung von Natur aus nicht mit seiner Bewegung identisch sind. Wir befinden uns in ihrer Mitte. Sie wird *falak* genannt wegen ihrer runden Form und ihrer Bewegung und weil sie mit einem kugeligen Spinnwirtel[196] zu vergleichen ist. Bei den Philosophen hat sie den Namen „Äther".
Gibt es eine oder mehrere? – Die Sphären sind acht Kugeln, die wie die Schalen einer Zwiebel umeinandergelegt sind. Die kleinste und der Mitte am nächsten liegende ist die, in der der Mond schwebt. Ihm ist eigentümlich, daß er im Rahmen ihrer Dicke aufsteigt und absinkt,[197] wie jede Kugelschale ein entsprechendes Maß an Dicke hat, wo-

durch ihrem Gestirn zwei Entfernungen möglich sind, eine weitere und eine nähere. Die zweite Kugelschale oberhalb von ihr ist die des Merkur, die dritte die der Venus, die vierte die der Sonne, die fünfte die des Mars, die sechste die des Jupiter und die siebente die des Saturn. Dies sind die Kugeln der sieben Planeten. Über ihnen ist die Sphäre der Himmelskörper, die als Fixsterne bekannt sind. Und dies ist eine bildliche Darstellung davon.
Was ist jenseits der achten Sphäre? – Manche Leute meinen, daß es jenseits von ihr eine neunte unbewegliche Sphäre gäbe. Die Inder nennen sie in ihrer Sprache *brahmanda*, das heißt „Ei des Brahma".[198] Weil der erste Beweger sich selber nicht bewegen darf, haben sie diese für ruhend erklärt. Jedoch ist er notwendigerweise auch kein Körper, denn dies läßt sich durch Beweise erschließen. Folglich ist es ein Irrtum, ihn als eine Sphäre zu bezeichnen. Von den Alten haben einige jenseits davon einen unendlichen leeren Raum angenommen, andere einen unendlichen Körper. Nach Aristoteles gibt es dort, wo die Körper aufhören, weder einen Körper noch einen leeren Raum.[199]

Aus: Astrologie (§§ 120–122)

30. Die Mondphasen

Wie geschieht die Zunahme und Abnahme des Mondlichtes? – Der Körper des Mondes ist kugelförmig und nicht leuchtend. Das Licht, das an ihm gesehen wird, ist nur das, was von der Sonne auf ihn fällt, so wie man es auf dem Erdboden, auf Bergen, Mauern und anderen dunklen und undurchsichtigen Gegenständen sieht. Wenn der Mond bei der Sonne steht, befindet er sich in der Mitte zwischen ihr und uns, weil er tiefer kreist als sie. Ihre Strahlen treffen die ihr zugewandte und für uns unsichtbare Seite. Unser Blick erreicht nur die uns zunächst liegende Seite, und so ist es unmöglich, den Mond von dem Blau des Himmels zu unterscheiden, weil er überstrahlt wird. Deshalb bleibt er uns verborgen, und wir können ihn nicht erkennen, bis er sich etwas von der Sonne entfernt hat. Dann beginnt etwas von der beleuchteten Seite in die uns zugewandte Seite einzutreten und sichtbar zu werden, bis daß es möglich ist, daß dieses Stück nicht mehr vom Licht der Abenddämmerung unterdrückt wird. Es ist dann als Sichel zu sehen, denn der angestrahlte Teil hat wegen der Kugelform eine kreisförmige Begrenzung, und der für uns sichtbare Teil hat ebenfalls eine kreisförmige Begrenzung. Somit hat das Stück des beleuchteten Teils, das in den sichtbaren eintritt und nun an beiden Kreisen Anteil hat, notwendigerweise die Form einer Scheibe oder eines Segments einer Melone. Dies nämlich ist das notwendige Ergebnis, wenn sich Kreise auf einer Kugeloberfläche schneiden. Dann wächst dieses eindringende und beiden Kreisen gemeinsame Stück, bis es ebenso groß ist wie das im Dunkel gebliebene. Dieser Zeitpunkt heißt das erste Viertel, weil der Abstand der Sonne und des Mondes einen Viertelkreis beträgt. Die Gleichheit von Licht und Dunkel gibt es noch ein zweites Mal. Bei der Opposition dagegen, wenn zwischen ihnen ein Halbkreis zurückgelegt ist, stimmt die Hälfte des Mondes, auf die unsere Blicke treffen, mit der überein, auf die das Licht fällt. Die Strahlen der Sonne und unser Auge erfassen gemeinsam dasselbe Stück des Mondes, und das Licht wird vollständig sichtbar. Dies ist die Abbildung.

Warum hat der Mond unter den Gestirnen diese Besonderheit des zunehmenden und abnehmenden Lichtes? – Die Gelehrten sind sich hinsichtlich des Lichtes der Gestirne

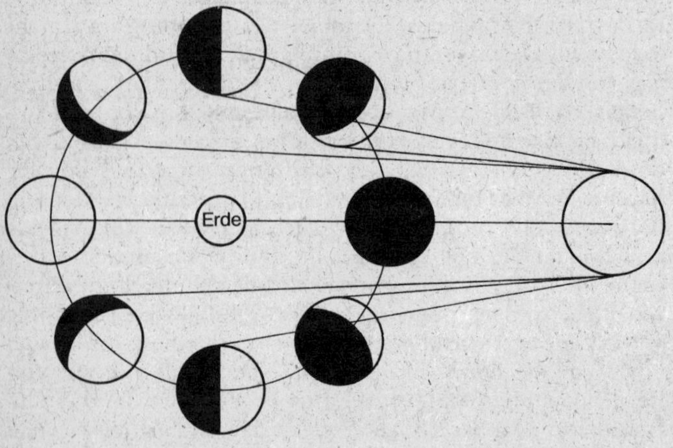

nicht einig, ob es ihnen wesenhaft eigen ist oder ob sie es von der Sonne bekommen, indem ihre Strahlen auf sie fallen. Einige hegen die Vorstellung, daß die Sonne allein leuchte und alle übrigen Gestirne nicht. Sie ziehen einen Vergleich mit der Abhängigkeit der Gestirnbewegungen von den Bewegungen der Sonne und lassen deren Leuchten gleichermaßen von ihr abhängig sein. Andere meinen, daß alle Gestirne leuchten mit Ausnahme des Mondes, denn er allein sei dunkel und nicht leuchtend. Von beiden Aussagen kommt wohl die letztere der Wahrheit am nächsten, obwohl sie auch nicht in zwingender Weise dem Streit ein Ende setzen kann. Und zwar seien die Gestirne selbstleuchtend, und sie verschwinden unter den Sonnenstrahlen wie überhaupt am Tage, wenn das Licht unser Auge blendet und es deswegen unfähig wird, sie wahrzunehmen. Denn wenn man vom Boden eines sehr tiefen Brunnens aus Beobachtungen macht und am Tage gerade ein Stern den Zenit passiert, so sieht man ihn,[200] weil die Dunkelheit den Blick aufnimmt und stärkt, denn die Schwärze sammelt und kräftigt den Blick, während das Weiße ihn zerstreut und schwächt. Die oberen Planeten, ganz gleich, ob sie nun selbstleuchtend sind oder nicht, würden in jedem Fall dieselbe Erscheinung bieten, wie auch der Mond, wenn er oberhalb der Sonne plaziert wäre, niemals abnehmen würde und immer als Vollmond zu sehen wäre. Was aber Venus und Merkur betrifft, so müßte ihre Erscheinung, wenn sie nicht selbstleuchtend wären, bei der größten Entfernung von der Sonne und bei der Annäherung an ihr Verschwinden eine jeweils unterschiedliche Lichtstärke aufweisen, denn sie kreisen ja unterhalb der Sonne. Jedoch ist an ihnen nichts davon zu beobachten. Die Ursache für die Sonderstellung des Mondes hinsichtlich der wechselnden Gestalten seines Lichtes liegt in seiner dunklen Farbe, dem Fehlen des eigenen Lichtes und darin, daß er sich unterhalb der Sonne befindet.

Aus: Astrologie (§ 155f.)

31. Mond- und Sonnenfinsternisse

Was ist eine Mondfinsternis? – Da die Erdkugel dunkel und undurchsichtig ist und die Sonnenstrahlen von einer Seite her auf sie fallen, hat sie einen Schatten, der sich in der der Sonne entgegengesetzten Richtung ausdehnt. Gleiches beobachten wir mit dem Schatten eines kompakten Gegenstandes, wenn er zwischen einer Lampe und einer von ihr beleuchteten Wand steht. Nun ist die Erde eine Kugel und ihr Schatten folglich rund. Er fällt entgegengesetzt zur Sonne auf den Tierkreis. Wenn der Mond zur Zeit der Opposition keine Breite hat, geht er notwendigerweise durch den Kreis des Schattens. Die Erde steht dann zwischen ihm und der Sonne und nimmt ihm ihr Licht weg. Man sieht ihn dann in seiner Farbe und ohne ein eigenes Leuchten. Wenn er aber eine Breite aufweist, ist die Verfinsterung entsprechend partiell oder findet gar nicht statt.

Auf welcher Seite beginnt die Verfinsterung? – Die Bewegung des Erdschattens über den Tierkreis hin ist gleichlaufend mit der Bewegung der Sonne, und der Mond erreicht bei seinem Lauf den kreisförmigen Schatten, der ihn verdunkelt. Begreiflicherweise ist das erste, was vom Mond in den Schatten eintritt, sein östlicher Rand, und hier ist folglich der Beginn der Verfinsterung; er ist genau auf der östlichen Seite oder mit einer geringen Abweichung nach Norden oder nach Süden. Wenn man sich das bildlich vorstellt, wird man einsehen, daß das Ende der Verfinsterung auf der westlichen Seite des Mondes ist, wie auch der Beginn der Aufhellung auf der östlichen und der Abschluß der Aufhellung auf der westlichen Seite stattfindet.

Was ist eine Sonnenfinsternis? – Am Ende des Monats sieht man den Mond am frühen Morgen westlich von der Sonne als Sichel, danach erscheint er zu Beginn des folgenden Monats ebenfalls als Sichel, und zwar abends und östlich von der Sonne. Bei dieser Bewegung von einer Position westlich von ihr zu einer solchen östlich von ihr muß er an ihr vorbeiziehen, und immer dann, wenn er zwischen ihr und unseren Blicken steht, verdeckt er sie entweder total oder partiell. Die Schwärze, die man in der Sonne sieht, ist der Körper des Mondes, der sie uns verbirgt, und er erscheint in seiner Farbe.

Was bedeutet die Parallaxe? – Die Parallaxe bedeutet, daß man ein und denselben Gegenstand zu derselben Zeit an zwei verschiedenen Orten sieht, wenn der Beobachtungsort verschieden ist. So wird man den Mond vom Erdmittelpunkt aus an einer anderen Stelle der Sphäre sehen als von der Erdoberfläche aus. Deshalb heißt seine Konjunktion mit der Sonne, wenn sie vom Standpunkt des Erdzentrums aus berechnet wird, eine berechnete Konjunktion, und wenn sie auf die Erdoberfläche bezogen wird, eine sichtbare Konjunktion. Ihre Zeiten sind jeweils verschieden; manchmal ist die sichtbare früher als die berechnete, manchmal ist sie später. Ebenso ist der jeweilige Anblick von verschiedenen Orten aus verschieden, an dem einen verdeckt der Mond die Sonne ganz, an einem anderen bedeckt er sie teilweise, wieder an einem anderen verdeckt er nichts von ihr. Die folgende Abbildung wird helfen, sich dies zu verdeutlichen.

Aus: Astrologie (§§ 255, 258, 261 u. 263)

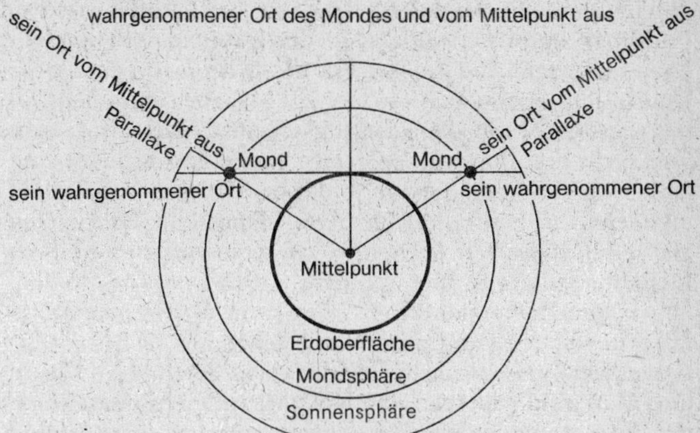

32. *Der astrologische Charakter der Planeten*

Wie ist die Natur der Planeten? – Die Planeten üben auf die Wesen unter ihnen, die für sie empfänglich sind, eine Wirkung und einen Einfluß aus. So findet man, daß zum Einfluß des Saturns extreme Kälte und Trockenheit gehört, zum Jupiter eine gemäßigte Wärme und Feuchtigkeit[201], zum Mars extreme Wärme und Trockenheit, zur Sonne eine nicht übermäßige Wärme und Trockenheit, sondern weniger als beim Mars, wobei ihre Wärme stärker als ihre Trockenheit ist, zur Venus gemäßigte Kälte und Feuchtigkeit, wobei ihre Feuchtigkeit mehr hervortritt als ihre Kälte. Beim Merkur überwiegt die Kälte und die Trockenheit, aber nicht im Übermaß, und die Trockenheit hat dabei den Vorrang; ferner ändert er sich, je nachdem, mit welchem Planeten er sich verbindet, und wird dessen Natur ähnlich. Der Mond schließlich ist kalt, jedoch nicht übermäßig, und feucht. Manchmal vermindert er die Kälte, manchmal vermindert er die Trockenheit und manchmal steigert er sie beide. Denn auf Grund der akzidentiellen Wärme in ihm, die er von der Sonne erhält, verändert er sich in den vier monatlichen Phasen vom Neumond an gerechnet nach Art der Jahreszeiten. In der ersten davon ist er nach Art des Frühlings warm und feucht, in der zweiten nach Art des Sommers warm und trocken, in der dritten kalt und trokken, in der letzten kalt und feucht. Manche Leute behaupten, daß im Mond die Feuchtigkeit beständig vorherrscht und nicht von ihm weicht, daß er immerzu feucht ist und daß er in Verbindung damit in der ersten Hälfte bei zunehmendem Licht zur Wärme neigt, danach in der letzten Hälfte zur Kälte. Die Wärme weicht dann von ihm, weil das Licht auf seinem Körper abnimmt. Denn wenn das von außen kommende Akzidens aufhört, kann es nur eine Rückkehr zu seiner eigentlichen Natur geben.

In welcher Weise bringen sie Glück und Unglück? – Saturn und Mars sind generell unheilvoll, Saturn mehr, Mars weniger. Jupiter und Venus sind generell glückbringend, Jupiter mehr, Venus weniger. Jupiter wirkt Saturn entgegen, indem er das Unheil auflöst, das dieser zusammenknüpft. Ebenso wirkt Venus in dieser Beziehung dem Mars entgegen. Die Sonne ist glückbringend, wenn sie in einem Aspekt[202] steht und entfernt ist, unheilvoll hingegen, wenn sie in einer Konjunktion steht und nahe ist. Merkur verhält sich in seiner Natur in dieser Beziehung ebenso, er ist unheilvoll, wenn sie unheilvoll sind, und glückbringend, wenn sie glückbringend sind. Wenn er für sich allein steht, neigt er mehr zum Glück. Der Mond schließlich ist glückbringend, jedoch ist er sehr veränderlich, seine Position zu den anderen Planeten ändert sich entsprechend der Schnelligkeit seiner Bewegung. Insgesamt bestehen die Wohltaten der glückbringenden Planeten in Tugend, Gerechtigkeit, Rechtschaffenheit, Wohlergehen, Reinheit, Gutartigkeit, Heiterkeit, Ruhe, Schönheit und allen möglichen Vorzügen. Wenn sie stark sind, stehen sie in freundschaftlicher Harmonie zueinander; wenn sie schwach sind, helfen sie einander. Die unheilvollen Planeten sind insgesamt widerspenstig und schädlich, ihre Wirkung besteht in Gewalttat, Verderben, Sünde, Unheil, Schande, Sorgen, Verwirrung, Unglaube, Zweifel, Gemeinheit und allen möglichen Lastern. Wenn sie stark sind, befinden sie sich untereinander in Widerspruch und Feindschaft, und wenn sie schwach sind, erweisen sie sich als machtlos und liegen in Streit miteinander. Manche Leute behaupten von Saturn, daß er zu Beginn unheilvoll sei wegen des Mars und am Ende glückbringend wegen des Jupiter, weil seine Beschaffenheit an ihnen beiden Anteil hat. Sie sagen über den Mars, daß er zu Beginn glückbringend sei und am Ende unheilvoll, und von der Sonne, daß sie zu Beginn glückbringend sei und am Ende unheilvoll. Ich bin von ihren Überlegungen nicht überzeugt, denn ihnen liegt das Prinzip zugrunde, daß alle Planeten, die in ihren Wirkungen in beiden Eigenschaften zugleich hervorstechen, zu den unheilvollen gerechnet werden sollen, während doch alle Planeten, deren Eigenschaften sich in der Quantität unterscheiden, nur unter bestimmten Bedingungen glückbringend oder unheilvoll genannt werden.

Aus: Astrologie (§ 381 f.)

33. Die Wirkungen des Mondes

Wie er alles, was feucht ist, beeinflußt und wie deutlich es seine Einwirkung erfährt, so daß sogar das Anwachsen bei der Flut und die Abnahme bei der Ebbe sich gleichlaufend mit ihm periodisch ändert, das alles ist den Bewohnern der Küsten und den Seefahrern nicht verborgen, und auch nicht den Ärzten seine Einwirkung auf die Körpersäfte der Kranken und die mit ihm in Übereinstimmung verlaufenden Perioden der Krisentage.[203] Die Naturkundigen kennen die Abhängigkeit der Lebewesen und Pflanzen von ihm, und aus praktischer Erfahrung weiß man von seinem Einfluß auf das Mark und das Gehirn, auf die Eier und die Hefe des Weins in Krügen und Fässern, auch davon, wie er die Köpfe derjenigen reizt, die im Mondschein schlafen, und was er den Leinenkleidern verleiht, die in seinem Licht ausgebreitet werden. Den Bauern ist bekannt, was er in den Gurken- und Melonenpflanzungen und in den Baumwollfeldern und dergleichen bewirkt, so daß sie darüber hinaus zur Kenntnis der rechten Zeit für Aussaat, Pflanzen, Okulieren, Tierzucht usw. gelangen. Den Astronomen ist nicht verborgen, welche atmosphärischen Erscheinungen durch seine gemäß seinem Umlauf wechselnden Gestalten ausgelöst werden.

Aus: India (S. 175,14–176,1)

34. Schlußfolgerungen aus dem Elmsfeuer

Nach meiner Meinung lächelt das Glück und das günstige Geschick dieser Welt zu bestimmten Zeiten, welche den Erfolg gewähren und zur Erfüllung der Wünsche beitragen. In ihnen sind dann die Gebete willkommen, wobei ihre Erhörung auch von einem festen Willen und einer starken Überzeugung und einem lauteren Gottvertrauen abhängt, so wie im Evangelium zu den Jüngern gesagt ist: „Wahrlich, ich sage euch: ‚Wenn ihr Glauben habt und nicht zweifelt und zu diesem Berge sagt: Bewege dich und falle ins Meer, wird es geschehen. Alles, was ihr im Gebet erbittet, werdet ihr erhalten, wenn ihr glaubt.‘“[204] Wir zweifeln nicht daran, daß Gott und die Mittelwesen, die zwischen uns und ihm stehen, nämlich die Engel und die reinen und heiligen Geister und die „zum Dienst bestellten Gestirne“[205], für die Verbesserung dessen, was dazu fähig ist, Sorge tragen und dazu das reuige Gebet erwarten.

Zu dem Wunderbarsten, was zu diesem Glauben Veranlassung gibt, gehört etwas, das Matrosen und zu Schiff reisende Kaufleute berichten. Sie binden einen Pfeil mit der Spitze nach oben an den Mast, und wenn sie durch Sturm und Regen und die Wogen in Not geraten und dem Untergang geweiht sind und anfangen, demütig zu flehen und zu beten, und schon ihr Gepäck über Bord werfen wollen, um das Schiff zu erleichtern, blicken sie auf und sehen manchmal so etwas wie einen großen Stern auf der Pfeilspitze. Und wenn sie ihn sehen, glauben sie sich vor dem Ertrinken sicher und nehmen es als glückliches Zeichen, auch wenn das Brausen und Toben des Meeres noch weiter zunimmt. Manchmal sehen sie ihn dann in der Nacht dreioder viermal. Dabei tritt dies in bewölkten Nächten öfter auf als in klaren, und an manchen Stellen des Meeres eher als an anderen. Das bezeugen und bestätigen der vertrauenswürdige Galen[206] und eine Menge von Leuten, die es untersucht haben.

Die Gebete sind noch wirksamer, wenn man dabei die Konstellationen der Planeten zu Hilfe nimmt, so wie man sie auch durch das Hinausgehen in die Wüste, das Erheben der Stimme und die Läuterung der Absichten und Gedanken unterstützen kann. Wenn die alten Griechen[207] beten wollten, ließen sie Jupiter in der Mitte des Himmels stehen und dazu den „Kopf“[208] und Venus im Aszendenten[209]. Manche ließen eines der beiden Glücksgestirne[210] im Aszendenten weilen und das andere im vierten Haus[209], denn das erstere ist ein Hinweis auf den Anfang und das andere auf den Ausgang. Andere ließen eines der beiden im neunten Haus[209] sein, weil es mit der Religion zu tun hat, und das andere im vierten Haus, nachdem auch für beide der Ort der Sphäre[211] und der Aspekt der Sonne[212] passend war und ihnen die beiden Unglücksgestirne[213] nicht entgegenstanden und der Mond sie günstig anblickte und seine Verbindung mit demjenigen der Planeten, von dessen Art das Gebet sein sollte,[214] eine gute, starke und willkommene Verbindung war.[212]

Ya'qūb ibn Isḥāq al-Kindī[215] erwähnt in seinem speziellen Traktat über die Zeiten des Gebets folgendes. Immer wenn der Mond und[216] Merkur sich mit dem Stern Beta Cassiopeiae[217] verbinden, und dies ist für das Jahr 1310 nach der Ära des Alexander,[218] im Zeichen des Widders bei 21 Grad plus der Hälfte eines Zehntels, dann ist die rechte Zeit für das Gebet für den Körper und sein Wohlbefinden, wobei eine Erhörung zu erhoffen ist. Wenn die Sonne damit verbunden ist, kommt die Zeit für ein Gebet um Reichtum und Tapferkeit, und es wird erhört, wenn man in der Mitte des Lebens steht. Wenn sich dem der Saturn in einem glücklichen Aspekt verbindet, so begleitet den Betenden das Glück von der Mitte des Lebens bis zu seinem Ende. Wenn er in einem unglücklichen Aspekt steht, so wird man arm, schwach und bedürftig. Denn es gibt Gebete, die sich gegen den wenden, der sie spricht, so daß ihm das Gegenteil von dem widerfährt, was er wünscht und erhofft. So ging es Bewohnern von Tabaristan[219], als sie in den Tagen al-Ḥasan ibn Zaid al-'Alawīs[220] unter der Dürre litten. Sie zogen hinaus und beteten um Regen, aber sie waren kaum damit fertig, als an mehreren Enden der Stadt ein Brand ausbrach. Abu l-Ġamr[221] dichtete darüber:

„Sie zogen hinaus und baten, den Wolken zugewandt, um Regen.
Als Antwort traf sie das Schicksal einer Feuersbrunst.
So kam zu ihnen das Gegenteil von dem, was sie ersehnten;
denn es kam zu Leuten, deren Herzen voller Frevel waren."

Wenn sich Jupiter damit verbindet, erhält der Betende den Sieg über seine Unterdrücker; und wenn sich Venus damit verbindet, so wird ein Gebet um Reichtum erhört, jedoch verkürzt sich sein Lebensalter. Wenn sich Mars damit verbindet, kann er denjenigen unterdrücken, der ihn verflucht, und dieser findet keine Erhörung. Gegen dieses Unglück kann man seine Zuflucht zu Beschwörungen, zur Magie und zur Anfertigung von Talismanen nehmen, wir können aber an dieser Stelle nicht näher darauf eingehen.

Aus: Chronologie (Textergänzung bei Chalidov, S. 160,7–161,23; Übers. Sal'e, S. 241f.)

35. *Die Hundstage*

Diese Tage, das heißt die heißesten des Juli, sind gekennzeichnet durch den heliakischen Aufgang[222] des „Hundes des Orions", er ist gleich der „jemenitischen, hindurchgegangenen *Šiʿrā*"[223]. Hippokrates verbietet im Buch der „Aphorismen", um seinen Aufgang herum im Zeitraum von zwanzig Tagen davor und zwanzig weiteren danach warme Heilmittel einzunehmen und zur Ader zu lassen,[224] denn dies ist die Zeit, da die Dürre schlimm ist und die Hitze ihren Höhepunkt erreicht. Der Sommer selbst wirkt erhitzend, auflösend und austreibend auf die Feuchtigkeiten. Hippokrates verbietet es nicht zur Zeit ihres Abnehmens, denn wenn der Herbst mit seiner Kälte und Trockenheit kommt, ist man vor dem Erlöschen der eingeborenen Wärme nicht mehr so sicher. Nach Meinung einiger Leute, die mit den Naturwissenschaften nicht vertraut sind und auch keinen Einblick in die Meteorologie haben, rührt die genannte Einwirkung von dem Körper dieses Sternes und von seinem Aufgang her, der in einem Zusammenhang mit seiner Ortsveränderung stehen soll. Sie wollen uns sogar weismachen, daß er wegen der Größe seines Körpers die Luft erhitzt.

Wir aber sollten einen Hinweis und eine Erklärung zu seinem Ort geben und von da her die Zeit seines heliakischen Aufgangs bestimmen. Man vergleiche, was Abū Nuwās[225] gedichtet hat:

„Der September ging vorbei, der heiße Wind nahm ab,
und die ‚hindurchgegangene *Šiʿrā*‘ löschte ihre Glut."

ʿAlī ibn ʿAlī, ein christlicher Autor,[226] behauptet deswegen, daß der Beginn der heißesten Tage am 22. Juli sei, wobei er darauf hinweist, daß sie sich mit der Verlagerung des Sterns verschoben hätten und daß der Stern, nämlich der Sirius, im Verlauf eines Jahres einen Parallelkreis zum Äquator beschreibe. Hippokrates hat jedoch mit dieser Zeit den Hochsommer und die große Hitze gemeint, die aus der Nähe der Sonne zum Zenit resultiert, wobei sie beginnt, in ihrer exzentrischen Sphäre vom Kulminationspunkt herabzusteigen, und dies traf zu seiner Zeit mit dem heliakischen Aufgang des Sirius zusammen. Er hat sich so allgemein ausgedrückt, weil er wußte, daß der wahre Sachverhalt niemandem verborgen bleibt, der in den Wissenschaften bewandert ist. Und selbst wenn der Sirius wanderte und sogar bis zum Kopf des Steinbocks oder des Widders gelangte, so würde sich doch damit nicht zugleich die Zeit verschieben, in der das Einnehmen der Medikamente untersagt wird.

Aus: Chronologie (S. 269,11–270,4)

36. Nochmals zur Natur der Sonnenstrahlen und der Feuersphäre

Unter „himmlischer Wärme" sind nur die Strahlen der Sonne zu verstehen, die sie von ihrem Körper her zur Erde sendet, oder der heiße Körper, welcher der Mondsphäre innen anliegt und „Feuer" genannt wird. Was die Sonnenstrahlen anlangt, so sind über sie viele Behauptungen aufgestellt worden. Die einen sagen, daß es sich um feurige Teilchen handelt, die der Natur der Sonne gleichen und aus ihrem Körper austreten. Andere behaupten, daß sich die Luft erhitzt, wenn ihr die Sonne gegenübersteht, so wie es mit einem gegenüber brennenden Feuer der Fall ist. Beides würde für diejenigen gelten, die meinen, daß die Sonne heiß und feurig ist. Nun gibt es andere, die sagen, daß sich die Luft erhitzt, weil sich die Strahlen in ihr so schnell fortbewegen, daß dies gleichsam ohne Zeit erfolgt. Das würde für diejenigen gelten, die sagen, daß die Natur der Sonne außerhalb der Natur der vier Elemente steht. Hier gibt es auch eine Meinungsverschiedenheit hinsichtlich der Fortpflanzung der Strahlen. Die einen behaupten, daß sie außerhalb der Zeit geschieht, weil sie kein Körper sind. Andere sagen, daß sie in einer kurzen Zeit erfolgt, indessen gäbe es nichts Schnelleres, mit dessen Hilfe man ihre Geschwindigkeit wahrnehmen könnte, so wie die Fortpflanzung eines Tonsignals in der Luft langsamer ist als die der Strahlen, so daß man sie mit dieser vergleichen und ihre Zeitdauer erkennen kann. Über die Ursache der Wärme, die mit den Sonnenstrahlen verbunden ist, wird auch gesagt,

daß sie in der Steilheit des Winkels liegt, mit dem sie reflektiert werden. Es verhält sich aber nicht so, vielmehr ist die Reflexion nur als Begleitumstand gegeben.
Was den Körper anlangt, welcher der Himmelssphäre innen anliegt, nämlich das „Feuer“, so wird von ihm behauptet, daß er ein natürliches Element sei wie Erde, Wasser und Luft und daß seine Gestalt kugelförmig sei. Nach unserer Überzeugung stellt er nur eine Erhitzung der Luft dar, weil er von der Sphäre bei ihrer schnellen Bewegung gerieben, gestreift und berührt wird, und seine Gestalt ist wie der Körper, der bei der Rotation einer halbmondförmigen Fläche um ihre Sehne entsteht. Das fügt sich in die These ein, daß er ebensowenig wie irgendein anderer existierender Körper an seinem natürlichen Ort ist und daß sie alle nur gezwungenermaßen dort sind, wo sie sich befinden, und ein Zwang kann nicht ewig dauern. Ich habe das an einer anderen und passenderen Stelle, als es dieses Buch ist, behandelt, besonders in den Auseinandersetzungen, die zu diesem Thema zwischen mir und dem gelehrten jungen Mann Abū ʿAlī al-Ḥusain ibn ʿAbdallāh ibn Sīnā geführt wurden.[227]

Aus: Chronologie (S. 256,12–257,5)

37. *Ein Traum im Alter*

Der Mensch, und sei er noch so klug und scharfsinnig, wird in seinen Nöten und Bedrängnissen niemals davon ablassen, auf einen guten Ausgang zu hoffen, und darum findet er eine Erleichterung durch günstige Vorzeichen und verschließt sich gegen das, was er nicht mag und dem er eine schlimme Vorbedeutung beilegen müßte. Er freut sich an Träumen und vertraut auf gute Omina und Horoskope. Auch ich bat einmal, um mir damit die Sorgen zu verscheuchen,[228] in derartigen Umständen die Astrologen um eine Untersuchung dessen, was sich aus meinem Geburtsdatum ableiten läßt. Sie begannen damit, meine Lebensdauer zu ermitteln, und der Widerspruch zwischen ihnen war beträchtlich. Der eine nahm sechzehn Jahre an, ein anderer etwas über vierzig Jahre, womit sie sich selbst ins Unrecht setzten, ich hatte nämlich damals schon die Fünfzig überschritten. Andere hingegen gingen ein wenig über die Sechzig hinaus.

Als ich mich nun dem letztgenannten Zeitpunkt näherte, befielen mich gefährliche Krankheiten, manche zusammen zur gleichen Zeit, während andere sich nacheinander ablösten, bis sie meine Gebeine zerrüttet und meinen Körper geschwächt und bewegungsunfähig gemacht und die Sinneswahrnehmungen ruiniert hatten. Danach begannen sie zu weichen, abgesehen davon, daß die Kräfte durch das Greisenalter schwächer geworden waren. Da sah ich in der Nacht am Ende des 61. Lebensjahres im Traum, wie ich den Neumond beobachten wollte. Ich suchte ihn an den betreffenden Stellen und starrte dorthin, wo er untergehen mußte, aber ich vermochte ihn nicht zu erblicken. Da hörte ich jemand zu mir sagen: „Laß ab von ihm, denn du bist sein Sohn noch hundertsiebzig Male." Darauf erwachte ich und rechnete die vierzehn Mondjahre plus zwei Monate in Sonnenjahre um und zog also fünfeinhalb Monate ab. Das Ergebnis war fast gleich dem großen Jahr des Merkur[229], von dem es hieß, daß er der Herr der Geburtsstunde war. Dennoch war ich nicht erfreut über das, was da gesagt war, denn es sieht so aus, als ob mein Leben nun schon aufgebraucht und davon nur noch Napf und Schüssel[230] geblieben sei, und dies nur für eine einzige Sache, nämlich das Ausfüllen von offenkundigen Lücken und die Übertragung meiner Notizen aus der Kladde in die Reinschrift.

Aus: Epître (S. 41,1–42,10)

Die vergangenen Generationen

38. Die einheitliche Abstammung der Menschheit

Unter den Buddhisten[231] gibt es solche, die Adam als den Urvater ansehen, andere leugnen das und legen jedem Volk einen eigenen Vater bei. Sie sagen: „Wenn der Urvater am Anfang ein einziger gewesen wäre, so müßten die Körperformen ähnlicher sein und die Zungen und Sprachen übereinstimmen.“ Mir ist nicht klar, was das für ein Beweis sein soll. Denn die Unterschiede der Körper in bezug auf die Hautfarbe, die Gestalt, die Veranlagungen und den Charakter kommen nicht allein von einer unterschiedlichen Abstammung her, sondern auch von der Verschiedenheit des Bodens, des Wassers, der Luft und der Wohnorte[232] auf der Erde. Die Differenzierung der Sprachen aber rührt davon her, daß sich die Menschen in Gruppen getrennt haben und entfernt voneinander lebten. Eine jede hatte das Bedürfnis nach vereinbarten Zeichen, mit denen man seine verschiedenen Wünsche äußern konnte. Im Verlaufe der Zeit vermehrten sich diese Ausdrücke. Sie wurden im Gedächtnis bewahrt, und durch die Wiederholung wurden die vereinbarten Zeichen immer mehr zusammengesetzt und in ein System gebracht.

Aus: Chronologie (Textergänzung bei Fück, S. 74,16–21; Übers. Sal'e, S. 204)

39. Verschiedene Fassungen des Alten Testaments und das Alter der Welt

Sowohl bei den Juden wie bei den Christen gibt es eine Version des Alten Testaments, deren Aussagen mit den Behauptungen der jeweiligen Besitzer übereinstimmen. Die der Juden ist nach ihrer Versicherung von jeglicher Verwirrung weit entfernt. Die der Christen heißt „das Alte Testament der Siebzig“[233]. Und zwar sei eine Gruppe von Israeliten nach der Eroberung und Zerstörung Jerusalems durch Nebukadnezar[234] weggezogen und habe beim ägyptischen

König Zuflucht gesucht und sei bei ihm geblieben, bis daß Ptolemaios Philadelphos[235] den Thron bestieg. Zu diesem König drang die Kunde von dem Alten Testament und daß es vom Himmel herab offenbart worden sei. Er forschte nach diesem Volk, bis er es in einer Stadt fand, etwa 30000 Seelen. Er nahm sie gastlich in seiner Nähe auf und war freundlich zu ihnen. Auch erteilte er ihnen die Erlaubnis, nach Jerusalem zurückzukehren. Kyros, der Statthalter Bahmans über Babylonien,[236] hatte die Stadt wieder aufgebaut und Syrien neu besiedelt. Da brachen sie mit einer Abteilung seines Gefolges auf, die er zu ihrem Schutz mitgegeben hatte. Zugleich hatte er ihnen gesagt: „Ich brauche etwas von euch, und wenn ihr mir dabei helfen wolltet, so wäre euer Dank an mich vollkommen. Und zwar möchtet ihr mir eine Abschrift eures Buches, des Alten Testaments, überlassen." Sie waren damit einverstanden und schwuren ihm, seinen Wunsch zu erfüllen. Als sie in Jerusalem angekommen waren, machten sie ihr Versprechen wahr und übersandten ihm eine Abschrift. Sie war aber hebräisch, und darum verstand er sie nicht und wandte sich wiederum an sie mit der Bitte um Leute, die zugleich des Hebräischen und des Griechischen gleichermaßen kundig seien, um ihm eine Übersetzung zu liefern. Auch versprach er ihnen Belohnungen und Geschenke. Da wählten sie aus ihren zwölf Stämmen zweiundsiebzig Männer, von jedem Stamm sechs Schriftgelehrte und Priester. Ihre Namen sind den Christen bekannt. Da übersetzten sie ihm das Alte Testament ins Griechische, nachdem er sie aufgeteilt und für je zwei von ihnen einen Mann beauftragt hatte, der sich um sie kümmern sollte, bis sie mit der Übersetzung fertig wären. So gelangten in seine Hände sechsunddreißig Übersetzungen. Er verglich sie miteinander und fand in ihnen lediglich die in solchen Fällen unvermeidbaren Abweichungen in den Ausdrücken, während die Bedeutungen übereinstimmten. Darauf löste er ihnen seine Versprechungen ein und versorgte sie in vortrefflicher Weise. Sie aber baten ihn, ihnen eines dieser Exemplare zu überlassen, damit es ihnen bei ihren Landsleuten zu Ruhm und Ehren gereiche. Er tat es, und dies ist das Alte Testament, das sich in den Händen der Christen befindet, und wie sie versichern, sei keinerlei Veränderung oder Verfälschung hineingekommen. Die Juden aber behaupten das Gegenteil davon, indem sie nämlich zu der Übersetzung gezwungen worden seien, und sie hätten nur aus Furcht vor Repressalien und Bedrückung nachgegeben, nachdem sie übereingekommen waren, die Übersetzung zu verfälschen und zu verwirren. Aber wenn wir schon ihren Behauptungen Glauben schenken wollten, so enthalten sie doch nichts, was den Zweifel zerstreuen könnte, sondern es zieht ihn noch stärker auf sich.

Nun gibt es das Alte Testament nicht nur in diesen beiden Versionen, sondern es existiert eine dritte bei den Samaritanern, die als die „Unberührbaren" bekannt sind.[237] Als Nebukadnezar die Juden aus Syrien in die Gefangenschaft führte, siedelte er sie an ihrer Stelle an. Die Samaritaner hatten ihm geholfen und ihn auf die schwachen Stellen bei den Israeliten aufmerksam gemacht, und darum deportierte und tötete er sie nicht und machte sie nicht zu Gefangenen; vielmehr ließ er sie in Palästina unter seiner Herrschaft siedeln. Ihre Glaubenslehren sind ein Gemisch aus Judentum und Mazdaismus.[238] Die Mehrheit von ihnen sitzt an einem Ort in Palästina, der Nablus heißt,[239] und dort sind ihre Synagogen. Sie überschreiten nicht die Grenze nach Jerusalem seit den Tagen Davids, des Propheten, über dem Friede sei, denn sie behaupten, daß er ungerechterweise und aus Feindschaft den heiligen Tempel von Nablus nach Aelia[240], das ist Jerusalem, verlegt habe.[241] Sie fassen keinen anderen Menschen an, und wenn sie jemanden berührt haben, waschen sie sich. Sie erkennen keinen der Propheten des Volkes Israel an, soweit sie nach Moses aufgetreten sind.

Was die Version anlangt, die sich bei den Juden befindet und auf die sie sich stützen, so enthält sie an Lebensjahren der Nachkommen Adams, woraus sich der Zeitraum von Adams Vertreibung aus dem Paradies bis zur Sintflut in den Tagen Noahs berechnen läßt, 1656 Jahre.[242] In der Fassung hingegen, welche die Christen haben, beläuft sich dieser Zeitraum auf 2242 Jahre. Und die bei den Samaritanern enthält die Aussage, daß es 1307 Jahre seien. Athenaios, ein Geschichtsschreiber, berichtet, daß die Zeitspanne zwischen der Erschaffung Adams und der Nacht jenes Freitags, an dem die Sintflut begann, 2226 Jahre und 23 Tage und 4 Stunden betrug. Das erzählt nach seinen Worten Ibn al-Bāzyār[243] in seinem „Buch der Konjunktionen", was der Meinung der Christen am nächsten käme. Mir will aber scheinen, daß dies auf den Methoden der astrologischen Horoskopsteller beruht, denn die Willkür ist bei dieser Exaktheit allzu offensichtlich. Wenn aber die Sache mit diesen Unterschieden so steht, wie wir sie geschildert haben, und man mit aller Logik keinen Weg findet, darin das Richtige vom Falschen zu unterscheiden, worauf sollte dann der Forscher die Hoffnung gründen, jemals die Wahrheit zu erfahren?

Aus: Chronologie (S. 20,12–22,3)

40. Spuren des Polytheismus im Alten Testament

Es gibt Worte, die in der einen Religion häßlich klingen und in einer anderen nicht und die von der einen Sprache toleriert und von der anderen ausgeschlossen werden. Dazu gehört der Ausdruck *ta'alluh* („Vergöttlichung")[244] in der Religion des Islam. Denn wenn wir ihm im Bereich der arabischen Sprache nachgehen, werden wir finden, daß alle Namen, mit denen man das reine wahre Wesen bezeichnet, auch in irgendeiner Weise auf anderes bezogen werden können, mit Ausnahme des Namens *Allāh*, denn er gehört ihm ganz allein zu, und es heißt von ihm, daß er sein größter Name sei. Wenn wir ihn aber innerhalb des Hebräischen und des Syrischen betrachten, in denen die vor dem Koran offenbarten Bücher geschrieben sind, werden wir finden, daß in der Thora und in den ihr später zugerechneten prophetischen Büchern die Bezeichnung „der Herr" gleich dem arabischen *Allah* ist. Sie erhält kein Genitivattribut wie etwa in dem Ausdruck „der Herr des Hauses" oder „der Herr des Vermögens". Umgekehrt finden wir, daß in ihnen der arabischen Bezeichnung für „Herr" ein Wort von der Wurzel *ilah* entspricht. So heißt es: „Die Söhne Elohims kamen vor der Sintflut zu den Töchtern der Menschen herunter und vermischten sich mit ihnen."[245] Im Buche Hiobs, des Gerechten, wird gesagt: „Satan trat mit den Söhnen Elohims in ihre Versammlung."[246] Im Gesetz des Moses ergeht an ihn das Wort des Herrn: „Siehe, ich mache dich zu einem Gott für Pharao."[247] Im zweiundachtzigsten der Psalmen Davids heißt es: „Gott steht auf in der Versammlung der Götter"[248], das heißt der Engel. In der Thora werden die Götzen „fremde

Götter" genannt.[249] Und wenn nicht die Thora jede Anbetung, die nicht auf Gott gerichtet ist, und die Verehrung der Götzen, ja sogar, daß man sie nur nennt oder an sie denkt, mit Verbot belegte, könnte man von diesem Ausdruck her auf die Idee kommen, daß damit nur die Verwerfung fremder, nichthebräischer Götter geboten sein sollte. Die Völker, die um das Land Palästina herum wohnten, verehrten die Götzen wie die Griechen, und die Israeliten empörten sich immer wieder gegen Gott, indem sie das Bild des Baal oder das der Astarte, das der Venus geweiht war, anbeteten.

Aus: India (S. 17,20–18,12)

41. Die Entstehung des jüdischen Purimfestes

Haman war einer unter den Geringen des Volkes. Einmal reiste er nach Schuschter[250], um dort eine Arbeit auszuführen, aber auf dem Weg kam ihm etwas dazwischen, wodurch er aufgehalten wurde und sein Ziel nicht an dem Tag erreichte, an dem er die Arbeit übernehmen sollte. So war ihm das entgangen und guter Rat teuer. Da setzte er sich an die Begräbnisgrotten und kassierte für jede Leiche drei und ein Drittel Dirham[251], und das so lange, bis die Tochter des Königs Ahasveros starb und auch sie gebracht wurde. Da verlangte er etwas von den Trägern, was ihm nicht gegeben wurde. Er aber machte ihnen den Weg nicht frei, bis er das Verlangte bekam. Doch war er damit nicht zufrieden und fing an, noch mehr haben zu wollen. Sie legten immer mehr zu, bis er bei einer großen Summe angelangt war. Man machte dem König davon Mitteilung, und der befahl, seiner Forderung nachzukommen. Dann ließ er ihn nach sieben Tagen holen und fragte ihn, wer ihm diese Beschäftigung aufgetragen habe. Er gab ihm nichts weiter zur Antwort, als daß er sagte: „Und wer hat es mir verboten?", worauf der König seine Frage wiederholte. Nun sprach Haman: „Wenn es mir jetzt verboten wird, so werde ich aufhören und davon Abstand nehmen. Dir würde ich als eine Gefälligkeit von meiner Seite eine reichliche Summe von soundso viel Dinar[252] geben." Der König wunderte sich über den genannten Betrag, denn er besaß nicht soviel trotz seiner Macht, zu befehlen und zu verbieten, zu lösen und zu binden. Da sagte er: „Es ist nur recht und billig für einen, der von der Verwaltung der Toten so viel eingenommen hat, daß er das Amt eines Ministers und Kanzlers erhält." Er betraute ihn mit allen Angelegenheiten und befahl den Bewohnern seines Königreiches, ihm Gehorsam zu leisten. Haman aber war ein Feind der Juden. Er fragte die Vorzeichendeuter und Auguren, was die ungünstigste Zeit für die Israeliten sei. Sie antworteten: „Im Monat Adar[253] starb ihr Führer Moses, und die unheilvollsten Tage in ihm sind der vierzehnte und der fünfzehnte." Da schrieb er in alle Himmelsrichtungen, daß man an diesem Tag die Juden ergreifen und töten solle. Die Bewohner des Königreiches aber pflegten vor ihm niederzufallen und ihm ihre Demut zu bezeigen, außer Mardochai, dem Israeliten, der ein Bruder der Esther, der Gemahlin des Königs, war. Haman aber hegte einen Groll gegen ihn und führte gegen ihn Böses im Schilde für jenen Tag. Die Frau des Königs aber durchschaute das. Sie richtete für ihn und seinen Minister Haman ein dreitägiges Gastmahl aus, und als der vierte Tag anbrach, forderte sie der König auf, ihre Wünsche vorzutragen. Da bat sie ihn, daß er sie selbst und ihren Bruder von dem Morden ausnehmen möge. Da sagte er: „Und wer ist derjenige, der sich gegen euch so etwas erdreistet?" Sie zeigte auf Haman. Da stand der König verärgert von dem Gelage auf. Haman stürzte sich zu der Frau, um sich vor ihr niederzuwerfen und ihren Kopf zu küssen, aber sie stieß ihn zurück, und damit erweckte er bei dem König den Eindruck, als ob er sie verführen wollte. Da wandte sich dieser um und sagte: „Nun ist deine Frechheit wohl schon so weit gediehen, daß du sie begehrst?" Er befahl seine Hinrichtung, und Esther äußerte die Bitte, daß er ihn an dem Holz kreuzigen lasse, das Haman für ihren Bruder hergerichtet hatte, und so tat er es und schrieb in alle Himmelsrichtungen, daß die Anhänger Hamans zu töten seien, und so endeten sie an dem Tage, an dem er die Juden umbringen wollte. Das ist der vierzehnte Tag, und an ihm ist die Freude über den Tod Hamans. Er heißt auch „das Fest der Megilla"[254] oder auch „Hāmān-i sōz"[255], denn sie machen an ihm Figuren, die sie schlagen und dann verbrennen, gleich wie sie Haman verbrannten.[256] Das gleiche findet am fünfzehnten statt.

Aus: Chronologie (S. 280,3–281,1)

Wir wissen von ihnen nur, daß sie Monotheisten sind, die Gott für zu erhaben halten, als daß er mit dem Bösen zu tun haben könnte. Sie machen über ihn nur negative und keine positiven Aussagen, wie etwa die, daß er grenzenlos, daß er unsichtbar ist, daß er kein Unrecht und keine Gewalttat begeht. Sie nennen ihn mit den „schönen Namen"[257] nur im übertragenen Sinne, da er nach ihrer Meinung in Wahrheit gar keine Eigenschaften hat. Die Weltregierung schreiben sie der Sphäre samt den Himmelskörpern zu und reden davon, daß sie mit Leben und Vernunft begabt sind und hören und sehen können. Sie sind Gestirnanbeter.

Zu ihren architektonischen Denkmälern gehört die Kuppel über der Gebetsnische bei der Herrscherloge der Moschee in Damaskus.[258] Sie war ihr Gebetsplatz in den Tagen, als die Griechen und Römer noch ihrer Religion anhingen, dann geriet sie in den Besitz der Juden, die sie zu ihrer Synagoge machten. Danach gewannen die Christen die Oberhand und verwandelten sie in eine Kirche, bis der Islam mit seinen Bekennern kam, die daraus eine Moschee machten. Auch hatten die Sabier Tempel und Götzenbilder, die der Sonne geweiht waren und bestimmte Gestalten hatten, wie Abū Maʿšar al-Balḫī[259] in seinem Buch über die Kultstätten berichtet. Dazu gehört etwa der Tempel zu Baalbek[260], der für ein Götzenbild der Sonne gebaut war, oder die Stadt Harran, denn sie war dem Mond geweiht, und ihr Grundriß hatte die Gestalt des Mondes, nach Art eines Schulterschals. In ihrer Nähe ist ein Dorf Salmasin, sein alter Name war Ṣanam Sīn, das heißt „Götzenbild des Mondes". Ein anderes Dorf hat den Namen Taraʿ ʿŪz, das heißt „Tor der Venus". Sie behaupten, daß die Kaaba[261] samt ihren Götzen ihnen gehört habe und daß deren Verehrer aus ihren Reihen gekommen seien, daß Allāt dem Saturn geweiht war und al-ʿUzzā[262] der Venus.

Sie hatten viele Propheten, die meisten von ihnen sind griechische Philosophen, wie der ägyptische Hermes[263], Agathodämon[264], Thales[265], Pythagoras[266], Baba[267], Solon, der Großvater Platos mütterlicherseits,[268] und andere. Manche Sabier enthalten sich der Fische aus Furcht, sie könnten elektrisch geladen sein, und der Küken, weil sie immer Fieberhitze haben, und des Knoblauchs, weil er Kopfschmerzen verursacht und das Blut oder den Samen verbrennt, wovon die Welt ihren Bestand hat, und der Bohnen, weil sie den Geist schwerfällig machen und schwächen und weil sie zuerst in einem menschlichen Schädel gewachsen sind.[269]

Sie haben drei vorgeschriebene Tagesgebete, das erste bei Sonnenaufgang mit achtmaliger *rakʿa*[270], das zweite, bevor die Sonne von der Himmelsmitte weiterrückt, mit fünfmaliger *rakʿa*, das dritte bei Sonnenuntergang mit fünfmaliger *rakʿa*. Innerhalb jeder *rakʿa* fallen sie bei ihren Gebeten dreimal mit der Stirn auf den Boden. An zusätzlichen freiwilligen Gebeten haben sie eines in der zweiten Stunde des Tages, ein anderes in der neunten Stunde des Tages, ein drittes in der dritten Stunde der Nacht. Sie beten im Zustand der Reinheit und nach einer kleinen rituellen Waschung[271]. Wenn sie durch Samenerguß unrein geworden sind, nehmen sie eine große rituelle Waschung[272] vor. Sie üben aber nicht die Beschneidung, weil sie ihnen, wie sie versichern, nicht aufgetragen wurde. Die meisten Bestimmungen ihres Ehe- und Strafrechts sind wie die der Muslime, hinsichtlich der Verunreinigung durch die Berührung eines Toten und dergleichen sind sie denen des Alten Testaments ähnlich. Sie haben auch Opfer, die den Planeten und ihren Götzenbildern und Tempeln dargebracht werden. Mit den Schlachtopfern sind ihre Priester und Zauberer betraut, die aus ihnen eine Kunde herauszuholen suchen, was vielleicht mit dem, der die Opfergabe bringt, geschehen wird, und eine Antwort auf das, was er wissen möchte.

Aus: Chronologie (S. 205,9–206,8)

43. Abraham aus der Sicht seiner Gegner

Reste jener Sabier gibt es in Harran, und nach ihrem Wohnort werden sie auch Harranier genannt. Es heißt auch, daß diese Bezeichnung von Haran, dem Sohn des Terach und Bruder Abrahams,[273] über dem Friede sei, hergeleitet ist und daß jener zu ihren Oberhäuptern gehörte und ihrer Religion ganz ergeben war und ihr besonders eifrig anhing. Davon erzählt der Christ Ibn Sinkillā[274] in seinem Buch, das er der Widerlegung ihrer Religion gewidmet hat. Er hat es mit lügenhaftem und törichtem Geschwätz angefüllt; so sollen sie behaupten, daß Abraham, über dem Friede sei, nur deswegen ihre Gemeinde verlassen habe, weil sich auf seiner Vorhaut ein Aussatz gezeigt habe. Wem dies aber zustößt, der ist unrein, und sie halten keine Gemeinschaft mit ihm. Aus diesem Grunde schnitt er sich die Vorhaut ab, das heißt, er vollzog an sich die Beschneidung. Als er in einen ihrer Götzentempel eintrat, hörte er eine Stimme von dem Götzenbild her, die zu ihm sprach: „O Abraham, du bist von uns hinweggegangen mit einem Gebrechen und bist zu uns zurückgekehrt mit zweien.[275] Geh hinaus und komme nie wieder zu uns zurück!" Da ließ er sich vom Zorn dazu hinreißen, daß er die Götzen in Stücke schlug und ihre Gemeinde verließ. Später aber reute ihn seine Tat, und er wollte seinen Sohn dem Planeten Jupiter opfern, gemäß ihrer angeblichen Gewohnheit, ihre Kinder als Schlachtopfer darzubringen. Als der Planet Jupiter die Aufrichtigkeit seiner Reue erkannte, löste er den Sohn durch einen Widder aus. In dem gleichen Sinne behauptet von ihnen auch der Christ ʿAbd al-Masīḥ ibn Isḥāq al-Kindī[276] in seiner Entgegnung auf ein Buch des ʿAbdallāh ibn Ismāʿīl al-Hāšimī, daß sie wegen ihrer Menschenopfer bekannt seien, freilich könnten sie das heutzutage nicht mehr öffentlich tun.

Aus: Chronologie (S. 204,21–205,9)

44. Die Anfänge der Medizin bei den Griechen

Die Griechen zweifeln in ihrer Mehrheit nicht daran, daß die Wissenschaft der Medizin von Asklepios ihren Ausgang genommen habe, und zwar, wie die einen versichern, durch Inspiration, nach der Meinung des Johannes Philoponos[277] hingegen durch Erfahrung. Dadurch sei er würdig geworden, vergöttlicht zu werden, und Gott machte ihn zu einem Engel[278] und erhöhte ihn auf einer Feuersäule. Das erinnert an ähnliche Vorstellungen der Inder über die Seelen, wenn sie die Körper verlassen haben und die Leichen verbrannt worden sind. Galen[279] sagt: „Asklepios und Dionysos waren einstmals Menschen, danach machte sie Gott zu Engeln, weil der eine die Leute die Medizin gelehrt und der andere für sie den Wein und die Pflege des Rebstockes erfunden hatte.“ Weiter sagt Galen: „In der Sippe des Asklepios gab es einst Eidesformeln und Verpflichtungen, durch die sie gehindert wurden, die Medizin irgendeinem Außenstehenden beizubringen. In den Medizinschulen auf den Inseln Rhodos und Knidos[280] und in der Stadt Kos[281] beschränkten sie den Unterricht auf ihre eigenen Kinder und gaben sie nur auf mündlichem Wege weiter, bis Hippokrates aus Sorge, daß die Heilkunst untergehen könnte, sie in einem Buch verewigte.“ Dieses Verfahren, das er von ihnen berichtet, war einer der Gründe, welche diese Kunst vor Unordnung bewahrt haben.

Aus: Epître (S. 25,12–26,7)

45. Alexander mit den zwei Hörnern und der eiserne Wall

Wie es heißt, ist das, was im Koran über ihn erzählt wird, bekannt und deutlich für jeden, der die Verse liest, die seiner Geschichte gewidmet sind.[282] Aus ihnen geht hervor, daß er ein frommer und mächtiger Mann war, dem Gott einen bedeutenden Anteil an Macht und Einfluß verliehen hatte. Er befähigte ihn, seine Ziele im Osten wie im Westen zu erreichen, Städte zu erobern, Länder zu unterwerfen, die Menschen zur Demut anzuhalten, die Königsherrschaft in einer Hand zu vereinigen und, wie man allgemein annimmt, in die Finsternis im Norden einzudringen und die äußersten Enden der bewohnten Welt in Augenschein zu nehmen, Menschen und Einfüßler[283] zu bekriegen, Gog und Magog[284] daran zu hindern, in die Länder auszubrechen, die ihrem Wohnsitz im Osten und Norden der Erde benachbart sind, und so von ihnen Unheil abzuwenden und ihnen Demütigung und Schande zu ersparen. Er tat dies durch einen Wall in der Bergschlucht, aus der sie immer hervorbrachen, und er errichtete ihn aus Eisenbarren, die er mit geschmolzenem Kupfer verbinden ließ, so wie man das bei der Arbeit der Handwerker beobachten kann.
Er war der Grieche Alexander, der Sohn des Philippos, der das zuvor zersplitterte Reich der Griechen vereinigte. Er griff die Könige des Westens an und besiegte sie, und er

fuhr darin fort, bis er das Grüne Meer[285] erreichte. Dann wandte er sich zurück nach Ägypten und erbaute Alexandria und nannte es nach seinem Namen. Er begab sich nach Syrien und zu den dort lebenden Israeliten. Nach seiner Ankunft in Jerusalem brachte er Schlachtopfer auf dem Altar dar und stiftete Weihegaben. Danach wandte er sich nach Armenien und zum „Tor der Tore“[286] und ging hindurch. Ihm unterwarfen sich Kopten, Berber und Hebräer. Dann zog er gegen Darius, den Sohn des Darius,[287] um Vergeltung zu üben für das, was Nebukadnezar und die Babylonier in Syrien verübt hatten.[288] Er stellte ihn zum Kampf und brachte ihm mehrere Niederlagen bei. Darius wurde dabei von einem seiner Leibwächter namens Banugasnas[289], dem Sohn des Āḏarbaḫt, ermordet. Alexander bemächtigte sich der Königsherrschaft über Persien und strebte weiter nach Indien und China. Er überfiel ferne Völkerschaften und unterwarf alle Regionen, durch die er hindurchzog. Dann wandte er sich wiederum nach Chorasan[290] und unterjochte es und baute Städte. Auf der Rückkehr nach dem Irak erkrankte er in Šahrazūr[291] und starb dort.
In seinen Unternehmungen ließ er sich von der Philosophie leiten und erbat bei allem, was er sich vornahm, den Rat seines Lehrers Aristoteles.[292] Deswegen sei er, wie man sagt, „der mit den zwei Hörnern“. Der Beiname wird auch damit erklärt, daß er die beiden „Hörner“ der Sonne, das heißt den Ort ihres Aufgangs und den ihres Untergangs, erreicht habe, so wie man Ardašīr, den Sohn des Bahman, den „Langhändigen“[293] genannt hat, weil seine Befehlsgewalt so weit reichte, wie er wollte, als ob er damit gleichsam zulangte und packte. Andere deuteten seinen Namen in der Weise, daß er zwischen zwei verschiedenen „Hörnern“ hervorgebracht wurde, womit sie die Griechen und die Perser meinen; zugleich glauben sie die Lügen, welche die Perser erdichtet haben, wie man das so mit seinem Feind zu tun pflegt. Darius der Ältere sei nämlich mit Alexanders Mutter, einer Tochter des Philippos,[294] verheiratet gewesen. Es mißfiel ihm aber an ihr ein Körpergeruch, und so schickte er sie zu ihrem Vater zurück, als sie schon von ihm schwanger war. Er sei also mit Philippos nur insofern genealogisch verbunden, als dieser ihn aufgezogen habe. Sie führen als Indiz an, was Alexander ihrer Behauptung zufolge zu

Darius gesagt hat, als er ihn in seinen letzten Zügen liegend antraf und seinen Kopf in seinen Schoß legte: „O mein Bruder, sag mir, wer dir das getan hat, damit ich dich an ihm räche." Er hat aber nur aus Mitleid so zu ihm gesprochen und weil er zeigen wollte, daß er ihn als ebenbürtig ansah, da er ihn doch nicht gut als König oder nur mit seinem Namen anreden konnte. Er hätte sonst eine übertriebene Hartherzigkeit an den Tag gelegt, wie sie sich für Könige nicht schickt. Feinde sind freilich immer darauf versessen, über die Herkunft zu lästern, Eigenschaften zu tadeln, Taten und Werke zu verunglimpfen, wie andererseits die Freunde und Parteigänger darauf aus sind, Schändliches als lobenswert hinzustellen, Mängel zu decken, das Gute und die Übereinstimmung mit allen trefflichen Eigenschaften hervorzuheben, wie es einmal einer beschrieben hat, der sagte:

„Ein wohlwollendes Auge sieht über jeden Makel hinweg,
aber ein mißgünstiges enthüllt die schlechten Seiten."

Manchmal bringt ihre Verbohrtheit sie so weit, daß sie Geschichten erfinden, die ihnen Lob einbringen sollen, oder daß sie einen edlen Stammbaum erdichten, wie man das für Ibn ʿAbd ar-Razzāq aṭ-Ṭūsī gemacht hat, für den man im „Buch der Könige" eine Abstammung von Manuščihr fabrizierte.[295] ...

Was den Wall anlangt, der zwischen den beiden Felswänden errichtet wurde, so sagt der Wortlaut der Erzählung im Koran nichts Näheres über seinen Ort auf der Erde. Die Werke, die Angaben über die Länder und Städte enthalten, wie die „Geographie"[296] und die Bücher über die „Wege und Königreiche"[297], sprechen sich dahingehend aus, daß dieses Volk, nämlich Gog und Magog, eine Abteilung der östlichen Türken sind, die am Anfang der fünften und der sechsten Klimazone wohnen. Außerdem erzählt Muḥammad ibn Ǧarīr aṭ-Ṭabarī[298] im „Buch der Geschichte", daß der Befehlshaber von Aserbaidshan während der Zeit der Eroberung einen Mann nach dorthin in die Richtung der Chasaren[299] schickte. Der besah den Wall und beschrieb ihn

als ein hoch aufragendes schwarzes Bauwerk hinter einem gesicherten und unüberwindlichen Graben. Und ʿAbdallāh ibn ʿAbdallāh ibn Ḫurradāḏbih[300] erzählt nach dem Zeugnis eines Dolmetschers am Kalifenhof, daß al-Muʿtaṣim[301] in einem Traum sah, daß dieser Wall geöffnet war. Da schickte er fünfzig Leute dorthin, damit sie ihn untersuchten. Sie zogen auf dem Weg über das „Tor der Tore"[286] und das Gebiet der Alanen[302] und der Chasaren, bis sie zu ihm gelangten. Sie sahen, daß er aus eisernen Ziegeln gemacht und mit geschmolzenem Kupfer befestigt war. In ihm war ein verriegeltes Tor, und bewacht wurde es von den Bewohnern der benachbarten Länder. Bei ihrer Rückkehr brachte sie ein Führer bis in die Gegend von Samarkand.
Diese beiden Berichte setzen voraus, daß sich der Wall im nordwestlichen Viertel der bewohnten Erde befindet. Aber gerade in dieser Geschichte ist etwas, das einem das Vertrauen zu ihr nimmt, indem nämlich die Bewohner jenes Landes als solche beschrieben werden, die den Islam bekennen und arabisch sprechen, obwohl sie von der zivilisierten Welt abgeschnitten sind und ein schwarzes stinkendes Land im Ausmaß von vielen Tagesreisen dazwischenliegt. Außerdem kannten sie weder den Kalifen noch das Kalifat und auch nicht, wer das sei und wie er beschaffen sei. Wir aber kennen kein Volk von Muslimen, das vom Territorium des Islam abgeschnitten wäre, außer den Wolgabulgaren und den Suwār[303], und sie leben in der Nähe der Grenze, wo die Zivilisation aufhört, und am Ende der siebenten Klimazone. Sie berichten übrigens nichts von diesem Wall, während ihnen das Kalifat und die Kalifen nicht unbekannt sind, und sie halten sogar die Freitagspredigt in ihrem Namen. Dabei sprechen sie nicht arabisch, sondern eine eigene Sprache, die ein Gemisch aus dem Türkischen und dem Chasarischen darstellt. Wenn es mit den Zeugen für diese Nachrichten so bestellt ist, darf man von ihnen keine Erkenntnis der Wahrheit verlangen. Dies ist es, was ich von der Geschichte des „Gehörnten" mitteilen wollte, und Gott weiß es am besten.

Aus: Chronologie (S. 36,14–38,2 u. 41,7–42,3)

46. Widersprüche in den Evangelien

Von der Vielzahl und Verschiedenheit der Abschriften ist nicht nur das Alte Testament betroffen, sondern Gleiches findet sich auch im Evangelium. Denn von ihm gibt es bei den Christen vier Fassungen, die in einem Band vereinigt sind. Die erste ist von Matthäus, die zweite von Markus, die dritte von Lukas und die vierte von Johannes. Ein jeder dieser Jünger hat es entsprechend seiner Predigt in seinem Lande abgefaßt. Was in der einen über Christus und seine Reden, als er öffentlich lehrte und als er am Kreuz hing, in ihrer Darstellung erzählt wird, widerspricht nicht selten dem, was in der anderen steht. Das gilt sogar für seinen Stammbaum, welcher der des Joseph ist, des Verlobten der Maria und des Stiefvaters Jesu. Denn Matthäus[304] sagt, er sei Joseph, der Sohn des Jakob, des Sohnes des Matthan, des Sohnes des Eleazar, des Sohnes des Eliud, des Sohnes des Achim, des Sohnes des Sadok, des Sohnes des Asor, des Sohnes des Eljakim, des Sohnes des Abiud, des Sohnes des Serubabel, des Sohnes des Salathiel, des Sohnes des Jechonias, des Sohnes des Josia, des Sohnes des Amos, des Sohnes des Manasse, des Sohnes des Hiskia, des Sohnes des Ahas, des Sohnes des Joatham, des Sohnes des Usia, des Sohnes des Joram, des Sohnes des Josaphat, des Sohnes des Asaph, des Sohnes des Abia, des Sohnes des Rehabeam, des Sohnes des Salomo, des Sohnes Davids, des Sohnes des Jessai, des Sohnes des Jobed, des Sohnes des Boas, des Sohnes des Salmon, des Sohnes des Naasson, des Sohnes des Aminadab, des Sohnes des Aram, des Sohnes des Esrom, des Sohnes des Phares, des Sohnes des Juda, des Sohnes Jakobs, des Sohnes Isaaks, des Sohnes Abrahams – Friede sei über ihm. Matthäus beginnt übrigens den Stammbaum bei Abraham und geht von ihm abwärts. Lukas[305] hingegen sagt, er sei Joseph, der Sohn des Eli, des Sohnes des Matthat, des Sohnes des Levi, des Sohnes des Melchi,[306] des Sohnes des Joseph, des Sohnes des Mattathias, des Sohnes des Amos, des Sohnes des Nahum, des Sohnes des Esli, des Sohnes des Naggai, des Sohnes des Maath, des Sohnes des Mattathias, des Sohnes des Simei, des Sohnes des Josech, des Sohnes des Joda, des Sohnes des Johanan, des Sohnes des Resa, des Sohnes des Serubabel, des Sohnes des Salathiel, des Sohnes des Neri, des Sohnes des Melchi, des Sohnes des Addi, des Sohnes des Kosam, des Sohnes des Elmadam, des Sohnes des Er, des Sohnes des Joseph[307], des Sohnes des Eliezer, des Sohnes des Jorim, des Sohnes des Matthat, des Sohnes des Levi, des Sohnes des Simeon, des Sohnes des Juda, des Sohnes des Joseph, des Sohnes des Jonam, des Sohnes des Eljakim, des Sohnes des Melea, des Sohnes des Menna, des Sohnes des Mattatha, des Sohnes des Nathan, des Sohnes Davids.

Die Christen rechtfertigen das in ihrer Argumentation damit, daß sie behaupten, es gäbe ein Gebot der Thora, nach dem in dem Fall, daß ein Mann ohne Söhne stirbt, sein Bruder ihn bei seiner Frau vertreten müsse, um ihm die Nachkommenschaft zu sichern.[308] Was aus dieser Verbindung hervorgeht, würde hinsichtlich des Stammbaums dem Verstorbenen zugerechnet, hinsichtlich der wirklichen Erzeugung aber dem Lebenden. Und sie sagen, daß Joseph in dieser Beziehung zwei Väter gehabt hätte; Eli wäre sein Vater nach dem Stammbaum gewesen und Jakob sein Vater nach der Erzeugung. Sie behaupten, daß Matthäus seine Abstammung nach der Erzeugung dargestellt habe, daraufhin sei er von den Juden getadelt worden, die darauf hinwiesen, daß diese Abstammung nicht die richtige sei, da sie nicht auf dem Stammbaum beruhe. Daraufhin sei ihnen Lukas zuvorgekommen, indem er den Stammbaum nach der Vorschrift des Gesetzes dargestellt habe. Beide Stammbäume führen auf David zurück, und das ist auch ihr Zweck, denn es heißt von Christus, daß er ein Sohn Davids sei. Christus sei der Stammbaum Josephs und nicht der Marias angehängt worden, weil es eine Sitte der Israeliten war, daß jeder nur innerhalb seiner Sippe und seines Stammes heiratete, damit die Abstammungen nicht durcheinandergebracht würden; diese Regel habe nur für die Männer gegolten und nicht für die Frauen. Wenn also Joseph und Maria beide aus einem Stamm waren, so waren sie beide notwendigerweise auf einen Ursprung zurückzuführen, und dies war der Zweck bei der Aufstellung und der Erwähnung des Stammbaumes.

Bei den Anhängern des Marcion[309] und des Bardesanes[310] gibt es ein Evangelium, das jeweils von den genannten Evangelien verschieden ist, und die Manichäer[311] haben ein Evangelium für sich, das von Anfang bis Ende etwas ganz anderes enthält, als was die Christen glauben.[312] Jene aber bekennen sich zu seinem Inhalt und behaupten, daß es das Wahre sei und daß seine Forderungen eben diejenigen seien, die Christus vertreten und die er gebracht habe. Die anderen Evangelien seien falsch, und ihre Anhänger verbreiteten Lügen über Christus. Hierher gehört noch eine Fassung, die „Evangelium der Siebzig" genannt wird und auf einen Balāmas zurückgeführt wird. An seinem Anfang heißt es, daß Salām ibn ʿAbdallāh ibn Salām es nach dem Diktat von Salmān al-Fārisī[313] geschrieben habe. Wenn man einen Blick hineinwirft, bleibt einem nicht verborgen, daß es eine Fälschung ist, und die Christen wie auch andere verwerfen es. Somit ist keines der Evangelien zu den prophetischen Büchern zu zählen, auf die man sich verlassen kann.

Aus: Chronologie (S. 22,4–23,15)

47. Die Taufzeremonie in Byzanz

Am 6. Januar ist Epiphanias, das Fest der Erscheinung und der Tag der Taufe, an dem Johannes, der Sohn des Zacharias, Christus getauft hat, indem er ihn in das Taufwasser des Jordanflusses eintauchte, als er dreißig Jahre alt geworden war. Wie im Evangelium gesagt wird, verband sich mit ihm der Heilige Geist in Gestalt einer Taube, die vom Himmel herabkam.[314] Ebenso verfahren die Christen mit ihren Kindern. Wenn eines das dritte oder vierte Lebensjahr erreicht hat, füllen ihre Bischöfe und Priester ein Becken mit Wasser und beten darüber. Dann tauchen sie es hinein, und wenn sie das mit ihm getan haben, so haben sie aus ihm einen Christen gemacht, wie unser Prophet, über dem Friede sei, gesagt hat: „Ein jedes Kind wird nach seiner eigenen Natur geboren, und dann machen seine Eltern aus ihm einen Juden oder einen Christen oder einen Feueranbeter."[315]

Abu l-Ḥusain al-Ahwāzī[316] berichtet in seinem Buch „Kenntnisse von Byzanz", wie mit dem angehenden Christen verfahren wird. Und zwar werden für ihn sieben Tage lang in der Kirche morgens und abends Lesungen abgehalten, am siebenten Tag wird er entkleidet und am ganzen

Körper mit Öl gesalbt. Dann wird angewärmtes Wasser in ein Marmorgefäß gegossen, das in der Mitte der Kirche aufgestellt ist. Der Priester läßt auf die Oberfläche des Wassers fünf Tropfen Öl in Kreuzesform fallen, das heißt vier und einen in die Mitte zwischen ihnen. Dann wird das Kind hochgehoben und mit beiden Füßen zugleich auf den mittleren Tropfen herabgelassen und in das Wasser gesetzt. Der Priester nimmt von einer Seite her eine Handvoll Wasser und gießt es auf seinen Kopf, danach von einer anderen Seite, bis er mit den vier Seiten der Kreuzesfigur fertig ist. Dann tritt der Priester beiseite, und jeder, der will, kommt herzu und nimmt sich etwas von dem Wasser, wo der Priester das Kind hineingesetzt und übergossen hatte. Dabei beten alle, die in der Kirche anwesend sind. Dann wird es aus dem Wasser herausgenommen und in ein Laken gehüllt, wobei es getragen wird, damit nicht sein Fuß den Boden berührt. Die ganze Gemeinde ruft siebenmal „Kyrie eleison", das heißt „Herr, erbarme dich unser". Dann werden ihm seine Kleider angezogen, während es weiterhin getragen wird, danach wird es niedergesetzt. Sieben Tage lang bleibt es in der Kirche oder besucht sie häufig. Am siebenten Tag wird es von dem Priester gewaschen, aber ohne Öl und nicht in jenem obengenannten Gefäß.

Aus: Chronologie (S. 293,2–18)

48. Das Osterfeuer in Jerusalem

In den vier Evangelien heißt es, daß Christus an jenem Tage, nämlich an einem Donnerstag, einen seiner Jünger nach Jerusalem schickte.[317] Ihm ließ er einen Mann entgegenkommen, der einen Tonkrug auf der Schulter trug, und befahl ihm, diesen anzuweisen, für ihn und seine Anhänger ein Essen herzurichten, um bei ihm das Passah zu feiern. Der Angesprochene aber bereitete das ungesäuerte Brot und alles andere vor, was die Juden zum Passah brauchen. Zur Nacht kam Christus zu ihm und feierte bei ihm in einem Zimmer im Obergeschoß mit den Jüngern das Passah. Auch wusch er ihnen die Füße, um sie zu ehren, und dasselbe tun nun die Priester mit ihren Amtsgenossen in dieser Nacht. Dann sprach er zu ihnen: „Wisset, daß einer von euch mich in dieser Nacht verraten und verlassen wird." Daraufhin verließ er dieses Zimmer und stieg auf den Ölberg. Auch Judas Ischarioth, der einer der Jünger war, ging weg und verleumdete ihn bei den Priestern und Vornehmen der Juden und nahm dafür ein Geschenk von dreißig Drachmen[318] und führte sie zu ihm. Sie aber ergriffen ihn, schlugen ihn, setzten ihm einen Kranz aus Dornen auf, beschimpften ihn und taten ihm alle möglichen Gemeinheiten an und quälten ihn diese Nacht bis zum Morgen. Dann kreuzigten sie ihn in der dritten Stunde des Freitags laut der Angabe des Matthäus, des Markus und des Lukas.[319] Johannes dagegen behauptet, daß er in der sechsten Stunde des Tages gekreuzigt wurde.[320] Das ist der Karfreitag. Mit ihm kreuzigte man zwei Räuber auf dem Berge Zion[321], den man den „Schädel" nennt, und auf hebräisch heißt er *Gulgolet.* Er starb, wie sie sagen, in der neunten Stunde. Joseph von Arimathia, den man den *būlūtānī*[322] nennt, erbat ihn von ihrem Oberhaupt Pilatus. Der gab ihn heraus, und Joseph bestattete ihn in einem Grab, das er für sich selbst angelegt hatte.

In der Nacht zum Sonnabend, der auf den Karfreitag folgt, feiert man die Verkündigung[323] an die Toten über die Ankunft Christi. Am Abend dieses Sonnabends ist das Fest der Auferstehung, und zwar behaupten sie, daß Christus einen Tag und zwei Nächte im Grabe blieb, dann sei er aus seinem Grab am Morgen des dritten Tages auferstanden, und das ist der Sonntag, an dem das Fasten beendet wird.

Vom Ostersonnabend wird etwas erzählt, das den Naturwissenschaftler in Erstaunen setzt und das er schwerlich als wahr anerkennen wird. Und wenn sich nicht die Gegner über die Nachrichten darüber einig wären und berichtet hätten, es selbst gesehen zu haben, und wenn nicht hervorragende Gelehrte und andere Leute es in ihren Büchern überliefert hätten, könnte man sich nicht damit zufriedengeben. Ich habe es aus Büchern erfahren und auch von Al-Farağ ibn Ṣāliḥ aus Bagdad gehört, daß mitten in der Auferstehungskirche[324] in Jerusalem das Grab Christi unterirdisch aus einem Felsen ausgehauen ist. Darüber ist eine Kuppel, und über dieser erhebt sich eine andere größere Kuppel. Rund um den Felsen sind Emporen. Von dort schauen die Muslime zu. Die Christen und wer sonst an diesem Tag

zum Ort des Grabes kommt, flehen und rufen zu Gott, dem Erhabenen, vom Mittag bis zum Abend. Es kommen auch der Muezzin der Moschee, der Vorbeter und der Emir der Stadt und setzen sich bei dem Grab nieder. Sie bringen Lampen mit, die sie daraufstellen, während es noch verschlossen ist. Die Christen haben schon zuvor ihre Lampen und Leuchter gelöscht und warten, bis daß sie ein reines weißes Feuer sehen, das eine Lampe zum Entflammen bringt. Davon werden die Lampen in der Moschee und in den Kirchen angezündet. Dann macht man an den Kalifen einen schriftlichen Bericht über den Zeitpunkt, an dem das Feuer herabkam. Wenn es bald nach der Mittagszeit erfolgte, schließt man auf ein fruchtbares Jahr; wenn es sich aber zum Abend hin verzögert oder es noch später wird, auf ein unfruchtbares. Derselbe Berichterstatter teilte auch mit, daß ein Herrscher anstelle des Dochtes einen Kupferdraht anbrachte, damit es sich nicht entzünden und das Ganze mißlingen sollte. Als aber das Feuer herabkam, brannte das Kupfer.
Die Herabkunft dieses Feuers an einem Tag, der nach einem bestimmten Zeitraum wiederkehrt, gibt Anlaß zur Verwunderung. Was aber seine Entstehung anlangt, ohne daß eine sichtbare Materie dafür vorhanden ist, so gibt es etwas, was noch wunderbarer und doch unbezweifelbar ist, da die Bedingungen für die Wahrheit des Berichteten vorliegen.[325]
In einem ägyptischen Dorf gibt es eine Kirche, die von Leuten besucht wurde, auf deren Worte man sich verlassen kann, deren Meinungen akzeptiert werden und bei denen man davor sicher ist, daß sie auf einen Schwindel hereingefallen sind oder andere beschwindeln wollen. Sie sagen, daß es in ihr ein unterirdisches Gewölbe gibt, in das etwa zwanzig Stufen hinabführen. In ihm befindet sich ein Bett und unter diesem in eine Lederdecke eingewickelt ein Mann und ein Knabe. Darüber befindet sich ein marmornes Gefäß und in dessen Inneren ein gläserner Krug und darin ein kupferner Docht und in dessen Inneren ein Docht aus Flachs. Diesen entzündet man und gießt Öl darauf. Es dauert nicht lange, bis sich der gläserne Krug mit Öl füllt und in das Marmorgefäß überfließt. Man verwendet es dann für die Kirche. Al-Ǧaihānī[326] berichtet, daß einmal ein vertrauenswürdiger Mann den Ort besuchte und den Krug aus

dem Gefäß heraushob. Er entleerte das Öl sowohl aus dem Krug wie aus dem Gefäß und blies die Flamme aus. Dann brachte er alles wieder an seinen Platz außer dem Öl, denn er goß anderes auf, das er bei sich hatte, auch wechselte er den Docht gegen einen anderen aus und zündete ihn an. Es dauerte nicht lange, da floß das Öl in dem Glaskrug über und in das Marmorgefäß, und dies ohne einen sichtbaren Ausgangsstoff. Er erwähnt auch, daß die Flamme verlöscht und das Öl nicht mehr überfließt, wenn man den Toten unter dem Bett herausnimmt. Er berichtet auch von den Bewohnern dieses Dorfes folgendes. Wenn sich eine Frau schwanger fühlt, hebt sie diesen toten Knaben heraus und legt ihn in ihren Schoß. Dann bewegt sich ihr Kind in ihrem Leibe, wenn es eine wirkliche Schwangerschaft ist. Andernfalls verliert sie die Hoffnung, wenn sie keine Bewegung verspürt.

Aus: Chronologie (Textergänzung bei Fück, S. 93,12–95,3; Übers. Sal'e, S. 348–350)

49. Zur Kreuzesverehrung der Christen

Am 7. Mai ist das Fest der Erscheinung des Kreuzes am Himmel. Die christlichen Gelehrten berichten, zur Zeit Konstantins des Siegreichen sei so etwas wie ein Kreuz aus Feuer oder aus Licht am Himmel erschienen, und es sei dem König Konstantin gesagt worden: „Mache dies zu deinem Feldzeichen, so wirst du damit die Könige überwinden, die dich bedrängen."[327] Er tat es, blieb siegreich und nahm das Christentum an. Seine Mutter Helena schickte er nach Jerusalem, um das Holz des Kreuzes zu suchen. Sie fand es zusammen mit den Kreuzen der beiden Räuber, die nach christlicher Darstellung zusammen mit Christus gekreuzigt worden waren. Die Angelegenheit blieb jedoch zweifelhaft, und man konnte sich keine Gewißheit verschaffen, bis man jedes der Kreuze auf einen Toten legte. Und als ihn das Holz des Kreuzes Jesu berührte, wurde er lebendig, und so wußten sie, daß es das gesuchte war.
Andere Christen, die weniger gelehrt sind, haben auf das Kreuz verwiesen, das im Sternbild des Delphins zu sehen ist und das die Araber „das junge Kamel"[328] nennen. Es han-

delt sich um vier Sterne in der Nähe des „herabstürzenden Adlers“[329], die wie die Ecken eines Rhombus angeordnet sind. Sie behaupten, daß es zu jener Zeit gegenüber dem Ort erschienen sei, an dem Christus gekreuzigt wurde. Man muß sich wundern, daß sie nicht einmal soweit nachgedacht haben, um zu merken, daß es in der Welt Völker gibt, die seit undenklich langen Zeiten der Beobachtung der Sterne und der Erforschung ihrer Grundlagen obliegen. Sie haben die Überlieferung von ihren Vorfahren erhalten, daß die Sterne des Delphins zu den Fixsternen gehören, welche ihre Altvorderen, die sich damit befaßt haben, in ebendieser Anordnung vorfanden. Oft kommt diese Gruppe von Christen bei ihrer Verherrlichung des Kreuzes auf verschiedenartige Verfälschungen und Phantastereien, wie zum Beispiel ihre Beweisführung aus dem Gebot Gottes, das an die Israeliten erging, sie sollten eine Schlange aus Kupfer anfertigen und an einen aufgestellten Pfahl hängen, um eine Schlangenplage abzuwehren, die bei ihnen in der Wüste aufgetreten war.[330] Jene behaupten, daß dies eine Vorankündigung und ein Hinweis auf das Kreuz sei.

Aus: Chronologie (S. 296,14–297,5)

50. Der Religionsstifter Mani

Die Perser bekannten sich zu der Religion der Feueranbeter, die Zarathustra eingeführt hatte, und kannten darin keine Spaltungen und Zwistigkeiten bis zu Jesu Himmelfahrt und bis sich seine Jünger zum Zweck der Mission in alle Richtungen zerstreuten. Und als sie sich über die Länder verteilten, kamen einige von ihnen in das Land der Perser, und Bardesanes[331] und Marcion[332] gehörten zu denen, die sich aufgeschlossen zeigten. Sie hörten die Botschaft Jesu und übernahmen davon einen Teil und einen anderen von dem, was sie von Zarathustra gehört hatten. Ein jeder machte sich aus den beiden Lehren eine Religion zurecht, deren einer Bestandteil die Vorstellung von der ewigen Existenz der zwei Prinzipien war.[333] Jeder der beiden brachte ein Evangelium heraus, das er Christus zuschrieb, wobei er alles, was darüber hinausging, für gefälscht erklärte. Bardesanes behauptete, daß das Licht Gottes in seinem Herzen

Wohnung genommen habe. Indessen erreichten die Unterschiede nicht ein solches Ausmaß, daß sie die beiden und ihre Anhänger aus der Gemeinschaft der Christen hinausgeführt hätten, und ihre Evangelien sind auch im großen und ganzen von dem der Christen nicht so verschieden, sondern es finden sich in ihnen lediglich Zusätze und Weglassungen. Gott weiß es am besten.
Nach diesen trat Mani auf, der Schüler des Fādrūn. Er war mit der Religion der Zarathustrier, der Christen und der Dualisten[334] vertraut. Er erklärte sich selbst zum Propheten und behauptete zu Beginn seines Buches mit dem Titel *„Šahpuhrakān"*, das er für Šahpuhr, den Sohn des Ardašīr[335], verfaßte: „Nicht haben die Gesandten Gottes aufgehört, mit Weisheit und Wundertaten von Zeit zu Zeit zu erscheinen. In dem einen Jahrhundert geschah ihr Auftreten durch den Propheten, welcher der Buddha für das Land Indien war, in einem anderen durch Zarathustra für das Land Persien, in einem anderen durch Jesus für das Land des Westens, danach kam diese Offenbarung und dieses Prophetenamt herab in diesem letzten Jahrhundert durch mich, Mani, den Gesandten des wahren Gottes, für das Land Babylonien." In seinem Evangelium, das er nach der Anordnung der zweiundzwanzig Buchstaben des Alphabets[336] verfaßte, sagt er, daß er der von Christus verheißene Paraklet[337] und das „Siegel der Propheten" sei.
Er erzählt von der Entstehung und dem Aufbau der Welt Dinge, die den Ergebnissen des logischen Denkens und Schlußfolgerns widerstreiten. Er predigt von dem König der Lichtwelten, vom ersten Menschen und dem Geist des Lebens. Er erzählt von der Uranfänglichkeit und dem ewigen Bestehen des Lichtes und der Finsternis. Er verbietet, Tiere zu schlachten oder ihnen ein Leid anzutun, des weiteren, das Feuer, das Wasser oder die Pflanzen, und sei es auch nur an der äußersten Oberfläche, zu beschädigen. Er erließ Gesetze, welche die „Gerechten", das sind die frommen Asketen des Manichäismus, auf sich nehmen, nämlich die Armut zu lieben, die Begierden und Leidenschaften zu zügeln, sich von der Welt abzukehren und gegen sie gleichgültig zu sein, ständig zu fasten und Almosen zu geben, soweit es möglich ist. Er untersagte den Erwerb von irgend etwas außer der Nahrung für einen Tag und der Kleidung für

ein Jahr. Er gebot, den Geschlechtsverkehr zu meiden, und ein fortgesetztes Herumwandern in der Welt, um zu predigen und zu lehren. Andere Vorschriften erlegen sie den „Hörern“ auf, das heißt denjenigen ihrer Anhänger, die ihrem Ruf nachfolgen und dabei mit den irdischen Angelegenheiten befaßt bleiben. Diese sollen ein Zehntel ihres Vermögens als Almosen geben, ein Siebentel der Lebenszeit mit Fasten verbringen, sich mit einer Frau begnügen, die „Gerechten“ unterstützen und ihre Beschwerden lindern. Man erzählt von Mani auch, daß er erlaubt habe, wenn einen die Begierde überkommt, sie an jungen Männern zu befriedigen, und man führt als Beweis dafür an, daß jeder Manichäer einen bartlosen und glattgesichtigen Diener hat, der ihm zur Verfügung steht. Jedoch habe ich in denjenigen seiner Bücher, die ich einsehen konnte, nichts dergleichen gefunden, vielmehr weist sein Lebenswandel auf das Gegenteil von dem hin, was erzählt wird.

Wie er im Buch *„Šahpuhrakān“* im Kapitel über das Kommen der Propheten ausführt, wurde Mani in Babylonien in dem Dorf Mardīnū am oberen Kanal von Kūṯā geboren, im Jahr 527 nach der Zählung der babylonischen Astronomen, das heißt der Zeitrechnung nach Alexander,[338] und nach Ablauf von vier Jahren der Regierungszeit des Königs Artabanos[339]. Die Offenbarung kam ihm, als er dreizehn Jahre alt war, im Jahr 539 nach der Zählung der babylonischen Astronomen und nach Ablauf von zwei Jahren der Regierungszeit von Ardašīr, des „Königs der Könige“.[340] Wir haben diesen Abschnitt oben verifiziert im Rahmen der Herrschaft der Aschkaniden und der Kleinkönige.[341]

Laut dem Bericht des Christen Yaḥyā ibn an-Nuʿmān in seinem Buch über die Zarathustrier ist der Name Manis bei den Christen Kurbikos, Sohn des Patak. Als er auftrat, wuchs die Zahl seiner Gläubigen und Anhänger, und er verfaßte viele Bücher, wie zum Beispiel sein „Evangelium“, das *Šahpuhrakān*“, den „Schatz des neuen Lebens“, das „Buch der Riesen“, das „Buch der Geheimnisse“[342] und zahlreiche Traktate, in denen er behauptete, daß er nur ausbreite, wovon Christus in Andeutungen gesprochen habe. Sein Einfluß wuchs ständig in den Tagen Ardašīrs und seines Sohnes Šahpuhr und von dessen Sohn Hurmuz, bis daß Bahrām, der Sohn des Hurmuz, König wurde. Er ließ ihn

suchen, bis er ihn fand, und sprach: „Dieser Mann ist ausgezogen mit dem Aufruf, diese Welt zu ruinieren. Somit ist es unsere Pflicht, daß wir damit anfangen, ihn selbst zu vernichten, bevor ihm etwas von seinem Vorhaben gelingt."
Wie von seiner Geschichte allgemein bekannt ist, ließ er ihn töten, die Haut abziehen und mit Stroh ausstopfen und an dem Tor der Stadt Gondēšāpūr aufhängen, das bis auf den heutigen Tag das „Tor des Mani" heißt. Auch ließ er viele von seinen Anhängern hinrichten.
Der Christ Ǧibrā'īl ibn Nūḥ hingegen erzählt in seiner Antwort auf die „Widerlegung der Christen" von Yazdānbaḫt, daß es von einem der Schüler des Mani ein Buch gibt, in dem er von seinem Ende berichtet. Und zwar habe man ihn eingesperrt wegen eines Verwandten des Königs. Der habe behauptet, von einem Teufel besessen zu sein, und Mani versprach, ihn zu heilen. Er konnte aber nichts ausrichten. Daraufhin legte man seine Hände und Füße in Fesseln, bis er in der Haft starb. Sein Kopf wurde zur Strafe und als warnendes Exempel am „Tor des Pavillons" aufgepflanzt und der Rumpf auf die Straße geworfen. Von seiner Anhängerschaft blieben Reste, die ihren Ursprung auf ihn zurückführen und über die Länder verstreut sind. Im Gebiet des Islam findet man sie kaum an einem Ort vereinigt, außer einer Gruppe in Samarkand, die dort Sabier heißen. Außerhalb des islamischen Reiches folgt eine Mehrheit der östlichen Türken sowie Chinesen, Tibeter und ein Teil der Inder seiner Religion und seinen Lehren.
Über ihn selbst vertreten sie zwei verschiedene Auffassungen. Die eine Gruppe behauptet, daß Mani keine Wunder getan habe und daß er ihrer Darstellung zufolge erklärt habe, daß die Wunder mit dem Weggang Christi und seiner Jünger aufgehört hätten. Eine andere Gruppe ist der Meinung, daß er Zeichen und Wunder getan habe und daß der König Šahpuhr an ihn geglaubt habe, als er zusammen mit ihm zum Himmel erhoben worden sei und sie beide in der Luft zwischen Himmel und Erde schwebten und er ihm auf diese Weise ein Wunder vorgeführt hätte. Auch sagen sie, daß er aus der Mitte seiner Anhänger heraus zum Himmel aufgestiegen sei und sich dort einige Tage aufgehalten habe, dann sei er wieder zu ihnen herabgekommen.
Von dem Gouverneur Marzubān ibn Rustam[343] habe ich ge-

hört, daß Šahpuhr ihn aus seinem Reich vertrieben habe, indem er sich an das Gebot Zarathustras hielt, die falschen Propheten aus dem Lande zu jagen. Er legte ihm die Verpflichtung auf, nicht wieder zurückzukehren. Danach verschwand er nach Indien und China und Tibet und predigte dort. Dann aber kehrte er zurück, und nun ließ ihn Bahrām festnehmen und hinrichten, weil er die Verpflichtung nicht eingehalten und damit sein Leben verwirkt hatte.

Aus: Chronologie (S. 207,5–209,10)

51. Expeditionen zu den Siebenschläfern

Der 5. Oktober ist dem Gedenken an die Bewohner der Höhle in der Stadt Ephesus gewidmet, es ist die, welche in dem ehrwürdigen Koran erwähnt ist. Al-Muʿtaṣim[344] hatte zusammen mit seinem Gesandten an den König von Byzanz auch einen geschickt, der diesen Ort besichtigen sollte. Er hat sie mit seiner Hand berührt, und der Bericht davon ist bekannt. Freilich äußert derjenige, der sie berührt hat, und zwar war es Muḥammad ibn Mūsā ibn Šākir[345], seine Zweifel daran, ob es wirklich diese sind oder nicht vielmehr andere Tote, die man künstlich hergerichtet hat. ʿAlī ibn Yaḥyā al-Munağğim[346] berichtet, daß er bei der Rückkehr von einem Feldzug diesen Ort betreten habe. Es war ein kleiner Berg, der an seinem Fuß kaum tausend Ellen Durchmesser aufwies. Zu ebener Erde führte ein dreihundert Schritte langer Gang in die Tiefe. Durch ihn gelangte man zu einer Halle innerhalb des Berges, die auf ausgehauenen Säulen ruhte. In ihr waren zahlreiche Kammern. Er erzählt weiter, daß er dort dreizehn Männer sah, unter ihnen einen bartlosen Jüngling. Sie trugen wollene Ober- und Untergewänder, Schuhe und Sandalen. Er faßte einen an den Haaren über der Stirn und zog daran, ohne daß eines von ihnen nachgegeben hätte.
Der Umstand, daß ihre Zahl größer war als sieben, wie die Muslime glauben, oder als acht, wie die Christen annehmen, erklärt sich vielleicht daraus, daß es Mönche waren, die dort gestorben sind. Denn besonders die Körper der Mönche erhalten sich lange, weil sie durch ihre Kasteiungen bewirken, daß alle Feuchtigkeit aus ihnen schwindet

und sie fast nur noch aus Haut und Knochen bestehen. So erlöschen sie wie eine Öllampe, wenn ihr der Brennstoff ausgeht. Manchmal bleiben sie auf ihren Stock gelehnt eine lange Zeit sitzen, wie man es in ihren Klöstern beobachten kann. Nach christlicher Rechnung blieben diese Jünglinge 372 Jahre in der Höhle, nach unserer 300 Sonnenjahre, wie Gott, der Erhabene, im Koran in der Sure gesagt hat, die ihrer Geschichte gewidmet ist.[347] Die dort mehr genannten neun Jahre ergeben sich, wenn sie in Mondjahre umgewandelt werden. Genaugenommen wären das 9 Jahre, 75 Tage und 16⅘ Stunden.

Aus: Chronologie (S. 290,9–24)

52. Nutzlose Gespräche mit den Muʿtaziliten

Die Bewohner von zwei Ländern stehen mit ihren Füßen gegeneinander, und das ist nach der gegenwärtigen Besiedelung eine Besonderheit der Chinesen und der Spanier, und zwischen ihnen liegt, was einem Halbkreis nahekommt. Indessen sind die aufrechten Positionen der beiden nicht jeweils genau auf einer Geraden, denn dazu müßte die geographische Breite dieser Länder gleich sein, und zwar auf verschiedenen Seiten vom Äquator befindlich, damit sie einander diametral gegenüberliegen. Weil nun die Muʿtaziliten so begriffsstutzig sind, wenn man auf wissenschaftliche Beweismethoden zu sprechen kommt, und weil sie geneigt sind, gegen das allgemein Anerkannte zu opponieren, und weil sie sich auf das bloße Bezweifeln beschränken, indem sie sagen: „Was ich bestritten habe!“, denn das ist ihr Hauptargument und letzte Zuflucht in ihren Abhandlungen, und nicht etwa wenigstens die Kritik des Wahren vom Falschen her, so scheuen sie vor solchen Aussagen zurück und können sich kaum eine Vorstellung davon machen. Sie verwickeln sich deswegen in törichte Sophismen, und es beschleicht sie die Furcht, etwas ihren Ansichten Widersprechendes auch nur anzuhören, noch bevor sie es zur Kenntnis genommen und begriffen haben.

So ging es mit Abū Hāšim[348], ihrem Oberhaupt, dem Gott verzeihen möge. Er geruhte einmal, in dem Buch des Aristoteles mit dem Titel „Über den Himmel und die Welt“ zu blättern, und las eine Stelle, in der die Kugelform des Wassers erwähnt ist.[349] Da riß er die Seiten heraus und erklärte, daß es die Form annimmt, die das Umfassende hat, daß es in einem viereckigen Gefäß viereckig werde und fünfeckig in einem dementsprechenden Behältnis und rund in einem runden. Wie trefflich war das, womit ihm Abū Bišr Mattā ibn Yūnus al-Qinā'ī[350] entgegentrat, denn etwas anderes wäre nicht auf demselben Niveau gewesen. Sie waren nämlich beide in derselben Versammlung, als Abū Hāšim erwähnte, wie er das Buch des „Himmels und der Welt" zerrissen habe. Abū Bišr brachte auf seinem Mittelfinger Speichel aus seinem Mund und gab ihm den zu kosten und sagte dazu: „Bei Gott, schau her, dem fehlt das Salz."[351] Wenn ich an seiner Stelle gewesen wäre, hätte ich ihm ins Ohr geschrien und hätte ihm in den Daumen gebissen, damit er nach diesem Anfall wieder zu sich gekommen wäre. Aber das Gespräch mit ihnen ist nutzlos, ja es ist Zeitverschwendung. Nach ihrer Meinung sind ihre Oberhäupter trotz ihrer Irrtümer und ihres Widerspruchs gegen das Unabdingbare mehr zu verehren als einer, der das Land der Griechen bereist und die Wahrheit ohne die Mitwirkung der Muʿtaziliten in sich aufgenommen hat.

Aus: Geodäsie (S. 185,12–186,16)

53. Leben und Meinungen eines großen Ketzers

Muḥammad ibn Zakariyyā' ar-Rāzī erzählt von den alten Griechen[352], daß sie fünf von Ewigkeit her existierende Dinge annehmen, nämlich den Schöpfer, der gepriesen sei, danach die Allseele, dann die primäre Materie, dann den absoluten Raum und schließlich die absolute Zeit. Darauf baute er seine Lehren auf, die darin ihren Ursprung haben. Er unterschied zwischen der Zeit und der Dauer, indem der einen das Gezähltwerden zukommt und der anderen nicht, weil das, was zählbar ist, in den Bereich der Endlichkeit gehört. Entsprechend haben die Philosophen die Zeit definiert als die Dauer dessen, was einen Anfang und ein Ende hat, und die Ewigkeit als die Dauer dessen, was weder Anfang noch Ende hat. Er behauptet, daß diese fünf die notwendigen Voraussetzungen in allem sind, was real existiert.

Das sinnlich Wahrnehmbare darunter sei die Materie, die auf dem Wege der Zusammensetzung verschiedene Gestalten annimmt, und sie sei etwas Festes, und darum sei ein Raum notwendig. Die verschiedenen Zustände an ihr hängen untrennbar mit der Zeit zusammen, denn die einen gehen voran, während die anderen nachfolgen. Anhand der Zeit erkennt man die ewige Existenz und das zeitliche Entstandensein, wie auch das Früher, das Später und die Gleichzeitigkeit, also muß es auch die Zeit geben. Unter den existierenden Dingen gibt es mit Leben begabte, also muß es eine Seele geben. Unter diesen gibt es solche, die Vernunft und einen höchst kunstreichen Körperbau aufweisen, also muß es einen Schöpfer geben, der im höchstmöglichen Maße weise, wissend, kunstfertig und gütig ist und von dem die erlösende Macht der Vernunft ausgeht. …

Hinsichtlich der Religion begnügte er sich in seiner Halsstarrigkeit nicht nur damit, sie zu vernachlässigen oder mit Stillschweigen zu übergehen, sondern er machte sich daran, sie als ein Werk der bösen Geister und der Teufel zu verunglimpfen. Das brachte ihn schließlich so weit, die Bücher Manis[353] und seiner Anhänger zu empfehlen, was als ein listiger Anschlag auf die Religionen und den Islam gemeint war. Die Bestätigung meiner Worte findet man am Ende seines Buches über das Prophetentum, wo er geringschätzig über die verdienstvollen und großen Männer spricht, und eine solche Unverschämtheit ist unanständig. Indem er aus jenen Büchern abschrieb, beschmutzte er seinen Geist, seine Zunge und sein Schreibrohr mit Dingen, von denen der Verständige Abstand wahrt und denen er keine Beachtung schenkt, denn sie bringen dem, der sich mit ihnen einläßt, in dieser Welt nur Verachtung ein. Noch immer erlebt man Leute, die ihm nicht wohlgesonnen sind[354] und die sagen: „Ar-Rāzī hat den Menschen ihr Vermögen, ihren Körper und ihren Glauben zugrunde gerichtet.“[355] Das ist richtig hinsichtlich des ersten Punktes und zum großen Teil hinsichtlich des letzten[356], und darum sind auch seine guten Absichten in bezug auf den mittleren zunichte gemacht.

Obwohl ich mich enthalten konnte, ihm in dem zu folgen, was das Vermögen ruiniert, denn ich liebe den Reichtum und alles, was unabhängig macht, und gedenke also nicht, mich davon loszusagen, so habe ich doch nicht seinem Mißgeschick hinsichtlich des letzten Punktes entrinnen können. Ich las nämlich sein Buch über die „Theologische Wissenschaft“, in dem er offen auf die Bücher des Mani hinweist, und besonders auf eines, das er das „Buch der Geheimnisse“ nennt. Der Titel täuschte mich, so wie in der Alchemie das weiß und gelb Gefärbte manch einen außer mir täuscht. Mich reizte die Neuheit oder vielmehr die Verborgenheit des wahren Sachverhalts, nach diesen „Geheimnissen“ bei meinen Bekannten in allen Ländern und Regionen nachzufragen. Über vierzig Jahre befand ich mich in einer sehnsüchtigen Ungewißheit, bis mich in Choresm einer[357] aus Hamadan aufsuchte, der meine Gunst mit Büchern gewinnen wollte, die er bei Faḍl ibn Sahlān[358] erhalten hatte, und der wußte, wie sehr ich nach ihnen verlangte. Unter ihnen befand sich ein Band, der an manichäischen Schriften die „Pragmateia“[359], ferner das „Buch der Riesen“, den „Schatz des neuen Lebens“, die „Morgenröte der Gewißheit“, die „Grundlegung“, das „Evangelium“, das *„Šahpuhrakān“*, mehrere Briefe Manis und in dem allen auch das „Buch der Geheimnisse“ enthielt, nach dem ich suchte. Da überkam mich eine Freude, wie sie den Verdurstenden beim Anblick der Fata Morgana überkommt, und hernach eine Betrübnis, wie sie jenen wegen der Enttäuschung trifft, wenn er näher kommt. Ich merkte, wie wahr Gott, der erhaben ist, in seinem Wort gesprochen hat: „Wem Gott kein Licht verleiht, der hat kein Licht.“[360] Dann machte ich von dem, was an reinem Schwachsinn und glattem Unfug in diesem Buche steht, einen Auszug, damit ein jeder, der von derselben Krankheit wie ich angesteckt sein sollte, sich damit vertraut machen kann und seine Genesung ebenso rasch vonstatten geht wie in meinem Falle.

So steht es mit Abū Bakr[361]. Ich halte ihn nicht für einen Betrüger, vielmehr für einen Betrogenen, eben in der Weise, wie er selber dies von jenen glaubte, die Gott vor solchem Irrtum bewahrt hat. Das mindert nicht seinen Anteil an dem, was er gewollt hat, denn die Taten werden nach den Absichten beurteilt. Aber darüber wird er selbst dereinst Rechenschaft ablegen müssen.

Er wurde in Rayy am 1. Šaʿbān des Jahres 251[362] geboren. Von seinen Lebensumständen habe ich nur ermitteln können, daß er sich mit der Alchemie beschäftigte. Infolgedessen schädigte[363] er seine Augen und machte sie für Krankheiten und Beschwerden anfällig. Der Umgang mit dem Feuer und den scharfen Dämpfen machten es nötig, daß sie behandelt werden mußten, und dieser Umstand brachte ihn dazu, sich mit der Medizin zu beschäftigen, danach ging er zu dem über, was jenseits von ihr liegt und wofür er nicht zuständig war. In der Heilkunst erlangte er einen hohen Rang, die großen Könige verlangten nach ihm, ließen ihn rufen und ehrten ihn. Er war ständig beim Studieren und überaus eifrig darin. Er pflegte seine Öllampe in eine Wandnische zu stellen und sich davorzusetzen, wobei er sein Buch gegen die Wand gelehnt hielt, damit es ihm, wenn ihn der Schlummer überwältigen wollte, aus der Hand fiele und ihn weckte und er sich wieder seiner Lektüre zuwenden konnte. Auch das schadete seinem Sehvermögen. Als abträglich erwies sich auch sein großer Appetit auf Bohnen[364], und so wurde er schließlich blind, um auch „im Jenseits mit Blindheit geschlagen zu sein"[365]. Gegen Ende seines Lebens befiel der Star seine beiden Augen. Da kam zu ihm einer aus Tabaristan, der sich zu seinen Schülern zählte, um ihn zu operieren. Auf seine Frage, wie er ihn zu behandeln gedenke, legte er ihm den Vorgang dar, worauf Abū Bakr meinte: „Ich weiß wohl, daß du der Vortrefflichste unter den Starstechern und der Kundigste unter den Augenärzten bist, jedoch weißt du, daß die Sache nicht ohne Schmerzen abgeht, welche die Seele scheut, und nicht ohne langwierige Beschwerden, deren der Mensch überdrüssig wird. Vielleicht ist mein Leben nur noch kurz und das Ende nahe herangerückt. So wäre es für einen Mann wie mich ganz unpassend, für den Rest meiner Tage Schmerzen und Unpäßlichkeiten der Ruhe vorzuziehen. So geh wieder und sei bedankt für deine Absichten und deine Bemühungen." Und er belohnte ihn reichlich. Danach währten seine Tage nicht mehr lange. Er starb in Rayy, als fünf Tage vom Šaʿbān des Jahres 313[366] vergangen waren, und damit hat er zweiundsechzig Mondjahre und fünf Tage gelebt, das entspricht sechzig Sonnenjahren und zwei Monaten und einem Tag.

Aus: India (S. 163,10–17) und Epître (S. 3,1–6,3)

Die Begegnung mit Indien

54. Die Schwierigkeiten beim Schreiben der Wahrheit

Mit Recht heißt es, daß das Hörensagen dem Augenschein nicht gleichzuachten sei, denn beim Sehen erfaßt das Auge des Beobachters den gesehenen Gegenstand selbst und zu der Zeit seines Vorhandenseins und an dem Ort seines Vorkommens. Hafteten dem Hörensagen nicht bestimmte Mängel an, so hätte es einen deutlichen Vorzug vor dem Augenschein und der Beobachtung; denn diese sind auf das Vorhandensein beschränkt, das einen bestimmten Zeitraum nicht überschreitet, während das Hörensagen diesen erreicht und dazu die Zeiten, die davor abgelaufen und die danach zu erwarten sind. Somit umfaßt das Hörensagen zugleich das Vorhandene wie das Abwesende.

Das Geschriebene ist eine Unterart davon, und es fehlt wenig, daß es die vornehmste darstellt, denn woher käme uns die Kunde von der Geschichte der Völker, gäbe es nicht die unvergänglichen Spuren des Schreibrohrs? Weiter ist zu bedenken, daß eine Nachricht von einer Sache, deren Existenz im Einklang mit den gewöhnlichen Verhältnissen möglich ist, in gleicher Weise entweder wahr oder falsch sein kann, was beides von seiten der Berichterstatter einzutreten pflegt. Das liegt an den verschiedenartigen Interessen und daran, inwieweit sich die Völker von Zank und Streit übermannen lassen. Der eine Berichterstatter lügt seiner eigenen Person zuliebe, und so verherrlicht er sein Geschlecht, weil er ihm angehört, oder er setzt die anderen herab, weil es nach seinem Willen triumphieren muß. Es ist offenkundig, daß er in beiden Fällen von einer Leidenschaft oder einem Ressentiment motiviert ist, die beide zu tadeln sind. Ein anderer Berichterstatter verbreitet eine Unwahrheit über eine Gruppe, die er liebt, weil er ihr zu Dank verpflichtet ist, oder die er haßt, weil sie nichts von ihm wissen will. Dieser Mann steht dem erstgenannten nahe, weil das Motiv seines Tuns zu den Beweggründen der Sympathie und des Machtstrebens gehört. Ein anderer strebt aus niedriger Gesinnung heraus nach einem Vorteil oder möchte

sich aus Feigheit und Angst gegen einen Schaden sichern. Wieder ein anderer ist von seiner Natur so, als ob er dazu getrieben wird und gar nicht anders kann, und das fällt unter die Beweggründe der Bosheit und der verborgenen Schlechtigkeit seiner Natur. Ein anderer verbreitet die Unwahrheit aus Unwissenheit, indem er anderen Berichterstattern blindlings folgt. Wenn nun deren Zahl groß ist oder sie in Gruppen aufeinander gefolgt sind, so sind er und sie die mittleren Instanzen zwischen dem Zuhörer und dem ersten, der absichtlich gelogen hat, und würden sie als Zwischenglieder ausfallen, bliebe jener erste als einer von denen übrig, die wir aufgezählt haben.
Wer die Lüge zu vermeiden sucht und sich an die Wahrheit hält, der wird auch von den Lügnern gelobt und gepriesen, von den anderen zu schweigen. Darum heißt es: „Sprecht die Wahrheit, und wenn sie gegen euch selbst wäre."[367] Und so sagt Christus, über dem Friede sei, etwa sinngemäß im Evangelium: „Kehrt euch nicht an die Willkür der Könige, wenn ihr freimütig vor ihnen die Wahrheit redet. Sie haben nur Gewalt über euren Körper, über die Seele aber haben sie keine Macht."[368] Das ist von seiner Seite eine Aufforderung zur wahren Tapferkeit. Was das gemeine Volk Tapferkeit nennt, wenn es sieht, wie einer in den Kampf zieht und sich blindlings in die Gefahr stürzt, so ist dieser Charakterzug nur eine Art von Tapferkeit. Die übergreifende Gattung über ihren verschiedenen Arten ist die Verachtung des Todes, und es ist gleich, ob sie sich in Worten äußert oder in Taten. So wie die Rechtschaffenheit von Natur aus Befriedigung gewährt und um ihrer selbst willen liebenswert und schön und erstrebenswert ist, so steht es auch mit der Wahrheit, es sei denn, daß einer nie ihre Süßigkeit gekostet hat, oder er hat die Wahrheit gekannt und ist ihr dann aus dem Wege gegangen, so wie einer, der als Lügner bekannt war, gefragt wurde: „Hast du jemals die Wahrheit gesagt?", worauf er erwiderte: „Wenn ich nicht fürchten müßte, die Wahrheit zu sagen, würde ich mit Nein antworten." Denn er ist derjenige, der sich von der Gerechtigkeit abwendet und die Gewalttat und das falsche Zeugnis und den Vertrauensbruch und die widerrechtliche Aneignung von Gütern durch Arglist und Diebstahl vorzieht, und all das andere, was zum Ruin der Welt und der Schöpfung führt.

Einmal traf ich den Meister Abū Sahl ʿAbd al-Munʿim ibn ʿAlī ibn Nūḥ aus Tiflis[369], dem Gott Kraft verleihen möge, wie er an der Absicht des Verfassers eines Buches über die Muʿtaziliten[370] Anstoß nahm, sie wegen ihrer Aussage zu verunglimpfen, daß Gott, der erhaben ist, nur kraft seines Wesens wissend sei,[371] wobei sich dieser Autor in seiner Darstellung so ausdrückte, als ob die Muʿtaziliten behaupteten, daß Gott kein Wissen besäße, wodurch er seinen ungebildeten Lesern suggerierte, sie würden ihn der Unwissenheit bezichtigen, ihn, der heilig ist und hoch erhaben über diese und andere Eigenschaften, die ihm nicht zukommen. Ich machte ihn darauf aufmerksam, daß nur wenige, die von Andersdenkenden und Gegnern einen Bericht geben wollen, sich von dieser Methode fernhalten können. Sie tritt offener zutage, wenn es sich um Lehrmeinungen handelt, die innerhalb einer Religion und einer Glaubensgemeinschaft existieren, weil ihre Anhänger einander nahestehen und miteinander umgehen. Sie ist verdeckter, wenn es um verschiedene Religionen geht, besonders dann, wenn gar keine Gemeinschaft, weder in den Grundlagen noch in Einzelheiten, besteht, weil sie weiter voneinander entfernt sind und der Weg zum Verstehen verborgen ist.

Was es bei uns an einschlägigen Abhandlungen gibt und was über Lehrmeinungen und Religionen geschrieben wurde, enthält nur derartiges, was der obigen Charakteristik entspricht. Wenn einer nicht weiß, wie es wirklich darum steht, der entnimmt daraus, was ihm bei den Bekennern dieser Religionen und bei den Sachverständigen nur zur Beschämung Anlaß gibt, falls er von edler Gesinnung ist, oder aber zu einer hartnäckigen Verbohrtheit, wenn er einen niedrigen Charakter hat. Und wenn jemand über die wahren Verhältnisse informiert sein sollte, so kommt er höchstens darauf, daß er jene Lehren als Geschwätz und Fabeleien auffaßt, denen man zur Unterhaltung und Belustigung zuhört, ohne sie für wahr zu halten oder daran zu glauben.

Ein Beispiel bietet der Inhalt dessen, was über die Religionen und Lehrmeinungen der Inder geredet wird. Ich wies darauf hin, daß das meiste davon, was in unseren Büchern aufgezeichnet steht, frei erfunden ist; einer hat es vom anderen abgeschrieben und aufgelesen und noch mehr durcheinandergebracht. Keiner hat versucht, es mit ihren wirklichen Lehren in Übereinstimmung zu bringen und zu korrigieren. Ich habe unter den Verfassern der einschlägigen Werke keinen gefunden, der sich den schlichten Bericht ohne Verzerrungen und ohne Heuchelei zum Ziel gesetzt hätte, außer Abu l-ʿAbbās al-Īrānšahrī[372], denn dieser gehörte gar keiner Religion an, vielmehr hatte er sich eine eigene zurechtgemacht, für die er warb. Er hat über den Glauben der Juden und Christen und über den Inhalt des Alten Testaments und des Evangeliums sehr schön referiert. Er gab sich auch große Mühe bei seinem Bericht über die Manichäer und über das, was in ihren Büchern über die ausgestorbenen Religionen steht. Als er aber auf die Gemeinschaften der Hindus und der Buddhisten[373] zu sprechen kam, verfehlte er sein Ziel und geriet schließlich an das Buch von Zurqān[374] und übernahm, was darinsteht, in sein eigenes Werk. Was er aber nicht daraus abgeschrieben hat, macht den Eindruck, als ob er es von den ungebildeten Anhängern der beiden Richtungen gehört hätte.

Aus: India (S. 2,4–4,8)

55. *Die Fremdheit der Inder*

Bevor wir zur Sache selbst kommen, müssen wir uns die Umstände vergegenwärtigen, die das Erkennen der indischen Verhältnisse so schwierig machen. Entweder wird uns, wenn wir mit dieser Kenntnis ausgerüstet sind, unser Vorhaben leichter fallen, oder es wird uns zur Entschuldigung gereichen. Wo nämlich die Gemeinsamkeit die Dinge ins Licht treten läßt, hält sie das Getrenntsein im Verborgenen, und dafür gibt es zwischen uns Gründe genug.
Dazu gehört, daß sich dieses Volk von uns in all dem unterscheidet, was sonst den Völkern gemeinsam ist. Als erstes wäre die Sprache zu nennen, obwohl sich die Völker damit auch sonst voneinander unterscheiden. Wenn sich einer um sie bemüht, um die Trennung zu überwinden, so wird ihm das nicht leicht gemacht, weil sie an sich ungeheuer umfangreich ist, worin sie dem Arabischen gleicht. In ihr wird ein Ding durch eine Vielzahl von Wurzelwörtern und abgeleiteten Ausdrücken bezeichnet, während ein und dasselbe

Wort eine Vielzahl von bezeichneten Dingen bedeutet, was um des klaren Ausdrucks willen die Zufügung von Attributen erforderlich macht, und man kann das Richtige nur herausfinden, wenn man den Kontext versteht und das Gemeinte mit dem vergleicht, was vorher und nachher kommt. Sie aber sind stolz darauf, wie sich auch andere damit brüsten, während es doch in Wahrheit einen Mangel der Sprache darstellt.[375] Ferner zerfällt sie in einen Jargon, dessen sich nur der Pöbel bedient, und in eine reine Hochsprache mit Flexionsendungen und Ableitungen und Feinheiten der Grammatik und der Rhetorik, wie sie nur den Gelehrten und Kundigen zugänglich sind. Außerdem ist sie aus Konsonanten aufgebaut, von denen einige unter den Konsonanten des Arabischen und des Persischen keine Entsprechung und keine Ähnlichkeit haben, ja unsere Zunge und unser Gaumenzäpfchen sind kaum dazu zu zwingen, sie richtig hervorzubringen, und unser Ohr hört nicht die Unterschiede zwischen ihnen und den ähnlich klingenden. Wegen ihrer Ähnlichkeit ist auch unsere Hand außerstande, sie schriftlich festzuhalten. Es ist darum schwierig, etwas von ihrer Sprache mit Hilfe unserer Schrift zu fixieren, weil wir, um es exakt zu machen, auf künstliche Weise die diakritischen Punkte und Zeichen verändern und die Konsonanten durch teils übliche, teils neu zu schaffende Flexionsendungen verbinden müssen.[376]
Hinzu kommt eine geringe Sorgfalt der Schreiber, die sich wenig Mühe geben, zu korrigieren und zu vergleichen, so daß schon nach ein- oder zweimaligem Abschreiben die ganze Mühe umsonst und das Buch verdorben ist und das, was darinsteht, zu einer neuen Sprache geworden ist, die weder Indern noch Nichtindern verständlich ist. Als Erklärung möge genügen, daß wir manchmal von ihrem Munde ein Wort aufgeschnappt und uns bemüht haben, es aufzuschreiben, Aber wenn wir es ihnen wiederholten, verstanden sie es nur mit Mühe. Wie in den anderen ausländischen Sprachen können sich auch in der ihren zwei und drei vokallose Konsonanten häufen, die man bei uns „mit einem verborgenen Vokal versehene“ nennt, und weil die meisten ihrer Wörter und Bezeichnungen mit mehreren Konsonanten anfangen, ist es für uns schwierig, sie auszusprechen.
Ihre wissenschaftlichen Bücher sind überdies in Gedicht-

form abgefaßt, in verschiedenen ihrem Geschmack entsprechenden Metren. Damit bezwecken sie, daß sie in ihrem Zustand und ihrem Wert erhalten bleiben und eine Verderbnis, sei es durch Zufügung oder Weglassung, sofort auffällt, und damit man es leichter behalten kann, denn sie verlassen sich darauf, ohne eine geschriebene Fassung heranzuziehen. Nun ist bekannt, daß die Gedichtform auch ihre Mängel hat, indem man sich auf eine erkünstelte Weise dem Metrum anbequemen und Unebenheiten und Lücken ausgleichen muß, was eine vermehrte Weitschweifigkeit erfordert. Und das ist einer der Gründe, warum die Bezeichnungen nie exakt mit den betreffenden Gegenständen übereinstimmen. Auch dies gehört zu den Ursachen, die das Studium ihrer Leistungen erschweren.

Hinzu kommt noch, daß sie in der Religion völlig von uns verschieden sind. Wir können nichts von dem billigen, was bei ihnen gilt, und sie nichts von dem, was bei uns gilt. Obwohl es unter ihnen hinsichtlich der Glaubenslehren wenig Auseinandersetzungen nach Art unserer streitbaren Theologie gibt, so sind sie doch unduldsam in allem, was die Seele oder den Körper oder die äußeren Zustände angeht, und sie haben keine Gemeinschaft mit einem, der in dieser Beziehung nicht zu ihnen gehört, und sie nennen ihn *mlečcha*, das heißt „unrein". Jeden Kontakt mit ihm halten sie aus Furcht vor Verunreinigung für unerlaubt, sei es durch Eheschließung und Verschwägerung oder das Zusammensitzen und das gemeinsame Essen und Trinken. Sie halten alles für unrein, was mit seinem Wasser und seinem Feuer in Berührung gekommen ist, und um beides dreht sich ja das ganze Leben. Sie haben auch kein Verlangen, dieses durch einen Kunstgriff verwendungsfähig zu machen, so wie das Unreine durch Überführung in den Zustand der Reinheit.[377] Es steht ihnen auch nicht frei, einen Fremden aufzunehmen, wenn er sich zu ihnen hingezogen fühlt oder Neigung zu ihrer Religion hat. Das vereitelt jede Kommunikation und bedingt eine äußerste Entfremdung.

Außerdem unterscheiden sie sich in ihren Sitten und Gebräuchen derart von uns, daß sie uns mit unserer Kleidung und unserer äußeren Erscheinung fast zum Kinderschreck machen und uns für Geschöpfe des Teufels halten und unsere Sitten für das Gegenteil des Anständigen. Ja, wenn diese Einschätzung nur für uns und unser Verhältnis zu ihnen gelten würde, aber sie erstreckt sich auf ihr Verhältnis zu allen Völkern gleichermaßen. Ich kannte tatsächlich einen Inder, der sich an uns mit folgender Geschichte rächen wollte. Einer ihrer Könige sei durch die Hand eines Feindes umgekommen, der ihn von unserem Lande aus angegriffen hatte. Er hinterließ einen damals noch ungeborenen Sohn, der nach ihm König wurde und Sagara hieß. Als er herangewachsen war, fragte er seine Mutter, was mit seinem Vater wäre, und sie erzählte ihm die Geschichte. Darüber war er ergrimmt und zog aus seinem Lande aus in das Land des Feindes und kühlte sein Mütchen an den Völkern dort, bis er des Gemetzels und der Verwüstung müde wurde. Da zwang er die Übriggebliebenen, diese unsere Tracht anzunehmen, um sie zu diskriminieren und zu schikanieren. Als ich das hörte, war ich ihm für diese Handlungsweise dankbar, weil er uns nicht gezwungen hatte, wie die Inder zu werden und zu ihren Gebräuchen überzugehen.

Zu dem, was die Abneigung und die Entfremdung verstärkt hat, gehört auch, daß die Sekte, die als die *sumanīya* bekannt ist,[378] trotz ihres Hasses auf die Brahmanen den Indern doch nähersteht als allen anderen. Einst gehörte Chorasan, Fars, der Irak und Mossul bis hin zu den Grenzen Syriens zu ihrer Religion,[379] bis Zarathustra aus Aserbaidshan auftrat und in Balch zum Mazdaglauben aufrief. Seine Predigt hatte bei Guštasp[380] Erfolg, und dessen Sohn Isfandiyād ging daran, sie in den Ländern des Ostens und des Westens auf gewaltsamem und auf friedlichem Wege zu verbreiten und von China bis nach Griechenland Feuertempel zu errichten. Die Könige nach ihm nahmen dann Fars und den Irak ganz für ihre Religion in Anspruch, worauf sich die Buddhisten bis in die Gegend östlich von Balch zurückzogen, während die Mazdagläubigen bis auf den heutigen Tag in Indien verblieben sind, wo sie *maga* genannt werden.[381]

Dies war bei den Indern schon der Anfang der Abneigung gegen alles, was von der Seite Chorasans her kommt. Danach erschien der Islam, und das persische Reich ging dahin. Die Überfälle auf ihr Land steigerten noch ihr Ressentiment, besonders als Muḥammad ibn al-Qāsim ibn al-Munabbih[382] von Sidschistan her im Lande Sind[383] eindrang und die Stadt Bahmānvā eroberte und sie Mansūra[384] nannte, wie auch die Stadt Mūlasthāna, die er Maʿmūra[385] nannte. Dann drang er in das Land der Inder bis zur Stadt Kanaudsch[386] vor und betrat auf dem Rückzug die Gegend von Kandahar[387] und die Grenzen von Kaschmir, wobei er teils Krieg führte, teils friedliche Verträge schloß und die Leute bei ihrem Glauben ließ, außer wenn einer freiwillig übertreten wollte. Das hat in ihre Herzen den Groll eingepflanzt, obwohl nach ihm keiner in kriegerischer Absicht die Grenzen von Kabul und den Indus überschritt, bis zu den Tagen der Türken, als sie in Ghazna während der Regierungszeit der Samaniden die Macht übernahmen und die Gewalt an Nāṣir ad-Dīn Sebüktigin fiel, und der liebte den Krieg und bekam danach seinen Beinamen[388]. Durch Schwächung der indischen Seite ebnete er für seine Nachfolger die Wege, die dann Yamīn ad-Daula Maḥmūd – Gott sei beiden gnädig – etwas über dreißig Jahre später betrat und Indiens Blüte vernichtete und in dem Lande so staunenswerte Taten vollbrachte, daß sie wie ein verwehter Staub und ein beliebter Gegenstand nächtlicher Plaudereien wurden. Der verstreute Rest verharrte in einem Zustand äußerster Abneigung und Fremdheit gegenüber den Muslimen. Ja, dies ist auch die Ursache dafür, daß ihre Wissenschaften aus den eroberten Grenzgebieten verschwunden sind und sich in die noch unerreichbaren Gegenden von Kaschmir, Benares usw. zurückgezogen haben, womit sich dort das Mißtrauen gegenüber allen Ausländern auf Grund der Politik und der Religion noch tiefer einwurzelt.

Ferner gibt es noch Gründe, deren Erwähnung wie eine Schmähung klingt, jedoch liegen sie in ihrem Charakter und sind nicht zu übersehen. Und zwar ist die Dummheit eine Krankheit, für die es kein Heilmittel gibt. Sie meinen nämlich von der Erde, daß sie ihr Land sei, und von der Menschheit, daß sie ihr Geschlecht sei, und von den Königen, daß es nur ihre Fürsten gäbe, und von der Religion, daß sie nur ihr Glaube sei, und von der Wissenschaft, daß sie das sei, was sie davon besitzen. Sie sind überheblich, dünkelhaft, selbstzufrieden und dennoch ungebildet. Von Natur aus geizen sie dabei mit dem, was sie wissen. Sie haben eine übertriebene Neigung, es vor den Nichteingeweihten geheimzuhalten, und um so mehr vor den Ausländern, obwohl sie doch meinen, daß es auf der Erde nichts als ihren Landstrich gäbe und unter den Menschen niemanden als dessen Bewohner, und daß außer ihnen niemand eine Wissenschaft besäße. Das geht so weit, daß sie, wenn ihnen von einer Wissenschaft oder einem Gelehrten in Chorasan und Fars berichtet wird, den Erzähler für einen Narren halten und ihm keinen Glauben schenken, wegen des obenerwähnten Mangels. Würden sie Reisen unternehmen und mit anderen Leuten zusammenkommen, so müßten sie von ihrer Meinung Abstand nehmen. Dabei waren ihre Vorgänger gar nicht auf diese Weise borniert. Varāhamihira[389], einer ihrer bedeutendsten Gelehrten, sagt an einer Stelle, wo er zur Verehrung der Brahmanen auffordert: „Obwohl die Griechen unrein sind, so muß man sie doch wertschätzen, da sie in den Wissenschaften erfahren sind und die anderen darin übertroffen haben. Was könnten wir dann von einem Brahmanen sagen, wenn er zu seiner Heiligkeit den Adel der Wissenschaft hinzugewinnt?" Somit pflegten sie den Griechen zuzugestehen, daß das, was diese in der Wissenschaft hervorgebracht haben, ihrem eigenen Anteil daran vorzuziehen sei. Ein hinreichendes Parallelbeispiel hast du an einem Mann, der sich selber herauszustreichen sucht, indem er dir einen Gruß übermitteln läßt.

Ich selbst nahm unter ihren Sternkundigen den Platz eines Schülers gegenüber einem Lehrer ein, weil ich mich in ihrem Kreise nicht richtig ausdrücken konnte und ich ihre Fachausdrücke nicht verstand. Als ich damit etwas vertrauter geworden war, begann ich sie über die Ursachen zu belehren und ihnen etwas von den Beweisen anzudeuten und ihnen die richtigen Methoden bei den Berechnungen anzugeben. Da umringten sie mich verwundert und neugierig und mit großem Gedränge und fragten mich, bei welchem Inder ich gewesen sei, um von ihm solches zu lernen. Da zeigte ich ihnen, was sie wirklich darstellten, und behandelte sie geringschätzig und von oben herab. Sie waren nahe daran, mich der Zauberei zu bezichtigen, und nannten mich bei ihren Vornehmen in ihrer Sprache nicht anders als „das Meer oder das Wasser, das beißender ist als Essig"[390].

So ist die Lage der Dinge. Mehr war mir nicht zugänglich, obwohl ich einen Eifer darauf verwandt habe, mit dem ich in meiner Zeit allein dastehe, und obwohl ich im Rahmen des Möglichen nicht gespart habe und beim Ankauf ihrer Bücher, auch auf bloßen Verdacht hin, viel Geld ausgegeben habe und obwohl ich Leute herangezogen habe, die den Weg zu versteckten Büchern wußten. Wer außer mir kann das von sich sagen, es sei denn, daß einem von Gott das Glück der Bewegungsfreiheit geschenkt wird, das mir verwehrt war. Ich hatte nicht die Verfügungsgewalt, zu befehlen und zu verbieten, alles das blieb mir verschlossen. Doch sei Gott Dank für das, was mir beschieden war.

Aus: India (S. 9,2–12,10)

56. Die letzte Brahmanendynastie in Kabul und Nordwestindien

Die Inder hatten einst Könige in Kabul aus türkischem Geschlecht, und es heißt über ihren Ursprung, daß sie aus Tibet stammten. Der erste von ihnen namens Barhatakin sei gekommen und habe sich in Kabul in eine Höhle begeben, in die man nur auf dem Bauch kriechend eindringen kann und in der es Wasser gibt. Dort habe er Lebensmittel für einige Tage niedergelegt. Diese Höhle ist dort heutzutage noch berühmt. Sie wird Buġra genannt. Leute, die sich davon eine günstige Vorbedeutung versprechen, kriechen hinein und bringen unter Mühen etwas von jenem Wasser heraus. An ihrem Eingang waren damals Scharen von Bauern bei der Arbeit. Nun lassen sich derartige Unternehmungen nur im geheimen Zusammenwirken mit einem anderen durchführen, und jener Mitwisser trieb die Leute zur ununterbrochenen Arbeit in Tag- und Nachtschichten an, damit der Ort niemals von Menschen entblößt bliebe. Nach Ablauf einiger Tage seit seinem Hineingehen schickte er sich an, aus der Höhle herauszukriechen, während die Leute versammelt waren, und sie erblickten ihn, wie er gleichsam aus dem Mutterleib geboren wurde, angetan mit türkischer Kleidung, dem langärmligen Gewand, der hohen Mütze, Pantoffeln und in Waffen. Er empfing eine Ehrung, wie sie einem neugeschaffenen und zur Herrschaft auserkorenen

Menschen zuteil wird. Er bemächtigte sich jener Gegenden und legte sich den Titel eines Schahs von Kabul zu. Die Herrschaft blieb bei seinen Nachkommen ungefähr sechzig Generationen lang.

Wenn die Inder in der Frage der Reihenfolge und dem geordneten Nacheinander der Daten ihrer Könige nicht so sorglos und nachlässig wären und wenn sie nicht ihre Zuflucht in verwegenen Spekulationen suchten, wenn sie sich in ihrer Verlegenheit dazu genötigt sehen, so würden wir anführen, was einige von ihnen berichtet haben. Indessen hatte ich gehört, daß es diesen Stammbaum auf Seidenbrokat geschrieben in der Festung Nagarkot geben sollte, und ich hätte ihn sehr gern eingesehen, doch es erwies sich aus verschiedenen Gründen als unmöglich. ...

Der letzte von ihnen war Lagaturman, und sein Wesir war ein Brahmane namens Kallar. Dem kamen die Zeitumstände zustatten. Er fand durch Zufall verborgene Schätze, durch die er einflußreich und mächtig wurde. Dementsprechend entglitt die Regierungsgewalt ihrem Inhaber, nachdem sie so lange in den Händen seiner Dynastie geruht hatte. Außerdem hatte Lagaturman schlechte Sitten, und seine Taten waren so schändlich, daß immer mehr Beschwerden an den Wesir herangetragen wurden. Darum ließ er ihn in Fesseln legen und zum Zwecke der Besserung in Haft halten. Dann aber fand er es angenehm, die Macht allein innezuhaben und außerdem die dazugehörigen Geldmittel. So bestieg er den Königsthron und nach ihm die Brahmanen Samanta, Kamalu, Bhima, Ǧayapala, Anandapala, danach Triločanapala, und zwar dem Vernehmen nach im Jahre 412 der Hedschra,[391] nach ihm fünf Jahre später sein Sohn Bhimapala, und mit ihm endete die indische Schahdynastie, und es blieb von ihrer Sippe keiner mehr, der das Feuer entfachen konnte.[392]

Sie waren bei all ihrer Machtfülle ehrliebend und gewissenhaft in ihren Verpflichtungen und Handlungen. Mir hat gefallen, was Anandapala an den Emir Maḥmūd schrieb, als ihre Beziehungen im höchsten Maße gespannt waren: „Ich habe gehört, daß die Türken [393] gegen dich zu Felde gezogen sind und sich in Chorasan breitmachen. Wenn du willst, komme ich zu dir mit fünftausend Reitern, doppelt soviel Fußvolk und hundert Elefanten, und wenn du willst, sende ich dir meinen Sohn mit der doppelten Anzahl. Dabei rechne ich nicht damit, daß das auf dich einen Eindruck macht. Jedoch bin ich von dir besiegt worden, und darum will ich nicht, daß du von einem anderen überwunden wirst." Dieser Mann war von einem großen Haß gegen die Muslime erfüllt, seitdem sein Sohn in Gefangenschaft geraten war. Dieser Sohn aber, nämlich Triločanapala, war das Gegenteil von ihm.

Aus: India (S. 207,4–13 u. 208,2–12)

57. Die Kastenordnung

Die alten Könige, die ihre Aufgaben ernst nahmen, pflegten die meiste Aufmerksamkeit darauf zu richten, die Menschen in Klassen und Rangstufen einzuteilen, um sie vor Unordnung und Aufruhr zu bewahren. Sie untersagten ihnen aus diesem Grunde, sich zu vermischen, und erlegten jeder Klasse eine besondere Arbeit auf oder ein besonderes Gewerbe oder einen besonderen Beruf. Keinem erlaubten sie, seinen Rang zu überschreiten, und straften jeden, der sich nicht mit seinem Stand begnügen wollte. Die Geschichte der alten Perserkönige spricht davon sehr deutlich. Sie schufen in dieser Beziehung feste Traditionen, die niemand durchbrechen konnte, weder durch Diensteifer noch durch Bestechung. Das führte dazu, daß Ardašīr[394], der Sohn des Bābak, bei seiner Neugründung des persischen Reiches auch die Stände erneuerte. Er machte die Ritter und die Königssöhne zum ersten Stand, die frommen Asketen und die Aufseher des heiligen Feuers und die religiösen Würdenträger zum zweiten Stand, die Ärzte, die Sterndeuter und die Männer der Wissenschaft zum dritten Stand, die Bauern und Handwerker zum vierten Stand, wobei es in jedem einzelnen von ihnen weitere Abstufungen gab, wodurch sie so wie die Arten innerhalb ihrer Gattungen weiter voneinander isoliert wurden. Alles das wurde zu einer Art Familienbindung, sofern man sich der Vorfahren erinnerte, und zu einer Art Besitzstand, wenn die Ursprünge und Grundlagen längst vergessen waren, und das Vergessen stellte sich unweigerlich ein im Verlauf und Fortgang der Zeiten und wenn immer mehr Jahrhunderte dazwischenlagen.

Die Inder haben in unseren Tagen ein reichliches Maß davon abbekommen, so daß unsere gegensätzliche Art, alle Menschen als gleich anzusehen, es sei denn im Hinblick auf ihre Frömmigkeit, die größte Trennwand zwischen ihnen und dem Islam aufrichtet. Sie nennen ihre Klassen *varna*, das heißt „Farben", hinsichtlich der Abstammung nennen sie sie *ǧataka*[395], das heißt „Geburten". Von diesen Klassen gab es anfänglich vier. Die höchste war die der Brahmanen. Sie behaupten in ihren Büchern, daß sie aus dem Kopf Brahmas[396] erschaffen wurden und daß dessen Name eine Anspielung auf die Kraft darstellt, welche man Natur nennt, und der Kopf ist der höchste Teil eines Lebewesens, somit sind die Brahmanen die Auslese der Gattung, und deswegen wurden sie nach ihrer Überzeugung zur Elite der Menschheit. Die nachfolgende Klasse bilden die Kšatriyas, die ihrer Behauptung zufolge aus den Schultern und Armen des Brahma geschaffen wurden. Ihre Rangstufe ist von derjenigen der Brahmanen nicht sehr weit unterschieden. Unter ihnen stehen die Vaišyas, ⟨die aus den Hüften erschaffen wurden, und unter ihnen die Šūdras⟩[397], die aus den Beinen Brahmas erschaffen wurden, und diese letzten beiden Rangstufen stehen einander nahe. Trotz ihrer Unterschiedenheit befinden sich die Wohnstätten und Häuser der vier durcheinander in den gleichen Städten und Dörfern.

Ferner gibt es unterhalb von diesen noch unqualifizierte Gewerbe, die zu keiner Klasse gerechnet werden, sie heißen Antyaǧa. Es handelt sich um acht Berufsgruppen, die untereinander mit den ihnen ähnlichen anderen Berufen verkehren, außer den Walkern, den Schustern und Webern, denn keiner der anderen würde sich zu ihrem Gewerbe herablassen. Es handelt sich um die Walker, die Schuster, die Gaukler, die Korb- und Schildflechter, die Schiffbauer, die Fischer, die Jäger und Vogelfänger sowie die Weber. Die vier Klassen wohnen mit diesen nicht in einer Ortschaft zusammen, vielmehr suchen diese ihr Obdach in der Nähe der Ortschaften, aber außerhalb. Was die Hādī, die Doma, die Čandāla und die Badhatava anlangt, so zählen sie gar nichts und beschäftigen sich mit verachteten Arbeiten, wie dem Kehren der Dörfer und derartigen Dienstleistungen. Sie alle bilden ein einziges Geschlecht und unterscheiden sich nur durch ihre Arbeit, als ob sie unehelich geboren wären. Man sagt auch, daß sie von einem Vater aus der Šūdraklasse und einer Mutter aus der Brahmanenkaste abstammen und von diesen beiden durch Unzucht in die Welt gesetzt wurden. Sie sind die Ausgestoßenen und die Niedrigsten.

Die einzelnen Angehörigen einer Klasse erhalten Bezeichnungen und Beinamen im Hinblick auf ihre Beschäftigung und ihre Lebensweise. Der Brahmane zum Beispiel wird schlechthin als Brahmane bezeichnet, wenn er bei seiner Arbeit zu Hause bleibt. Wenn er mit der Unterhaltung einer einzigen Feuerstätte befaßt ist, nennt man ihn *ištin*, wenn er drei Feuer unterhält, heißt er *agnihotrin*. Wenn er dem Feuer Opfer darbringt, ist er ein *dīkšita*. Ebenso ist es bei den Kastenlosen, und zwar sind die Hādī die edelsten von ihnen, weil sie über den Schmutz erhaben sind. Ihnen folgen die Doma, denn sie sind Zymbalspieler und Spaßmacher. Wer nach diesen beiden kommt, ist dazu ausersehen, das Töten und Strafen als Beruf auszuüben, und sie übernehmen das auch. Die minderwertigsten von ihnen sind die Badhatava, denn sie begnügen sich nicht nur damit, die Kadaver der an und für sich erlaubten Tiere zu essen, sondern sie machen sich darüber hinaus an Hunde und dergleichen heran.

Bei gemeinsamen Mahlzeiten sitzen die vier Klassen je in Reihen für sich, und keine Reihe umfaßt auch nur zwei Individuen aus verschiedenen Klassen. Und wenn zum Beispiel in der Reihe der Brahmanen zwei Personen sitzen, die einander nicht leiden können und ihre Plätze nahe beieinander sind, trennt man diese durch ein dazwischengelegtes Brett oder ein aufgespanntes Tuch oder irgend etwas anderes, ja auch ein zwischen ihnen gezogener Strich genügt, sie zu trennen. Weil Überreste des Essens tabu sind, müssen die Speisen getrennt vorgesetzt werden, denn nähme sie einer der Essenden von einer gemeinsamen Schüssel, würde das, was er übrigläßt, für einen anderen, der zulangen will, zum verbotenen Überrest, wenn der erste zu essen aufgehört hat.

So steht es mit den vier Klassen. Als Vāsudeva[398] einmal von Arǧuna[399] nach der Natur der vier Klassen gefragt wurde und durch welche ethischen Eigenschaften sie sich unterscheiden sollten, sprach er: „Der Brahmane muß einen umfassenden Verstand und ein ruhiges Herz haben, die Wahrheit sagen, Geduld beweisen, seine Sinne bezähmen, die Gerechtigkeit lieben, in seinem Äußeren sauber sein, sich dem Gottesdienst widmen und sein Streben auf die Religion richten. Der Kšatriya muß einen ehrfurchtgebietenden Eindruck machen, tapfer, selbstbewußt, wortgewandt und freigebig sein, er darf Schicksalsschläge nicht achten und soll darauf bedacht sein, Not zu lindern. Der Vaišya soll sich mit der Landwirtschaft, dem Erwerb von Vieh und dem Handel befassen. Der Šūdra soll diensteifrig und unterwürfig sein und sich damit bei jedermann beliebt machen. Wenn sich ein jeder von diesen fest an seine Vorschriften und seine Gewohnheit hält, wird er mit seinem Willen das Gute ergreifen, sofern er nicht in seinem Gottesdienst nachlässig ist und nicht vergißt, bei all seinen Werken an Gott zu denken. Wenn er sich aber von dem, was ihm zugewiesen ist, abwendet und sich in die Angelegenheiten einer anderen Klasse einmischt, auch wenn sie über ihm steht, so ist das eine Sünde, weil er damit zum Rechtsbrecher wird."

Aus: India (S. 48,11–50,8)

58. *Indische und christliche Ethik*

Bei den Indern herrschen ähnliche Verhältnisse wie im Christentum, denn es gründet sich auf das Tun des Guten und die Unterlassung des Bösen, indem man überhaupt nicht töten soll, und dem, der einem das Schultertuch raubt, auch noch das Hemd nachwirft, und dem, der einem auf eine Backe schlägt, auch noch die andere hinhält, und indem man dem Feind Gutes wünscht und für ihn betet.[400] Das wäre fürwahr ein vortrefflicher Lebenswandel. Jedoch sind die Bewohner dieser Welt nicht alle Philosophen, sondern in ihrer Mehrheit so unwissend und verblendet, daß sie nur durch das Schwert und die Peitsche zurechtgewiesen werden können. Seitdem sich Konstantin der Siegreiche[401] zum Christentum bekehrte, sind sie beide auch nicht zur Ruhe gekommen, denn ohne sie gibt es keine vollkommene Regierung.

Ähnlich steht es mit den Indern. Sie erzählen, daß in der

Vergangenheit die Angelegenheiten der Regierung und der Kriegführung den Brahmanen zugeteilt waren, und das führte zum Ruin der Welt, weil sie nämlich ihre Verwaltung nach den Geboten der religiösen Bücher auf einen vernunftgemäßen Lebenswandel hin einrichteten. Doch damit konnten sie sich bei den Übeltätern und Bösewichten nicht durchsetzen. Die Sache drohte sie von der Erfüllung ihrer religiösen Pflichten abzuhalten, und so flehten sie deswegen zu Brahma, ihrem Herrn, bis er sie auf ihre eigentlichen Aufgaben allein festlegte und die Politik und die Kriegführung den Kšatriyas anvertraute. Deshalb beziehen die Brahmanen ihren Lebensunterhalt aus dem Betteln und dem Empfang von Almosen, und die Strafen für die Vergehen unter den Menschen werden von den Königen und nicht von den Schriftgelehrten verfügt.
Was den Tatbestand des Mordes betrifft, so obliegt dem Täter, wenn er ein Brahmane und der Ermordete aus einer anderen Kaste ist, nur eine Sühneleistung, die aus Fasten, Beten und Almosengeben besteht. Wenn der Ermordete ebenfalls ein Brahmane war, wird die Angelegenheit ins Jenseits vertagt, und es gibt dafür keine Sühne, denn diese tilgt die Verfehlungen, aber es gibt nichts, was von einem Brahmanen die schweren Freveltaten tilgen könnte, deren schlimmste die Tötung eines Brahmanen ist. Sie wird *vağrabrahmahatyā* genannt. Danach folgt die Tötung einer Kuh, danach das Weintrinken, dann die Unzucht, besonders mit einer Frau, die dem Vater oder dem Lehrer gehört. Indessen bestrafen die Herrscher einen Brahmanen oder Kšatriya gar nicht entsprechend, sondern sie beschlagnahmen nur seine ganze Habe und verbannen ihn aus ihrem Reich. Was die übrigen außer den Brahmanen und den Kšatriyas anlangt, so wird ihnen, wenn sie einander umbringen, eine Sühne auferlegt, die Herrscher pflegen jedoch hier zum Zwecke der Warnung Gleiches mit Gleichem zu vergelten.
Was den Diebstahl anlangt, so ist die Bestrafung des Täters dem Ausmaß des Schadens entsprechend, denn manchmal erfordert er eine exemplarische Bestrafung durch eine übermäßige oder auch eine ausgewogene Strenge, und manchmal erfordert er nur Erziehungsmaßnahmen und eine Geldstrafe, und manchmal erfordert er bloß eine öffentliche

Anprangerung. Wenn es ein Diebstahl von großem Ausmaß war, lassen die Herrscher einen Brahmanen blenden oder ihm Hand und Fuß abhacken. Den Kšatriya lassen sie nur verstümmeln, aber nicht blenden. Alle anderen lassen sie hinrichten. Die Strafe für Unzucht besteht darin, daß die Frau aus dem Haus des Ehemannes gejagt und vertrieben wird.
Wiederholt habe ich gehört, daß über indische Söldner, die wieder in ihr Land flohen und zu ihrer Religion zurückkehren wollten, als Sühne ein Fasten verhängt wurde. Sie wurden einige Tage lang in eine Lauge aus Mist, Urin und Milch von Kühen gesetzt, bis sie zu gären anfing. Dann nahm man sie aus diesem Schmutz heraus und gab ihnen etwas zu essen, was dem ähnlich war, worin sie gesessen hatten, und dergleichen.[402] Ich fragte Brahmanen danach, aber sie stritten das ab und behaupteten, daß es keine Sühne dafür gäbe und keine Erlaubnis, zu ihrem früheren Leben zurückzukehren, und wie sollte das auch geschehen? Wenn ein Brahmane einige Tage im Haus eines Šūdra ißt, fällt er aus seiner Klasse heraus und kann nicht in sie zurückkehren.

Aus: India (S. 280,15–281,15)

59. Die heiligen Kühe

Wie einige behauptet haben, war das Rindfleisch vor der Zeit der Bharatas[403] erlaubt, und es gab Opfer, bei denen Rinder geschlachtet wurden. Jedoch sei es danach verboten worden, weil die menschliche Natur zu schwach war, ihre Pflichten zu erfüllen, wie auch aus den Veden[404], die am Anfang eine Einheit waren, vier Teile gemacht wurden, um sie für die Menschen leichter zu machen. Aber diese Rede gibt wenig her, denn das Verbot des Rindfleisches ist keine Erleichterung und kein Zugeständnis, sondern eine Verschärfung und eine Einschränkung. Andere wieder hörte ich sagen, daß die Brahmanen durch den Genuß von Rindfleisch Schaden zu nehmen pflegten, weil ihr Land heiß ist und ihr Körperinneres dabei aber kalt und die eingeborene Wärme lau und die verdauende Kraft so schwach ist, daß sie sie durch den Genuß von Blättern des Betelpfeffers nach der Mahlzeit und durch das Kauen von Arekanüssen stärken müssen. Der Betelpfeffer entflammt mit seiner Schärfe die Wärme, während der daraufgestreute Kalk die Feuchtigkeit aufsaugt und die Arekanuß die Zähne und das Zahnfleisch kräftigt und den Magen zusammenzieht. Da die Dinge so standen, erließen sie ein Verbot des Rindfleisches wegen seiner harten und kalten Beschaffenheit. Ich aber vermute hier eine von zwei Möglichkeiten ...[405] oder aber eine staatliche Lenkung, denn das Rind ist das Tier, das bei Reisen zur Beförderung von Lasten und Gepäck dient, in der Landwirtschaft beim Pflügen und Säen und in der Hauswirtschaft durch die Milch und was aus ihr hergestellt wird, ferner zieht man Nutzen aus dem Mist, ja im Winter sogar aus dem warmen Atem.

Aus: India (S. 277,3–12)

60. Die Elite und die breite Masse

Ich meine, daß die Griechen in der Zeit des Heidentums vor dem Auftreten des Christentums ähnlichen Überzeugungen huldigten wie die Inder. Ihre Elite stand in ihrem Denken der Elite bei den Indern nahe, während die breite Masse nicht anders als bei diesen im Götzendienst befangen war. Dazu werde ich Aussagen beider Seiten heranziehen, weil sie übereinstimmen und einander nahekommen, nicht etwa, um sie damit zu korrigieren, denn was von der Wahrheit abweicht, ist verkehrt, und der Unglaube verkörpert eine einzige Sekte, insofern als er von ihr abirrt. Jedoch erwiesen sich die Griechen als überlegen, weil es in ihrem Lande Philosophen gab, welche gereinigte Prinzipien für die Elite, nicht für die breite Masse, aufstellten, denn nur die Elite ist fähig, einer wissenschaftlichen Untersuchung und Erörterung zu folgen, während die Volksmassen nur zu Leichtsinn und Hartnäckigkeit imstande sind, wenn ihnen nicht genug Furcht und Schrecken eingeflößt wird. Sokrates ist dafür Zeuge, als er der breiten Masse seines Volkes in der Frage des Götzendienstes widersprach und es ablehnte, die Planeten mit seinem Munde Götter zu nennen, und wie elf der athenischen Richter mit Ausnahme des zwölften darin übereinkamen, ihn zum Tode zu verurteilen, so daß er sterben mußte, indem er die Wahrheit nicht widerrief.[406]

Die Inder hatten keine vergleichbaren Männer, welche die Wissenschaften reinigen konnten, und darum findet man bei ihnen kaum Ausführungen, die der Elite würdig sind, es sei denn im höchsten Grad des Durcheinanders und der Unordnung und letztlich vermischt mit volkstümlichen Phantastereien wie riesigen Zahlen und ausgedehnten Zeiträumen und religiösen Vorstellungen, deren Anhänger jeden Widerspruch als Blasphemie empfinden. Deswegen regiert bei ihnen die Tradition. Wenn ich über meinen Standpunkt ihnen gegenüber sprechen soll, kann ich aus diesem Grunde alles das, was sich in ihren Büchern an Mathematik und sonstigen Wissenschaftsdisziplinen findet, nur mit Perlmutt vergleichen, das mit Tonscherben vermengt ist, oder mit Perlen im Mist oder mit geschnittenem Bergkristall unter einem Haufen Kieselsteine. Beides gilt ihnen gleich viel, da sie nichts Entsprechendes zu der Stufenleiter des logischen Beweisens haben.

Aus: India (S. 12,10–13,2)

61. Zum Ursprung des Götzendienstes

Bekanntlich neigt die Natur des einfachen Volkes zum sinnlich Wahrnehmbaren und scheut sich vor dem nur geistig Erfaßbaren, das nur die Wissenden begreifen, die sich zu jeder Zeit und an jedem Ort durch ihre geringe Anzahl auszeichnen. Und weil sich das Volk mit einem Bild zufriedengibt, sind viele Vertreter der Religionen darauf gekommen, Bücher und Tempel mit Bildern zu versehen. So ist es bei den Juden und Christen, außerdem besonders bei den Manichäern. Als Beweis für das Gesagte brauchst du dir nur vorzustellen, daß du vor einem Mann aus dem Volk oder einer Frau ein Bild des Propheten, den Gott segne, oder der Stadt Mekka mit der Kaaba hervorholst. Du wirst als Folge der freudigen Erregung bemerken, wie er sich getrieben fühlt, es zu küssen, seine Backen mit Staub zu beschmieren und sich auf der Erde zu wälzen, so als ob er den Dargestellten leibhaftig sähe oder die Zeremonien der großen und der kleinen Wallfahrt[407] verrichtet hätte. Dies ist die

Ursache, die zur Erfindung der Götzenbilder mit den verehrten Namen einzelner Propheten oder weiser Männer oder Engel geführt hat, nämlich als Erinnerung an ihre Taten, wenn sie entschwunden und verstorben waren, und als Verewigung der Spuren ihrer Verehrung in den Herzen, wenn sie nicht mehr da sind. Das dauerte so lange an, bis die Zeit über ihre Verfertiger dahinging und über ihnen die Jahrhunderte und lange Zeiträume verstrichen waren. Da gerieten die Ursachen und Beweggründe in Vergessenheit, und die Bilder wurden zu einem Brauch und zu einer gängigen Sitte. Dann kamen die Gesetzgeber darauf, wie die einfachen Leute dadurch zu beeindrucken sind, und legten es ihnen als Pflicht auf. So ähnlich lauten die Nachrichten über die Menschen aus der Zeit vor der Sintflut und auch danach, so daß man sagt, daß die Menschheit vor der Entsendung der Propheten eine einzige Gemeinde gewesen sei, die dem Götzendienst huldigte.
Was die Anhänger der Thora anlangt, so verlegen sie den Anfang dieser Zeit in die Tage Serugs, der Abrahams Urgroßvater war.[408] Die Byzantiner hingegen behaupten, daß Romulus und Remus, zwei Brüder aus dem Frankenland,[409] während ihrer gemeinsamen Königsherrschaft Rom erbaut hätten. Dann erschlug Romulus seinen Bruder, und danach häuften sich Erdbeben und Kriege, bis Romulus um Gnade flehte. Da wurde ihm im Traum bedeutet, daß es nur dadurch ein Ende nehmen würde, wenn er seinen Bruder auf den Thron setzte. So ließ er von ihm aus Gold ein Bildnis herstellen und neben sich Platz nehmen, und er pflegte zu sagen: „Wir befehlen das und das." Auch nach ihm hielt sich diese Redeweise bei den Königen. Die Erdbeben hörten auf, und er führte einen Festtag mit Spielen ein, womit er diejenigen ablenken wollte, die gegen ihn wegen seines Bruders einen Groll hegten. Auch stellte er zu Ehren der Sonne vier Reiterstandbilder auf, ein grünes für die Erde, ein blaues für das Wasser, ein rotes für das Feuer und ein weißes für die Luft. Sie stehen noch heute in Rom.
Da wir dabei sind zu erzählen, was die Inder glauben, so wollen wir jetzt ihre Fabeleien zu diesem Thema darlegen. Zuvor aber ist zu bemerken, daß dies für das einfache Volk bei ihnen gilt. Wer den Weg der Abstraktion beschreitet oder die Methoden des Meinungsstreits und der Disputa-

tion studiert und nach der Überprüfung verlangt, die sie *sāra*[410] nennen, der hütet sich davor, einen anderen außer Gott, der erhaben ist, anzubeten, von einem gemachten Bildwerk ganz zu schweigen. Zu diesen Geschichten gehört, was Šaunaka dem König Parikša berichtete: „In alten Zeiten lebte einmal ein König mit Namen Ambariša. Der hatte all die Macht, die er sich gewünscht hatte, und wurde ihrer überdrüssig. Er entsagte dieser Welt und widmete sich eine lange Zeit der Anbetung und Lobpreisung, bis sich ihm der Angebetete in der Gestalt Indras[411], des Fürsten der Engel, offenbarte, auf einem Elefanten reitend, und ihn so anredete: ‚Erbitte, was dir gefällt, ich werde es dir geben.' Er antwortete ihm: ‚Ich freue mich, dich zu sehen, und danke dir für das, was du mir an Erfolg und Beistand gewährt hast, doch will ich nichts von dir, sondern von dem, der dich geschaffen hat.' Indra erwiderte: ‚Der Zweck des Gottesdienstes ist eine gute Belohnung. So nimm das Ersehnte von dem, bei dem du es findest, und sei nicht mäklig, indem du sagst: Von dir nicht, sondern von einem anderen.' Da sprach der König: ‚Was diese Welt anlangt, so ist sie mir zuteil geworden, und doch habe ich alles verschmäht, was in ihr ist. Mein Streben bei meinem Gottesdienst war, den Herrn zu schauen, er galt nicht dir. Wieso sollte ich dann von dir erbitten, was ich brauche?' Indra antwortete: ‚Die ganze Welt und wer auch immer darin ist, steht unter meiner Macht. Wer bist du, daß du mir zu widersprechen wagst?' Da sagte der König: ‚Auch ich bin ein gehorsamer Diener, allein ich verehre den, von dem her du diese Gewalt erhalten hast, nämlich von dem Herrn des Alls, der dich vor dem Unheil der beiden Könige Bali und Hiranyākša[412] bewahrt hat. So laß mich meiner Meinung folgen und scheide von mir in Frieden.' Indra antwortete: ‚Wenn du mir also unbedingt widersprechen mußt, so werde ich dich töten und vernichten.' Der König sprach: ‚Es heißt, daß das Gute beneidet wird und das Böse sein Widersacher ist. Wenn einer dieser Welt entsagt, so beneiden ihn die Engel, und er bleibt ihren Verführungskünsten ausgesetzt. Ich aber gehöre zur Gemeinschaft derer, die sich von dieser Welt abgewendet und dem Gottesdienst zugekehrt haben. Ich kann sie nicht verlassen, solange ich am Leben bin. Ich bin mir keiner Sünde bewußt, durch die ich den Tod durch deine Hand verdient hätte. Wenn du es tust ohne eine Schuld meinerseits, so tu, was du willst und was dir beliebt. Mein Vorsatz hingegen ist, daß ich zu Gott gelange, und nichts soll meine lautere Überzeugung trüben. Du kannst mir nicht schaden, und nun hast du mich lange genug von meinem Gottesdienst abgelenkt, zu dem ich jetzt zurückkehre.' Als er aber damit begann, erschien ihm der Herr in der Gestalt eines Menschen und in der dunkelgrauen Farbe des Lotos, bekleidet mit einem gelben Gewand und auf dem Vogel Garuda reitend.[413] In einer seiner vier Hände hielt er die *šankha,* das ist das Schneckengehäuse, auf dem man beim Ausritt auf dem Elefanten zu blasen pflegt. In der zweiten hielt er die *čakra,* eine scheibenförmige Waffe mit scharfem Rand, die beim Werfen alles zerschneidet, wo sie auftrifft. In der dritten hielt er ein Amulett und in der vierten eine *padma,* das ist die rote Lotosblüte. Als ihn der König erblickte, erfaßte ihn vor Ehrfurcht ein Schauder, er fiel auf sein Angesicht nieder und erwies ihm große Verehrung. Er aber zerstreute seine Befangenheit und verkündete ihm, daß er erlangen werde, was er begehrte. Der König sprach: ‚Ich habe ein Reich besessen, das mir keiner streitig gemacht hat, und kein Kummer und keine Krankheit störte mein Befinden, und mir war, als ob ich die ganze Welt gewonnen hätte. Dann wandte ich mich von ihr ab, als mir deutlich wurde, daß das Gute an ihr, wenn man es genau betrachtet, am Ende ein Übel ist. Ich wünsche mir nichts außer dem, was ich jetzt erlangt habe, und will nichts darüber hinaus außer der Befreiung aus diesen Fesseln.' Da sprach der Herr: ‚Sie geschieht dadurch, daß du dich von der Welt in die Einsamkeit zurückziehst, dich der Meditation widmest und die Sinne im Zaum hältst.' Der König erwiderte: ‚Angenommen, ich vermag das auf Grund der Gaben, die mir verliehen wurden, aber wie soll ein anderer als ich das können. Der Mensch muß essen und sich kleiden, und beides bindet ihn an diese Welt, und wie könnte es auch anders sein?' Da sagte er ihm: ‚Bediene dich deiner Königsherrschaft und dieser Welt mit voller Absicht und auf die beste Weise und wende dabei deine Gedanken mir zu, wenn du daran arbeitest, diese Welt zu kultivieren und dein Volk zu beschirmen und Wohltätigkeit zu üben, und überhaupt in allem, was du unternimmst. Wenn dich aber die dem Menschen eigene Vergeßlichkeit übermannt, so mache dir ein Abbild, wie du mich gesehen hast, und bringe ihm Wohlgerüche und Lichter dar und mache es zu einem Erinnerungszeichen an mich, um mich nicht zu vergessen, so daß du alle deine Vorhaben im Gedenken an mich und alle deine Reden in meinem Namen und alle deine Taten um meinetwillen beginnst.' Der König antwortete: ,Ich habe es im großen und ganzen verstanden, so gewähre mir nun noch eine Aufklärung und nähere Erläuterungen.' Er sagte: ,Das habe ich bereits getan, und ich habe Vasištha[414], deinem Richter, alles eingegeben, was dir nötig ist. Wende dich mit deinen Fragen an ihn.' Damit entschwand die Gestalt aus seinen Augen, und der König kehrte zu seinem Wohnsitz zurück und tat, was ihm aufgetragen war."

Man sagt, daß von dieser Zeit an die Götterbilder teils mit vier Händen, wie wir es eben erwähnt haben, teils mit zwei Händen gemacht wurden, je nach dem Bericht und der Beschreibung und wie es der Hersteller des Bildes wollte. Man erzählt auch, daß Brahma einen Sohn mit Namen Nārada[415] hatte; den beschäftigte keine andere Sorge als die, den Herrn zu schauen. Bei seinen Wanderungen führte er nach seiner Gewohnheit einen Stock bei sich. Wenn er ihn auf den Boden warf, verwandelte er ihn in eine Schlange. Er vollbrachte Wunder damit und trennte sich nie von ihm. Während er einmal in hoffnungsvoller Meditation versunken war, erblickte er von ferne ein Licht. Er ging darauf zu und vernahm von dort eine Stimme, die sagte: „Unmöglich ist, was du verlangst und begehrst. Du kannst mich nicht sehen, es sei denn auf diese Weise." Er blickte auf, und siehe, da war eine lichtstrahlende Gestalt mit menschlichen Zügen. Seit dieser Zeit gab man den Götterbildern eine solche Form.

Zu den berühmten Götzen gehörte der von Multan, welcher der Sonne geweiht war und deswegen Āditya[416] hieß. Er war aus Holz und mit rotem Ziegenleder bekleidet. In seinen Augen waren zwei Rubine. Man behauptet, daß es im letztvergangenen *krita-yuga*[417] gemacht worden sei. Nun wollen wir einmal annehmen, daß das am Ende dieses Zeitraumes geschehen sei. Von da wären bis zu uns 216432 Jahre[418] vergangen. Als Muḥammad ibn al-Qāsim ibn al-Munabbih[419] Multan eroberte, forschte er nach der Ursache des Wohlstandes und der Reichtümer, die in der Stadt angesammelt waren, und fand jenes Götzenbild, denn von allen Richtungen kamen die Wallfahrer zu ihm gepilgert. Da hielt er es für geraten, es an seinem Platz zu lassen, nachdem er ihm ein Stück Rindfleisch um den Hals gehängt hatte, um seiner Verachtung Ausdruck zu verleihen. Er baute dort eine Moschee. Als sich aber die Karmaten[420] in Multan festsetzten, zertrümmerte Ǧalam ibn Šaibān, der Siegreiche, jenes Götzenbild und tötete seine Priester und machte seinen Tempel, einen auf einer Anhöhe aus Ziegeln erbauten Palast, zu einer Moschee anstelle der ersten, die er schließen ließ, aus Haß gegen alles, was in den Tagen der Omaijaden gemacht worden war. Als der Emir Maḥmūd, dem Gott gnädig sei, ihrer Herrschaft über diese Gebiete ein Ende setzte, verlegte er das Freitagsgebet wieder in die erste Moschee und legte diese zweite still. Sie ist jetzt nur ein Platz, wo Henna[421] gebündelt wird. Wenn wir einige Hundert und etwas mehr abrechnen, obwohl die Zeit des Auftauchens der Karmaten eigentlich um etwa hundert Jahre vor der unseren liegt, so bleiben an Jahren 216000. Das wäre der Zeitraum zwischen dem Ende des *krita-yuga* bis etwa zum Beginn der Hedschrazählung. Aber wie kann ein Stück Holz so lange erhalten bleiben bei der Feuchtigkeit der Luft und des Bodens, wie sie dort herrscht? Gott weiß es. ...

Wenn die einfältigen Leute zufälligerweise oder dank einer festen Absicht einen Erfolg erleben und von seiten der Priester irgendeine geheim abgesprochene Gaukelei hinzukommt, so wird damit ihre Inbrunst auf Kosten des Verstandes bestärkt, und sie drängen sich zu jenen Bildern und mißhandeln vor ihnen ihre eigene menschliche Gestalt, indem sie ihr Blut fließen lassen und sich selber verstümmeln.

Die Griechen pflegten in alter Zeit die Götzenbilder als Mittler zwischen sich und die erste Ursache zu setzen und sie unter dem Namen der Planeten und der himmlischen Substanzen zu verehren, da sie von der ersten Ursache keine positiven Aussagen machen, sondern nur deren Gegensätze negieren wollten, und dies aus Verehrung für die erste Ursache und um sie über alles erhaben sein zu lassen.

Wie sollten sie dann sie mit ihrer Verehrung behelligen?[422] Als die Araber aus Syrien Götterbilder nach ihrem Lande brachten, erwiesen sie ihnen eine ebensolche Verehrung, damit sie durch sie in die Nähe Gottes gebracht würden. Und so sagt Plato im vierten Buch seiner „Gesetze“[423]: „Wer eine vollkommene Verehrung an den Tag legen will, der muß das Mysterium der Götter und ihrer Manifestationen begreifen[424] und darf nicht besondere Götzenbilder den Göttern der Väter voranstellen, danach folge die Verehrung der Väter, solange sie am Leben sind, soweit ein jeder dazu imstande ist, denn dies ist die größte der Pflichten.“ Er meint mit „Mysterium“ das Gedenken in einem besonderen Sinne, und dies ist ein Ausdruck, der bei den harranischen Sabiern, den manichäischen Dualisten und bei indischen Theologen viel verwendet wird. Galen sagt in seinem Buch „Die Charaktere der Seele“[425], daß zur Zeit des Kaisers Commodus[426], das ist etwas mehr als das Jahr 500 der Zeitrechnung nach Alexander, zwei Männer zu einem Verkäufer von Götzenbildern kamen und um eine Statue des Hermes[427] feilschten. Der eine wollte sie in einem Tempel zum Gedächtnis an Hermes aufstellen, der andere auf einem Grab zum Gedächtnis an einen Toten. Weder der eine noch der andere Kauf kam zustande, und so verschoben sie die Angelegenheit auf den folgenden Tag. In dieser Nacht schien es dem Bilderhändler im Traum, als ob die Statue ihn anredete und ihm sagte: „Mein lieber Mann, ich bin dein Geschöpf. Ich habe durch deiner Hände Werk eine Gestalt gewonnen, die einen Planeten darstellt, und es schwand von mir der Charakter des Steines, mit dem man mich zuvor benannte, und nun achtet man mich als Merkur. Die Sache liegt bei dir. Du kannst mich zu einem Gedenkzeichen für etwas Unvergängliches machen oder für etwas, das schon verwest ist.“ Es gibt einen Brief von Aristoteles als Antwort auf Fragen von Brahmanen, die ihm Alexander zugestellt hatte.[428] Darin heißt es: „Was eure Behauptung angeht, daß es Griechen gäbe, die sagen, daß die Götterbilder reden könnten, und daß man ihnen Opfer darbringe und durch sie die geistigen Substanzen anrufe, so wissen wir nichts davon, und wir können nicht über etwas urteilen, wovon wir keine Kenntnis haben.“ Damit erhob er sich über das Niveau der Unwissenden und der breiten Masse und erwies sich als einer, der sich gar nicht mit derlei Dingen abgibt. So ist nun deutlich geworden, daß die erste Ursache dieses Übels in der Absicht des Erinnerns und des Tröstens gelegen hat und daß es danach bis zu diesem schlimmen und verderblichen Ausmaß ausgewachsen ist. Auf diese erste Ursache berief sich Muʿāwiya[429] bei den Götzenbildern aus Sizilien. Als es im Sommerfeldzug des Jahres 53[430] erobert wurde, brachte man ihm von dort goldene Statuen, die bekrönt und mit Edelsteinen besetzt waren. Er aber schickte sie nach Sind[431], um sie den dortigen Königen zum Verkauf anzubieten, denn er hielt es für richtig, sie so zu einem höheren Preis als zum reinen Goldwert in Dinaren abzusetzen. Er übersah das letztlich daraus resultierende Unheil, indem er sich nur von der Staatsräson und nicht von der Religion leiten ließ.

Aus: India (S. 53,12–56,12 u. 59,11–60,13)

62. Indische und griechische Sagen vom Goldenen Zeitalter

Im Buch des Čaraka[432] steht nach dem Bericht des ʿAlī ibn Zain aṭ-Ṭabarī[433] folgendes: „Die Erde war in alten Zeiten immerzu fruchtbar und gesund, und die *mahābhūta*[434], die Elemente, waren in einem ausgewogenen Zustand. Die Menschen lebten in Liebe und Eintracht miteinander, es gab keine Habsucht unter ihnen, keinen Streit, keinen Haß, keinen Neid und überhaupt nichts von dem, was die Seele und den Körper krank macht. Als aber der Neid auftrat, folgte ihm die Habsucht, und als sie habsüchtig geworden waren, verlegten sie sich auf den Erwerb, der den einen schwerer und den anderen leichter fiel. Da überkamen sie Gedanken und Beschwerden und Sorgen, und die stachelten sie zum Krieg an und zu Betrügereien und zur Lüge. Sie wurden hartherzig, ihre Naturen veränderten sich, und Krankheiten stellten sich ein. Das hielt vom Gottesdienst und der Pflege der Wissenschaften ab, worauf die Dummheit Fuß faßte. Das Unheil wurde unerträglich. Da versammelten sich die Rechtschaffenen bei ihrem frommen Büßer Praǧāpati[435], bis er ins Gebirge hinaufstieg, um in Demut zu beten. Da lehrte ihn Gott die Wissenschaft der Medizin."

Was wir von den Griechen bereits angedeutet haben, ist dem ähnlich. Arat sagt in seinen „Phänomenen und Zeichen“[436] über das siebente[437] Tierkreisbild: „Betrachte unter den Füßen des Rinderhirten, das heißt des Bootes unter den nördlichen Sternbildern, die Jungfrau, die in ihrer Hand die schimmernde Ähre bringt, das heißt die Spica. Sie gehört entweder zu dem Geschlecht der Sterne, von dem es heißt, es sei der Vater der uralten Sterne.[438] Oder aber sie ist erzeugt aus einem anderen Geschlecht, das wir nicht kennen. Es heißt, daß sie in der Frühzeit bei den Menschen war, in den Gemächern der Frauen und unsichtbar den Männern. Ihr Name war bei ihnen die ‚Gerechtigkeit‘.[439] Sie pflegte die Alten und die auf Straßen und Plätzen Stehenden zu versammeln und sie mit lauter Stimme zu ihrer Pflicht aufzurufen. Sie verteilte Reichtümer ohne Zahl und erließ Gesetze. Die Erde nannte man dazumal golden, und es gab keinen von ihren Bewohnern, der den verderbenbringenden Streit in Worten und Werken kannte. Es gab keine geächtete Gruppe unter ihnen, sondern sie führten ein sorgloses Leben. Unbeachtet und nicht von Schiffen befahren, lag das Meer, und nur die Rinder erbrachten das Lebensnotwendige. Als aber das goldene Geschlecht ausstarb und das silberne kam, hatte die Jungfrau nur widerwillig Umgang mit ihm. Sie verbarg sich im Gebirge und mischte sich nicht mehr unter die Frauen, wie sie es zuvor getan hatte. Dann ging sie immer wieder in die großen Städte und warnte die Bewohner und schalt sie wegen ihrer Missetaten und tadelte sie dafür, daß sie das Geschlecht, das die goldenen Vorväter hinterließen, zugrunde gerichtet hatten. Auch erzählte sie ihnen vom Kommen eines Geschlechtes, das noch schlimmer sein würde als sie, und von Kriegen und Blutvergießen und großen Unglücksfällen. Als sie damit zu Ende war, verbarg sie sich vor ihnen im Gebirge, bis daß die Silbernen ausstarben. Nun erstanden die Menschen aus dem ehernen Geschlecht. Sie erfanden das unheilbringende Schwert und kosteten vom Fleisch der Rinder, und sie waren die ersten, die solches taten. Die ‚Gerechtigkeit‘ aber verabscheute ihre Nachbarschaft und entflog zur Himmelssphäre.“ Der Kommentator[440] des Buches sagt: „Diese Jungfrau ist die Tochter des Zeus, und sie pflegte zu den Leuten auf den öffentlichen Plätzen und Straßen zu reden.

Die Leute gehorchten damals der Obrigkeit und kannten keine Übeltat und Widersetzlichkeit. Niemand sann auf Empörung und niemand war neidisch. Sie lebten vom Akkerbau und befuhren nicht das Meer, um Handel zu treiben und um Gewinn zu machen. Sie waren von lauterem Wesen wie das Gold. Als sie sich aber von dieser Lebensweise entfernten und das Recht nicht mehr wahrten, verzichtete die ‚Gerechtigkeit' auf ihre Gesellschaft, sondern beobachtete sie nur, während sie ihren Wohnsitz im Gebirge hatte. Wenn sie mit Widerwillen auf ihren Versammlungen erschien, stieß sie Drohungen gegen sie aus, denn sie pflegten noch auf ihre Worte zu hören, wie es ihre Väter getan hatten. Deshalb erschien sie nicht mehr denen, die sie anriefen, wie sie es anfangs getan hatte. Als nach dem silbernen das eherne Geschlecht kam und Kriege angezettelt wurden und das Unheil um sich griff, entschloß sie sich, überhaupt nichts mehr mit ihnen zu tun zu haben, ja sie empfand einen Haß gegen sie und begab sich zur Himmelssphäre. Über sie sind viele Meinungen im Umlauf, wie die, daß sie Demeter[441] sei, weil sie eine Ähre bei sich hat. Manche behaupten, daß sie ‚das Glück und der Zufall'[442] sei." Soweit die Ausführungen bei Arat.

Im dritten Buch der „Gesetze" Platos[443] sagt der Athener: „Auf der Erde gab es Überschwemmungen, Krankheiten und Unglücksfälle, denen kein Mensch entfliehen konnte außer den Hirten und Bergbewohnern. Sie blieben von der Art übrig, weil sie nicht im Betrügen und Übervorteilen geübt waren." Der Mann aus Knossos sagte: „Anfangs liebten sie einander aufrichtig, weil sie in einer unwirtlichen Welt einsam waren und weil ihre Nacktheit sie nicht bedrückte und nicht das Bedürfnis erweckte, sich anzustrengen. Die Armut war bei ihnen so unbekannt wie der Besitz und die Verträge. Es gab bei ihnen keine Habsucht, sie besaßen kein Silber und kein Gold, und es gab bei ihnen keine Reichen und keine Armen, und würde man von ihnen Bücher finden, so hätten wir gewiß viele Belege dafür."

Aus: India (S. 192,5–193,15)

63. *Wunder der biologischen Alchemie*

Nicht allein die Inder obliegen der Alchemie mit großem Eifer, ist ja doch kein Volk frei davon. Jedoch zeichnet sich das eine mehr darin aus als das andere. Man darf daraus nicht auf Klugheit oder Dummheit schließen, denn wir finden, daß viele verständige Leute in die Alchemie vernarrt sind, während viele Dummköpfe über sie und ihre Adepten spotten. Jene Verständigen sind wegen ihrer Beschäftigung damit nicht zu tadeln, obwohl sie unrecht haben,[444] denn was sie dazu treibt, ist eine übergroße Begierde, etwas Gutes zu erlangen und Schaden aus dem Wege zu gehen. Einmal wurde ein Philosoph[445] gefragt, wieso die Weisen sich an den Türen der Reichen einfinden, während die Reichen den Weg zu den Türen der Weisen meiden. Er antwortete: „Weil diese um den Nutzen des Reichtums wissen, während jene den Wert der Wissenschaft verkennen." Was jene Dummköpfe anlangt, so sind sie für ihre Abneigung gegen die Alchemie nicht zu loben, auch wenn sie recht haben;[446] denn was sie dazu bringt, ist eine Grundlage für manches Übel und gehört zu dem, was die Folgen der Unwissenheit aus der Möglichkeit in die Wirklichkeit überführt.

Die Adepten dieser Kunst suchen sie geheimzuhalten und verschließen sich gegen jeden, der nicht zu den Eingeweihten gehört. Deshalb ist es mir nicht gelungen, von seiten der Inder Aufschlüsse über ihre alchemistischen Methoden zu erhalten, ob sie auf mineralische oder tierische oder pflanzliche Grundstoffe zurückgreifen. Immerhin hörte ich sie von der Destillation, der Kalzinierung, der Auflösung und von der Ceration[447] des Talks reden, letzterer heißt in ihrer Sprache *tālaka*[448]. Ich schließe daraus, daß sie der mineralischen Methode zuneigen.

Daneben haben die Inder für sich allein eine Disziplin, die dem Genannten ähnlich ist und die sie *rasāyana* nennen. Das ist ein Name, der von „Gold" abgeleitet ist, denn das heißt *rasa*.[449] Das ist eine Kunst, die sich auf Diätvorschriften beschränkt und auf Latwergen und das Zusammensetzen von Arzneien, die meist aus Pflanzen und ihren Wurzeln gemacht sind. Sie bringt Kranken, die man schon aufgegeben hat, die Gesundheit zurück und hinfälligen Greisen die Jugendblüte, so daß sie in den Zustand der Pubertät zurückgelangen und die grauen Haare schwarz und die Sinne scharf werden und die Körperkraft und die Potenz wiederkehrt, ja daß sie nun für lange Zeiten auf Erden bleiben können, und warum auch nicht? Wir haben oben von Patanǧali[450] berichtet, daß einer der Wege zum Heil das *rasāyana* ist. Wie kann es jemanden geben, der das hört und gläubig aufnimmt und der nicht vor Freude und Entzücken in die Hosen macht und seinem Meister die saftigsten Bissen in den Mund stopft?

Zu den Berühmten in dieser Kunst gehörte Nagarǧunā[451] von der Festung Daihak in der Nähe von dem Ort Somanatha. Er war hervorragend darin und verfaßte ein kostbares Buch, das nicht seinesgleichen hatte. Seine Lebenszeit lag nicht mehr als etwa hundert Jahre vor der unseren.

In den Tagen des Königs Vikramāditya[452], über dessen Geschichte noch zu reden sein wird, gab es in der Stadt Uǧǧayinī einen Mann namens Vyādi[453]. Der wandte seinen Eifer auf diese Disziplin und vergeudete damit seine Zeit und sein Vermögen. Aber seine Anstrengungen brachten ihm nichts, was ihn seinem Ziel nähergebracht hätte. Und als er in Not geriet, wurde er dessen überdrüssig, worum er sich zuvor gemüht hatte. So setzte er sich gramgebeugt, bekümmert und verdrossen an das Ufer eines Flusses. In seiner Hand hielt er sein Rezeptbuch, dem er die Listen seiner Ingredienzien zu entnehmen pflegte, und machte sich daran, ein Blatt nach dem anderen ins Wasser zu werfen. Da traf es sich, daß weiter unten am Ufer dieses Flusses eine Prostituierte saß, und die Blätter schwammen an ihr vorbei. Sie sammelte sie auf und las in ihnen vom *rasāyana*, ohne daß er sie bemerkte, bis die Blätter zu Ende waren. Da trat sie an ihn heran und fragte ihn, warum er das mit seinem Buch gemacht habe. Er gab ihr zur Antwort: „Weil es mir keinen Nutzen gebracht hat und weil sich keiner meiner Wünsche erfüllt hat. Seinetwegen bin ich ruiniert, nachdem ich große Reichtümer besessen habe, seinetwegen bin ich unglücklich, nachdem ich so lange gehofft hatte, das Glück zu finden." Die Prostituierte sprach: „Gib nicht auf, wofür du deine Lebenszeit geopfert hast, und verzweifle nicht daran, etwas zu finden, was die Weisen vor dir bestätigt haben. Vielleicht ist es etwas rein Zufälliges, was dich an seiner Verwirklichung hindert, und ebenso zufällig kann es verschwinden. Ich habe viel Geld eingenommen, und alles will ich dir schenken, damit du es zur Erlangung deines Zieles verwendest." Da kehrte der Mann an sein Werk zurück. Die Bücher derartiger Disziplinen aber sind verschlüsselt abgefaßt, und da passierte ihm bei einem Rezept ein sprachliches Mißverständnis in bezug auf Öl und Menschenblut, die beide dabei benötigt wurden. Es stand nämlich für beides *raktāmala* geschrieben, und er dachte, es sei die rote Frucht der Myrobalane[454]. Sie verwendete er, worauf das Rezept enttäuschte und keinen Erfolg brachte. Als er einmal daranging, die Ingredienzien zu kochen, erhitzte das Feuer seinen Kopf und machte sein Gehirn trocken. Da rieb er sich mit viel Öl ein, das er sich auf den Scheitel goß. Dann erhob er sich von dem Herd, weil er irgend etwas vorhatte. Nun war gerade in der Richtung seines Kopfes ein Pflock, der aus den Dachbalken herausragte. An den stieß er und verletzte sich so, daß das Blut floß, worauf er vor Schmerz den Kopf einzog und zurückkehrte. Da fielen Blutstropfen vermischt mit Öl von seinem Scheitel in den Topf, ohne daß er es merkte. Schließlich war der Sud fertig, und er und die Frau rieben sich zur Probe damit ein. Da erhoben sie sich beide in die Luft. Vikramāditya erfuhr davon und ging aus seinem Schloß hinaus auf den Platz, um sie zu sehen. Da rief ihm der Mann zu: „Mach deinen Mund auf, damit ich hineinspucke." Der König aber war zu stolz, das zu tun, und so fiel der Speichel bei dem Tor nieder, und die Schwelle bedeckte sich mit Gold. Er aber flog zusammen mit der Frau, wohin er wollte, und verfaßte berühmte Bücher über diese Kunst. Bis zum heutigen Tag lebt er mit ihr zusammen und ist noch nicht gestorben, so behauptet man jedenfalls.

Eine ähnliche Geschichte lautet so, daß in der Stadt Dhāra, der Hauptstadt von Malwa, wo heutzutage Bhoǧadeva[455] König ist, am Tor des Gouverneurs am Regierungspalast eine rechteckige Platte aus reinem Silber steht, auf der die Glieder eines Menschen in Umrissen zu sehen sind. Man erzählt darüber, daß an einen König, den sie dort in längst vergangenen Tagen hatten, einer mit dem *rasāyana* herantrat. Wenn er es ausführen wollte, würde er ewig leben bleiben, unsterblich, siegreich, unüberwindlich und zu allem fähig sein, was er nur verlangte und begehrte. Der König fand sein Angebot verlockend und befahl, alles, was er forderte, heranzuschaffen. Der Mann begann damit, tagelang Öl zu sieden, bis es die richtige Konsistenz erreicht hatte. Dann sagte er zu dem König: „Wirf dich da hinein, damit ich für dich die Sache zu Ende bringe." Der König war entsetzt über das, was er sah, und wollte das Risiko nicht eingehen. Als der Mann seine Verzagtheit merkte, sprach er zu ihm: „Wenn du keinen Mut dazu hast und es für dich selbst nicht haben willst, wärest du dann damit einverstanden, wenn ich es mit mir selber mache?" Der König antwortete: „Das steht dir frei." Da holte der Mann Beutel mit Drogen hervor und erklärte ihm die Anzeichen, die von ihm erscheinen würden, damit er jedesmal, wenn eines davon zu sehen wäre, einen bestimmten Beutel daraufwerfen sollte. Dann trat der Mann an das Öl heran und stürzte sich hinein, worauf er sich auflöste und zerkochte. Der König begann nun zu tun, wie er es ihm gezeigt hatte, bis daß der Abschluß nahe war. Ein Beutel war noch übrig und noch nicht hineingeworfen, als dem König wegen seiner Herrschaft Bedenken kamen, falls der Mann so wieder herauskommen sollte, wie er vorhergesagt hatte. Da nahm er davon Abstand, den Beutel hineinzuwerfen. Der Kessel wurde kalt, und der Mann fand sich darin komprimiert als ebenjene Silberplatte.

Aus: India (S. 92,4–94,7)

64. Beschwörungen und was von ihnen zu halten ist

Beschwörungen werden meistens bei Schlangenbissen angewendet, und die Inder ragen in diesem Fach so hervor, daß ich einmal einen berichten hörte, er habe gesehen, wie ein Mensch an einem Schlangenbiß gestorben sei, dann habe man nach seinem Tode Beschwörungen gemurmelt, bis er wieder lebendig wurde. Er sei auch am Leben geblieben und herumgegangen wie die anderen Leute. Einen anderen hörte ich erzählen, er habe gesehen, wie ein am Schlangenbiß Gestorbener durch eine Beschwörung wieder aufgestanden sei. Er habe gesprochen, sein Testament geregelt, auch angegeben, wo er sein Geld deponiert hatte, und manche Dinge kundgetan. Als er aber den Geruch von Essen in die

Nase bekam, sei er erstarrt und tot umgefallen. Zu ihren Bräuchen gehört auch folgendes. Wenn den Patienten der Biß quält und kein Zauberer erreichbar ist, schnallen sie ihn auf ein Rohrbündel und legen auf ihn ein beschriebenes Blatt mit der Bitte an den zufällig Vorbeikommenden, er möge ihn durch eine Beschwörung aus seiner mißlichen Lage erlösen.

Ich weiß nicht, was ich dazu sagen soll, denn ich kann diesen Künsten keinen Glauben schenken. Jedoch zog sich einmal einer eine Vergiftung zu, und dieser Mann mißtraute selbst den unbestreitbaren Wahrheiten, geschweige denn den Gerüchten. Und der erzählte mir, daß man Inder zu ihm geschickt habe, die in dieser Beziehung einen gewissen Ruf hatten. Die hätten über ihm Beschwörungen angestimmt, wodurch er eine Erleichterung verspürte, ja er fühlte sich genesen, als sie mit den Händen und mit Stäben Zeichen machten. Selbst habe ich gesehen, wie sie bei der Jagd Gazellen mit bloßen Händen gegriffen haben. Einer von ihnen behauptete, er könne sie, ohne sie anzufassen, vor sich hertreiben und bis in die Küche führen. Darin finde ich nun bei ihnen nichts anderes als die Methode des stufenweisen Gewöhnens und des eintönigen Singens. Dasselbe gibt es bei unseren Leuten, wenn sie Hirsche jagen, die weniger zahm sind als die Gazellen. Wenn sie sehen, wie sie sich beieinander gelagert haben, fangen sie an, im Kreis um sie herumzugehen, wobei sie unverändert eine eintönige Melodie singen, bis daß sich die Tiere daran gewöhnt haben. Dann beginnen sie, den Kreis enger zu machen, bis sie so weit herangekommen sind, daß sie zuschlagen können, während sie noch auf dem Boden liegen. Auch die Jäger, die in der Nacht den Flughühnern nachstellen, schlagen auf Messinggefäßen einen gleichbleibenden Rhythmus, und dann können sie die Hühner mit der Hand greifen. Wenn aber der Rhythmus geändert wird, fliegen sie in alle Richtungen davon. Das sind eigentümliche Erscheinungen, denen aber die Beschwörungen nicht zuzurechnen sind. Manchmal werden die Inder wegen ihrer Gewandtheit, mit der sie auf aufgestellten Pfählen und gespannten Seilen turnen, der Zauberei bezichtigt. Aber in dieser Beziehung haben alle Völker Gemeinsamkeiten.

Aus: India (S. 95,8–96,2)

65. Vorstellungen vom Weltei bei Indern und Griechen

In den mythischen Erzählungen der Inder heißt es, daß vor allem anderen das Wasser da war und den Ort unserer Welt ausfüllte. Das war sicherlich am Anfang des „Tages der Seele“[456] und am Beginn der Gestaltwerdung und der Zusammensetzung. Sie erzählen, daß das Wasser Wellen schlug und schäumte und etwas Weißes auftauchte, aus dem der Schöpfer das „Ei des Brahma“ bildete. Einige unter ihnen erzählen, daß es sich spaltete und Brahma hervorkam, und aus einer der beiden Hälften wurde der Himmel und aus der anderen die Erde, aus den kleinen Bruchstükken dazwischen aber der Regen. Wenn sie wenigstens von den Bergen gesprochen hätten, so wäre das passender und besser gewesen als vom Regen. Andere behaupten auch, daß Gott, der erhaben ist, zu Brahma gesagt hat: „Ich werde ein Ei erschaffen und es zu deiner Wohnstatt machen.“ Er bildete es aus dem erwähnten Schaum des Wassers. Als es versickerte und abnahm, zerbrach dann das Ei in zwei Hälften.

Ähnliche Ansichten vertraten die Griechen in bezug auf Asklepios, den Erfinder der Heilkunst, denn wenn sie ihn abbildeten, legten sie, dem Bericht des Galen[457] zufolge, in seine Hand ein Ei, als Hinweis auf die Kugelgestalt des Kosmos und als ein Symbol des Alls und dafür, daß die ganze Welt der Medizin bedürfe.[458] Asklepios hat keinen geringeren Rang als Brahma, denn sie behaupten von ihm, daß er eine göttliche Kraft sei, von deren Wirkung auch dieser Name abgeleitet sei, er heißt soviel wie „Verhinderung der Trockenheit“[459], denn der Tod tritt ein, wenn die Trokkenheit und die Kälte überhandnehmen, obwohl sie hinsichtlich der natürlichen Abstammung von ihm sagen, daß er der Sohn des Apollon sei und dieser ein Sohn der Leto und des Zeus,[460] dieser wiederum der Sohn des Kronos, und das ist der Planet Saturn. All das ergibt sich aus der Macht der Dreiheit.

Wenn für die Inder das Wasser bei der Schöpfung am Anfang steht, so deshalb, weil es alles zusammenhält, was sich sonst in Staub auflösen würde, und weil mit ihm alles wächst und ihm alles, was atmet, den Bestand seines Lebens verdankt. Es ist ein Werkzeug und ein Instrument in der

Hand des Schöpfers, wenn er etwas aus der Materie hervorbringen will. Ähnlich heißt es in dem offenbarten Wort Gottes, der gelobt sei und erhaben ist: „Und sein Thron war auf dem Wasser."[461] Es ist gleich, ob man dies vom äußeren Wortsinn her auf einen bestimmten Körper bezieht, der mit diesem Namen bezeichnet wird und der dazu bestellt war, Gottes Herrlichkeit auszudrücken, oder ob man es allegorisch für die herrscherliche Gewalt und dergleichen nimmt. Der Sinn ist jedesmal der, daß es damals außer Gott nur das Wasser und seinen Thron gab.
Wenn unser Buch nicht auf die Lehren eines Volkes beschränkt wäre, würden wir noch andere Aussagen von den Völkern bringen, die im Altertum in Babylonien und seiner Umgebung wohnten. Es gibt in ihnen eine Ähnlichkeit mit dem Bericht von jenem Ei, und sie sind noch alberner als dieser. Der Grund, warum die Inder auf eine Halbierung des Eies verweisen, liegt darin, daß der Urheber dieses Mythos ein ungebildeter Mann war, der nicht wußte, daß der Himmel die Erde umgibt, so wie eigentlich die Schale seines „Eies des Brahma" den Dotter. Indessen stellte er sich die Erde als etwas Unteres vor und den Himmel als etwas Oberes, von einer bestimmten Seite der Erde aus gesehen. Hätte er eine richtige Vorstellung von der Sache gehabt, so hätte es keiner Spaltung des Eies bedurft, jedoch wollte er die eine Hälfte zu einer flachen Erde ausbreiten und die andere als eine Kuppel darübersetzen. Somit hat er dem Ptolemaios in der Flächenprojektion der Kugel Konkurrenz gemacht, ohne ihn freilich zu übertreffen. Die Mythen waren immer so beschaffen, daß sich ein jeder mit Hilfe allegorischer Deutung das herausnehmen konnte, was mit seiner eigenen Überzeugung harmonierte.

Aus: India (S. 109,4–110,2)

66. Indische Astronomen über die Gestalt von Himmel und Erde

Dieses Thema gestaltet sich bei den Indern ganz anders als bei unseren Leuten. Der Koran sagt nämlich dazu und zu anderen wesentlichen Dingen nichts, was eine gewaltsame allegorische Deutung erforderte, um es den bekannten Tatsachen anzupassen, so wie es bei den vor ihm offenbarten Büchern der Fall ist. Er ist vielmehr mit den Tatsachen so in Übereinstimmung wie ein Ohr mit dem anderen, und dies mit einer Genauigkeit, die keine Unklarheit zuläßt, und er enthält auch nichts, worüber man geteilter Meinung sein oder an dessen Erfassung man verzweifeln müßte, wie etwa in den Fragen der Chronologie.[462] Dessenungeachtet geriet der Islam in seinen Anfängen in die Fallstricke von feindlich gesonnenen Leuten, die ihm äußerlich anhingen und dabei den einfältigen Herzen aus ihren Büchern Dinge beibrachten, die Gott überhaupt nicht geschaffen hat, weder viel noch wenig davon. Jene aber glaubten ihnen und schrieben es von ihnen ab, weil sie durch deren Heuchelei betört waren. So gaben sie auf, was sie an dem Buch der Wahrheit[463] hatten, denn die Herzen des einfachen Volkes neigen nun einmal mehr den erdichteten Phantastereien zu, und so gerieten die Überlieferungen in Verwirrung. Danach kam eine andere Katastrophe von seiten der manichäischen Ketzer wie Ibn al-Muqaffaʿ und ʿAbd al-Karīm ibn abi l-ʿAuǧāʾ[464] und ihren Gesinnungsgenossen. Die säten bei schwachen Naturen Zweifel am Monotheismus, indem sie die Theodizee ins Spiel brachten und Erwägungen über eine Ungerechtigkeit Gottes anstellten. So erweckten sie bei ihnen Sympathien für die dualistische Weltsicht und erzählten ihnen in gewinnender Weise vom Leben Manis, bis sie sich in seinem Netz geborgen wähnten. Nun ist dieser ein Mann, der sich in seinen Torheiten nicht auf seine religiöse Doktrin beschränkt, sondern daneben auch über den Aufbau des Kosmos Dinge redet, die mit seinen Verfälschungen[465] nichts weiter zu tun haben. Jene waren schließlich in aller Munde und fügten sich dem an, was zuvor die Juden ausgeheckt hatten.[466] So wurden sie zu einer Doktrin, die als islamisch gilt, während Gott über derlei Dinge erhaben ist. Wer ihnen widersprach und sich an die Wahrheit hielt, wie sie dem Koran entspricht, der war als Ungläubiger und Ketzer abgestempelt, und sein Blut mußte vergossen werden, und man durfte seinen Reden nicht einmal zuhören, und sie galten weniger als diejenigen, die man von Pharao hört, wenn er sagt: „Ich bin euer oberster Herr" und: „Ich kenne für euch keinen anderen Gott als mich."[467] Wegen der Anmaßungen des Fanatismus weichen wir manchmal von dem rechten Wege ab und geraten in Erbitterung, aber Gott läßt den Fuß derer nicht straucheln, die ihm zustreben und in ihm die Wahrheit suchen.

Was die Inder anlangt, so handeln ihre religiösen Bücher und die Purānas[468], die ihre Überlieferungen enthalten, alle über den Aufbau des Weltalls in einer Weise, die der Wirklichkeit widerspricht, wie sie auch den indischen Astronomen deutlich ist. Jedoch sind die Leute durch diese Bücher, wenn sie die Riten einhalten wollen, gerade auf astronomische Berechnungen und astrologische Vorhersagen angewiesen, und so wurde bei den Volksmassen aus diesem Grunde das Interesse daran geweckt. Sie bekunden eine Zuneigung zu den Astronomen, reden über sie nur Gutes und nehmen es als glückliches Vorzeichen, wenn sie ihnen begegnen, und sie halten es für eine beschlossene Sache, daß sie alle ins Paradies kommen und keiner von ihnen in die Hölle. Und ihre Astronomen vergelten es ihnen, indem sie alles gutheißen und allem zustimmen, was sie glauben, auch wenn das meiste davon der Wahrheit widerstreitet. Sie liefern ihnen, was sie brauchen, und deshalb haben sich im Verlaufe der Zeit die beiden Weltsichten miteinander vermischt, und die Reden, die nun bei den Astronomen herauskommen, machen einen gestörten Eindruck, besonders bei denen, die nur den Autoritäten folgen und ihre Prinzipien dem entnehmen, was ihnen gesagt wird, ohne daß damit eine Methode der Überprüfung einhergeht, und das gilt für die meisten von ihnen.

So wollen wir jetzt darlegen, was ihre Ansichten sind, indem wir folgendes feststellen. Der Himmel und die Welt sind nach ihrer Meinung beide rund, und auch die Erde hat eine kugelförmige Gestalt. Ihre nördliche Hälfte ist Festland, während die südliche von Wasser überflutet ist. Ihr Umfang ist in ihrer Vorstellung größer als bei den Griechen und als es der Meinung der Neueren entspricht. Dabei unterlassen sie es, wie wir gefunden haben, die Meere und die *dvīpas*[469] und die vielen *yoǧanas*[470] zu erwähnen, die dafür anzusetzen sind. Sie folgen den Vertretern der Religion in den Punkten, die ihre Kunst nicht beeinträchtigen. Dazu gehört die Existenz des Berges Meru unter dem nördlichen und der Insel Vadavāmukha unter dem südlichen Himmelspol. Was den Berg anlangt, so ist es gleichgültig, ob es ihn dort gibt oder nicht, denn das, wozu man ihn braucht, gehört zu den Eigenheiten des mühlsteinförmigen Kreisens,[471] und die gäbe es auch infolge des Gegenüberliegens des Pols im Zenit für einen Ort auf der flachen Erde und für die senkrecht darüber befindliche Luft. Was die südliche Insel anlangt, so handelt es sich ebenso um eine Geschichte, die keinen Schaden anrichtet, obgleich es möglich, ja sogar fast notwendig ist, daß von den Vierteln der Erde zwei trockene einander diametral gegenüberliegen[472] und ebenso die beiden anderen, die von Wasser überflutet sind. Weiter meinen sie, daß die Erde in der Mitte liegt und daß die schweren Dinge ihr zustreben. Sicherlich sehen sie auch darin den Grund, daß der Himmel kugelförmig ist.

Wir führen jetzt ihre Aussagen darüber in unserer Übersetzung an, und wenn die Fachausdrücke dabei anders lauten als üblich, so möge man auf die Bedeutungen achten, denn sie sind es, auf die es ankommt. Puliša sagt in seinem *„Siddhānta“*[473]: „Der Grieche Paulos[474] sagt an einer Stelle, daß die Erde kugelförmig sei, und an einer anderen Stelle, daß sie scheibenförmig sei. Mit beidem hat er recht, denn die Rundung hat sie an ihrer Oberfläche und die Geradlinigkeit an ihrem Durchmesser. Er denkt dabei an nichts anderes als an die Kugelform, wie aus zahlreichen Indizien in seiner Rede hervorgeht und weil solche Gelehrten wie Varāhamihira, Āryabhata, Deva, Šrišena, Višnučandra und Brahma[475] darin übereinstimmen. Denn wenn sie nicht rund wäre, würden die geographischen Breiten nicht wie Gürtel um sie herumliegen, und Tage und Nächte würden sich im Sommer und im Winter nicht unterscheiden, und die Sterne würden sich mit ihren Kreisbahnen nicht so verhalten, wie sie es tatsächlich tun. Ihr Platz aber ist die Mitte, und eine Hälfte von ihr ist Erdreich und eine Hälfte ist Wasser, und der Berg Meru befindet sich auf ihrer trockenen Hälfte. Er ist der Wohnsitz der Devas[476], der Engel, und über ihm ist der Himmelsnordpol. In der von Wasser bedeckten Hälfte liegt unter dem Himmelssüdpol Vadavāmukha, das ist ein Festland wie eine Insel, bewohnt von den Daityas und den Nagas[477], den Verwandten der Engel auf dem Meru, und deshalb heißt es auch Daityāntara. Die Linie, welche die trockene von der nassen Erdhälfte trennt, heißt *nirakša*, das bedeutet ‚was keine Breite hat‘, und das ist der Äquator. An seinen vier Seiten liegen vier große Städte, im Osten Yamakoti, im Süden Lanka, im Westen Romaka[478] und in der Nordrichtung Siddhapura[479]. Die Erde wird durch die beiden Himmelspole fixiert, auch die Achse hält sie fest. Wenn die Sonne für die Linie aufgeht, die über den Meru und Lanka verläuft, so ist diese Zeit der Mittag für Yamakoti und Mitternacht für Griechenland und Abend für Siddhapura."

Ebenso äußert sich auch Āryabhata. Brahmagupta[480], der Sohn des Ǧišnu aus Bhillamala, sagt in seinem *„Brahma-Siddhānta"*: „Die Meinungen der Menschen über die Gestalt der Erde sind vielfältig, besonders derjenigen, welche die Puranas und die religiösen Gesetzbücher studieren. Da gibt es solche, die sie für so flach wie einen Spiegel halten, andere meinen, daß sie eingetieft wie eine Schüssel sei, andere behaupten, daß sie flach wie ein Spiegel sei und dabei ringförmig von einem Meer umgeben, dieses wiederum von einem Land und dieses von einem Meer und so fort. Das Ausmaß eines jeden Meeres oder Landes ist jeweils das Doppelte von dem, was innerhalb von ihm liegt, so daß die äußerste Erde vierundsechzigmal so groß ist wie die innerste und der äußerste Ozean vierundsechzigmal so groß wie der uns zunächst liegende. Jedoch die Unterschiede der Auf- und Untergänge, so daß etwa ein Mann in Yamakoti einen Stern zu einer bestimmten Zeit am Westhorizont erblickt und zugleich einer in Griechenland ihn am Osthorizont aufgehen sieht, das alles zwingt zu der Annahme, daß Himmel und Erde kugelförmig sind. Ebenso sieht einer auf dem Meru einen bestimmten Stern zu einer bestimmten Zeit am Horizont in der Richtung auf Lanka, den Wohnsitz der Teufel, während man ihn in Lanka hoch über den Köpfen erblickt, was auf den gleichen Sachverhalt hinweist. Ferner sind auch unsere Berechnungen nur mit dieser Voraussetzung gültig. So erklären wir notwendigerweise, daß der Himmel eine Kugel ist, weil wir deren Eigenschaften an ihm wiederfinden, und daß diese Eigenschaften nicht für die Erde gelten würden, es sei denn, daß sie auch eine Kugel ist. Somit ist offenkundig, daß alle übrigen Theorien darüber falsch sind."

Āryabhata meint bei seiner Untersuchung der Welt, daß sie aus Erde, Wasser, Feuer und Wind besteht, die alle eine runde Gestalt haben. Ebenso sagen Vasištha[481] und Lata[482], daß die fünf Elemente, nämlich Erde, Wasser, Feuer, Wind und Himmel, rund sind, und Varāhamihira sagt, daß das, was man sieht und wahrnimmt, für ihre Kugelgestalt spricht und alle anderen Formen ausschließt. Āryabhata, Puliša, Vasištha und Lata stimmen darin überein, daß dann, wenn es Mittag in Yamakoti ist, in Griechenland Mitternacht ist, in Lanka dagegen Tagesanbruch und in Siddhapura der Beginn der Nacht. Das wäre ohne die runde Form unmöglich. Ebenso würden die Zeiten der Sonnen- und Mondfinsternisse nicht so aufeinanderfolgen, es sei denn auf Grund dieser Voraussetzung.

Lata sagt: „An jedem Ort der Erde sieht man nur eine Hälfte der Himmelskugel. Je mehr man mit der geographischen Breite nach Norden kommt, desto mehr erhebt sich der Meru und der Himmelspol über den Horizont, ebenso sinken sie, je weiter man mit der Breite nach Süden kommt. Mit der Zunahme der geographischen Breite senkt sich in beiden Richtungen der Himmelsäquator und entfernt sich vom Zenit. Und wenn jemand sich auf einer der beiden Seiten, das heißt nördlich oder südlich, befindet, so sieht er nur den Himmelspol, auf dessen Seite er sich aufhält, während derjenige der entgegengesetzten Seite ihm verborgen ist."

Diese ihre Aussagen über die Kugelgestalt des Himmels, der Erde und dessen, was zwischen ihnen ist, und über die Lage der Erde mit einem sehr kleinen Volumen in der Mitte der Welt stimmt mit dem überein, was am Himmel zu beobachten ist, und zählt zu den Grundlagen der Astronomie, wie sie im ersten Buch des Almagest[483] und allen vergleichbaren Büchern enthalten sind, wenngleich nicht auf die konsequente und durchdachte Weise, wie wir sie vertreten. Die Erde ist nämlich schwerer als das Wasser, und das Wasser ist beweglich wie die Luft, und die Kugelgestalt kommt der Erde mit Naturnotwendigkeit zu, es sei denn, daß Gottes Wille sie davon abweichen läßt. Somit ist es unmöglich, daß sich das Erdreich nach dem Norden hin zurückzieht und das Wasser nach dem Süden, so daß die Hälfte der Gesamtheit trocken wäre und die andere Hälfte Wasser, es sei denn, daß das Trockene Hohlräume aufwiese.[484] Wir finden, daß die Vertreter der induktiven Methode zu dem Postulat gekommen sind, daß sich das Festland auf einem der beiden nördlichen Viertel befindet, und wir vermuten deshalb auf dem ihm diametral entgegengesetzten Viertel etwas Entsprechendes. Wir halten die Insel Vadavāmukha für eine Möglichkeit, aber nicht für etwas Notwendiges, denn sie beruht wie auch im Falle des Berges Meru auf Hörensagen. Was die Linie des Äquators angeht, so verläuft sie bei dem uns bekannten Viertel nicht auf der dem Festland und dem Meer gemeinsamen Grenzlinie, denn das Festland dringt stellenweise gegen das Meer vor und geht so weit hinein, daß es über den Äquator hinausreicht, wie die Wüsten der Schwarzen im Westen, denn sie verdrängen das Meer und reichen dabei bis zu Orten jenseits des Mondgebirges und der Nilquellen, wovon wir aber keine Gewißheit haben können, denn von der Landseite her sind sie eine unpassierbare Wüste, und von der Seeseite her liegen sie jenseits des ostafrikanischen Sofala.[485] Auch ist von dort noch kein Schiff zurückgekommen, das sich so weit hinausgewagt und einen Augenzeugenbericht mitgebracht hätte. Ebenfalls reicht ein großes Stück von Indien oberhalb des Landes Sind[486] in das Meer hinein, so daß man sich vorstellen kann, daß es über den Äquator nach Süden hinausragt. Zwischen beiden liegen in derselben Ausrichtung Arabien und der Jemen, ohne daß sie so weit in das Meer vorstoßen, um den Äquator zu überschreiten. Wie nun das Festland das Meer verdrängt, so dringt auch das Meer in das Festland ein und zerreißt es an einigen Stellen, wobei es einen Golf oder eine Bucht bildet, so wie es westlich von Arabien eine Zunge bis fast zur Mitte Syriens ausstreckt. Bei al-Qulzum wird sie eng, und man kennt sie unter diesem Namen.[487] Ein anderer und größerer Golf liegt östlich von Arabien und heißt das Persische Meer. Auch zwischen Indien und China gibt es nach Norden zu eine weite Ausbuchtung. Somit folgt die Küstenlinie keineswegs dem Äquator und hält sich auch nicht in einer unveränderten Entfernung von ihm.

Aus: India (S. 132,1–135,13)

Wenn Puliša[488] sagt, daß die Erde von einer Achse festgehalten wird, so meint er damit nicht, daß es da eine Achse gibt, ohne die sie herunterfallen würde. Wie könnte er auch so etwas sagen, da er doch meint, daß die vier Städte rund um die Erde bewohnt sind, wodurch sie zu dem Schluß zwingen, daß die schweren Dinge von allen Seiten her zur Erde hin fallen. Er nimmt jedoch dabei an, daß die Bewegung des umgebenden Mediums die Ursache für die Ruhe im Zentrum sei. Nun erfolgt die Rotation einer Kugel nicht anders als um zwei Pole, und die gedachte Linie, die sie verbindet, ist die Achse. Es scheint, als ob er sagen wollte, daß die Bewegung des Himmels die Erde an ihrem Ort festhält und ihn so zu dem für sie natürlichen Ort macht und sie an keinem anderen als an diesem sein kann, nämlich auf der Achse dieser Bewegung und noch dazu auf deren Mitte. Alle anderen Durchmesser der Himmelskugel kann man sich nämlich auch als Achsen vorstellen, und sie sind es ja auch der Möglichkeit nach. Wäre die Erde nicht in der Mitte, so könnte es dennoch eine von ihr ausgehende Achse geben. Somit schiene es, als würde sie in ihrer Gestalt von lauter Achsen gestützt.

Die Ruhelage der Erde ist auch eine der Prinzipien der astronomischen Wissenschaft, bei denen schwer lösbare Zweifel auftreten. Die Inder sind aber auch von ihr überzeugt, und Brahmagupta sagt im „*Brahma-Siddhānta*“[489]: „Es gibt Leute, die behaupten, daß die erste Bewegung nicht in der Sphäre der Tagundnachtgleiche[490] stattfindet, sondern der Erde zukommt. Ihnen entgegnet Varāhamihira[491], daß dies zur Folge hätte, daß ein Vogel nicht zu seinem Nest zurückkehren könne, wenn er von seinem Nest in westlicher Richtung wegfliegt, und es ist so, wie er sagt.“ Weiter führt Brahmagupta an einer anderen Stelle seines Buches aus: „Die Anhänger Āryabhatas behaupten, daß sich die Erde bewegt und der Himmel in Ruhe ist. Zu ihrer Widerlegung hat man angeführt, daß dann Steine und Bäume von ihr herunterfallen müßten.“ Brahmagupta ist aber damit nicht zufrieden und sagt: „Das folgt nicht notwendigerweise daraus.“ Er scheint das im Hinblick darauf zu meinen, daß die schweren Dinge zu ihrem Zentrum hingezogen werden. Weiter sagt er: „Doch wenn das der Fall wäre, würden die Minuten des Himmelskreises nicht mit den *prānas*[492] der Zeit synchron sein." Möglicherweise liegt in diesem Abschnitt eine Verwirrung von seiten des Übersetzers vor, denn die Minuten des Himmels betragen 21600, und sie heißen *prānas*, das heißt Atemzüge. Man behauptet nämlich, daß jede Minute an der Sphäre der Tagundnachtgleiche sich in der Zeit eines normalen menschlichen Atemzuges weiterdrehe. Nehmen wir einmal an, daß das richtig ist und daß aber die Erde eine vollständige Umdrehung in östlicher Richtung vollführt, und zwar in der Anzahl von Atemzügen, wie sie der Himmel nach Brahmaguptas Ansicht für eine Umdrehung braucht, so gäbe es keinen Hinderungsgrund dafür, daß beides völlig gleichwertig ist. Außerdem würde eine Rotation der Erde die astronomische Wissenschaft überhaupt nicht beeinträchtigen, vielmehr könnte sie damit in der gleichen Weise betrieben werden. Indessen ist sie aus anderen Gründen unmöglich, und deswegen wurde sie zu einem der am schwersten zu lösenden Probleme in dieser Wissenschaft. Die Koryphäen unter den neueren Gelehrten haben sich im Gefolge der alten vielfach auf die Erdrotation und ihre Widerlegung eingelassen. Wir glauben, daß wir sie der Sache nach, wenn auch nicht in Worten, übertroffen haben in unserem Buch „Schlüssel zur Astronomie"[493].

Aus: India (S. 138,13–139,11)

68. Sonnen- und Mondfinsternisse in Indien

Daß die Ursache der Mondfinsternis der Erdschatten und die Ursache der Sonnenfinsternis der Mond ist, wird auch von den indischen Astronomen als wahr angenommen, und darauf gründen sie die Berechnungen in ihren Handbüchern und anderen Werken. Varāhamihira sagt in dem Buch *„Samhitā"*[494]: „Manche gelehrte Leute behaupten, daß der ‚Kopf'[495] zu der Gesellschaft der Daityas[496] gehörte, und seine Mutter war Simhikā. Als die Engel die ‚Seligkeit'[497] aus dem Meere heraufholten, baten sie Wischnu[498], sie in ihrem Kreis zu verteilen, was er auch tat. Da kam der ‚Kopf' verkleidet in der Gestalt eines Engels und mischte sich unter sie. Als ihm Wischnu eine Portion von der ‚Seligkeit' reichte, nahm er sie und schlürfte sie ein. Da merkte Wischnu, was geschehen war, und traf ihn mit der runden *čakra* und trennte ihm den Kopf ab. So blieb der ‚Kopf' am Leben wegen der ‚Seligkeit', die er im Mund hatte, während der Körper starb, weil sie ihn noch nicht erreicht hatte und sich ihre Kraft noch nicht in ihm verbreitet hatte. Da sagte der ‚Kopf' demütig flehend: ‚Was habe ich verbrochen, daß mir das angetan wurde?' So wurde er damit entschädigt, daß er zum Himmel erhoben und zu einem seiner Bewohner gemacht wurde. Manche sagen, daß der Kopf einen Körper wie Sonne und Mond habe, jedoch sei er schwarz und dunkel und deswegen am Himmel nicht zu sehen. Brahma, der Urvater, habe ihm befohlen, sich niemals am Himmel zu zeigen außer zu den Zeiten der Verfinsterung. Manche sagen, daß er einen Kopf wie den einer Schlange habe und einen entsprechenden Schwanz. Andere meinen, daß er keinen Körper habe außer dieser Schwärze, die man sehen kann." …

Man sehe sich nun Brahmagupta[499] an, einen Vortrefflichen in seiner Klasse, denn da er zu den Brahmanen gehörte, die in den Purānas lesen, daß die Sonne unterhalb des Mondes ist, und sie folglich einen „Kopf" brauchen, der die Sonne packt, um sie zu verfinstern, verwarf er die Wahrheit und trat für das Falsche ein. Immerhin ist es möglich, daß er einem heftigen Unwillen bei ihnen entfliehen[500] wollte oder unter einem Zwang stand wie einer, der vor Todesangst ohnmächtig wird. Das sind seine Worte in dem ersten Kapitel des *„Brahma-Siddhānta"*[501]: „Es gibt Leute, die meinen, daß die Verfinsterung nicht von dem ‚Kopf' kommt. Das ist eine unmögliche Ansicht, denn er ist es, der die Verfinsterung verursacht. Die Menge der Bewohner der Erde sagt, daß es der ‚Kopf' ist, der die Verfinsterung hervorruft. In den Veden[502], die das Wort Gottes aus dem Munde Brahmas sind, heißt es, daß der ‚Kopf' die Verfinsterung macht. Ebenso steht es im Buche *‚Smriti'*, das Manu[503] verfaßt hat, und im *‚Samhitā'*, den Garga[504], der Sohn Brahmas, verfaßt hat. Varāhamihira aber und Šrišena und Āryabhata und Višnučandra[505] behaupten, daß die Verfinsterung nicht von dem ‚Kopf' kommt, sondern von dem Mond und dem Schatten der Erde. Damit befinden sie sich im Gegensatz zum Volk und widersprechen der erwähnten Rede. Denn wenn der ‚Kopf' nicht die Verfinsterung bewirkt, wäre ja das Einreiben mit erwärmtem Öl und all die anderen vorgeschriebenen Zeremonien, welche die Brahmanen zur Zeit der Verfinsterung ausführen, sinnlos, und sie hätten keine Belohnung dafür zu erwarten. Wer das leugnet, stellt sich außerhalb der allgmein gebilligten Meinung, und das ist nicht erlaubt. Manu sagt im *‚Smriti'*: ‚Wenn der ›Kopf‹ einen der beiden leuchtenden Gestirne mit seiner Finsternis ergreift, wird alles Wasser auf der Erde rein, so rein wie das Wasser des Ganges.' Und in den Veden heißt es: ‚Der ›Kopf‹ ist der Sohn einer Frau von den Töchtern der Daityas, und ihr Name war Simhikā. Seinetwegen werden alle diese frommen Handlungen ausgeführt.' Also wäre es die Pflicht dieser Leute, ihre Widerspenstigkeit gegen die Allgemeinheit aufzugeben; denn alles, was in den Veden und im *‚Smriti'* und im *‚Samhitā'* steht, ist die Wahrheit."

Wenn Brahmagupta an dieser Stelle denen zuzurechnen wäre, über die Gott, der erhaben ist, so gesprochen hat: „Aus Frevelmut und Hoffart haben sie es verleugnet, wiewohl ihre Herzen davon überzeugt waren"[506], so werden wir mit ihm nicht weiter disputieren, außer daß wir ihm ins Ohr flüstern: „Wenn es dem Volk geboten ist, jeden Widerspruch gegen die religiösen Bücher zu unterlassen, warum rufst du erst die Leute zur Frömmigkeit, und dann denkst du selber nicht mehr daran und fängst nach dieser Rede an, zu bestimmen, wie groß der Monddurchmesser sein muß, damit durch ihn die Sonne verdunkelt wird, und wie groß der Durchmesser des Erdschattens ist, damit durch ihn der Mond verfinstert wird? Und warum läßt du beide Finsternisse auf Grund der Ansichten jener verstockten Leute eintreten und nicht nach der Meinung derjenigen, mit denen du übereinstimmen möchtest? Und wenn die Brahmanen gehalten sind, eine religiöse Zeremonie oder irgend etwas anderes beim Eintritt der Verfinsterung zu vollziehen, so gibt doch die Verfinsterung dafür nur den Zeitpunkt an, und das heißt nicht, daß die Handlung ihretwegen geschieht, so wie wir bei bestimmten Positionen der Sonne die Tageszeitengebete ausführen müssen oder sie nicht ausführen dürfen. Ihr Scheinen ist als Merkzeichen für die Gebetszeiten gesetzt worden, ohne daß die Sonne in unsere

Anbetung einbezogen wäre." Was nun weiter seine Behauptung anlangt, die Allgemeinheit stimme darin überein, und wenn er damit die Gesamtheit der Erdbevölkerung meint, so ist zu fragen, was ihn davon abgehalten hat, dem auf theoretischem Wege oder durch das Einholen von Nachrichten weiter nachzugehen. Das Land der Inder ist im Verhältnis zur Gesamtheit der bewohnten Erde winzig klein, und es gibt weit mehr Menschen, die den Indern in ihrem Denken und Glauben entgegengesetzt sind als solche, die mit ihnen übereinstimmen. Wenn er aber damit nur die Bevölkerung Indiens gemeint hat, so ist hier die breite Masse freilich zahlreicher als die Elite. Die Majorität aber wird in unseren offenbarten Büchern getadelt und als unwissend, zweifelnd und undankbar beschrieben.

Ich meine, daß Brahmagupta nur deshalb zu solchen Reden gebracht wurde, weil er von einem Schicksal wie seinerzeit Sokrates[507] heimgesucht wurde, und dies bei all seinem großen Wissen und angeborenen Scharfsinn unter Berücksichtigung seines jugendlichen und unerfahrenen Lebensalters. Er schrieb nämlich den *„Brahma-Siddhānta"* im Alter von dreißig Jahren, und wenn das eine Entschuldigung für ihn ist, so wollen wir sie akzeptieren und es damit genug sein lassen.

Was aber die erwähnten Leute angeht, denen man nicht widersprechen darf, so haben sie in ihren Purānas bei der Behandlung eines Themas, das Sache der Astronomen ist, nämlich der Verfinsterung der Sonne durch den Mond, den letzteren über die Sonne gesetzt. Und weil das Obere das Untere nicht für denjenigen verdecken kann, der unterhalb der beiden steht, brauchten sie etwas, was die beiden Gestirne packt wie ein Fisch ein rundes Brot, und sie mußten ihm eine solche Form geben, wie sie die Verfinsterung auf den beiden Himmelskörpern aufweist. Kein Volk ist frei von Dummköpfen, und die haben wiederum Anführer, die noch dümmer sind, und so „tragen sie ihre eigene Bürde und noch eine Bürde zusammen mit ihrer Bürde[508]."

Aus: India (S. 254,6–15 u. 255,17–257,5)

69. Ziffern und Zahlen

Sie belegen ihre Buchstaben nicht mit einer Zahlbedeutung, wie wir das bei unserer Buchstabenrechnung tun.[509] Und wie sich die Formen ihrer Buchstaben je nach der Gegend unterscheiden, so ist es auch mit den Ziffern. Sie heißen *anka*. Was wir davon verwenden, ist eine Entlehnung des Schönsten, was es davon bei ihnen gibt. Nun hat man von keinem Zeichen einen Nutzen, wenn man nicht weiß, welche Bedeutung sich dahinter verbirgt. Die Bewohner von Kaschmir numerieren die Buchseiten mit Ziffern, die wie Figuren oder chinesische Schriftzeichen aussehen. Man lernt sie nur durch Gewöhnung und langen Umgang zu unterscheiden. Sie werden auch nicht bei der „Staubrechnung"[510] verwendet.
Ein Grundsatz, in dem alle Völker beim Zählen übereinstimmen, ist der, daß die Dekaden den Zehnteln entsprechen. Es gibt keine Stufe, deren Einheit nicht ein Zehntel der Einheit der folgenden Stufe und zugleich das Zehnfache der vorhergehenden Einheit ist. Ich habe die Bezeichnungen der Stufen bei den jeweiligen Sprachen der Völker, die mir erreichbar waren, untersucht und dabei gefunden, daß sie bei den Tausendern umkehren, wie es auch die Araber tun, und das ist auch das Vernünftigste und entspricht am meisten der Natur der Sache. Ich habe darüber eine besondere Abhandlung geschrieben. Die Inder hingegen gehen in ihrer Namensgebung in unterschiedlicher Weise über die Stufe der Tausender hinaus, wobei sie einen Teil frei erfunden, einen anderen Teil abgeleitet und noch einen anderen aus einer Kombination beider gebildet haben. Die Bezeichnungen erstrecken sich bis zur achtzehnten Stufe, und zwar aus religiösen Gründen. Dabei haben ihnen die Sprachgelehrten durch die Ableitung der Namen geholfen. Die Bezeichnung der achtzehnten Stufe lautet *parārdha*, das heißt „die Hälfte des Himmels" oder genauer „die Hälfte dessen, was oben ist".

Aus: India (S. 82,20–83,9)

70. *Die Verdoppelungsaufgabe auf dem Schachbrett*

Für das Verdoppeln und das Zusammenrechnen auf dem Schachbrett gibt es zwei Grundregeln. Erstens: Wenn man den Inhalt irgendeines der 64 Felder mit sich selbst multipliziert, liegt das Produkt auf dem Feld, das von ihm ebenso weit entfernt ist, wie die Entfernung des multiplizierten Feldes von dem ersten beträgt. Wenn wir zum Beispiel den Inhalt des fünften Feldes, nämlich 16, mit sich selbst multiplizieren, ist das Produkt 256, und das liegt auf dem neunten Feld. Die Entfernung des neunten Feldes von dem fünften ist ebenso groß wie die Entfernung des ersten Feldes von diesem. Zweitens: Wenn wir den Inhalt eines beliebigen Feldes nehmen und von ihm 1 subtrahieren, ist die Differenz gleich der Summe des Inhalts der vorangehenden Felder. Wenn wir zum Beispiel den Inhalt des sechsten Feldes, nämlich 32, nehmen und davon 1 subtrahieren, bleiben 31, und das ist gleich der Summe der vorangehenden Felder, nämlich $1+2+4+8+16$. Die Multiplikation des Quadrats des Quadrats des Quadrats von 16 mit sich selbst ist gleichbedeutend mit der Multiplikation des Inhalts des 33. Feldes mit sich selbst, damit der Inhalt des 65. Feldes herauskommt, und wenn man von ihm 1 subtrahiert, erhält man die Summe des ganzen Brettes. Das Quadrat in Nr. 33 aber ist dasjenige, das sich aus der Multiplikation des Inhalts des 17. Feldes ergibt, und das Quadrat in Nr. 17 ist das, was sich aus der Multiplikation des neunten Feldes ergibt, und das Quadrat in Nr. 9 ist das, was man von dem fünften Feld erhält, nämlich der obenerwähnten 16.

Abū Raiḥān sagt im „Buch der Ziffern“[511]: Ich werde den Weg zur Berechnung des Schachbretts erläutern, damit man durch die Beschäftigung damit Übung erlangen kann. Zuvor aber sollte man wissen, daß die Verdoppelungen einer beliebigen gerade-mal-geraden Zahl[512] in einer bestimmten Abfolge voneinander entfernt sind. Handelt es sich um eine ungerade Anzahl, so gibt es ein Mittelglied, und das Produkt der beiden Randglieder ist gleich ⟨dem Quadrat des Mittelgliedes, und wenn es sich um eine gerade Anzahl handelt, gibt es zwei Mittelglieder, und das Produkt der beiden Randglieder ist gleich⟩[513] dem Produkt der beiden mittleren. Das ist das eine von dem, was man vorher wissen muß, und das andere besteht in folgendem. Wenn wir die betreffende Anzahl der Verdoppelungen der gerade-mal-geraden Zahlen summieren wollen, verdoppeln wir die größte, nämlich die letzte, und ziehen die kleinste, nämlich die erste Zahl ab, und es bleibt die Summe dieser Verdoppelungen. Wenn das nun erwiesen ist, fügen wir zu den Feldern des Schachbretts ein weiteres 65. hinzu. Nun wissen wir, daß die auf ihm befindliche Zahl, die aus den mit der Eins beginnenden Verdoppelungen der gerade-mal-geraden Zahlen resultiert, gleich der Summe des Inhalts aller Felder des Schachbrettes ist, unter nochmaliger Hinzufügung des ersten Feldes, nämlich der anfänglichen Eins. Wenn also 1 subtrahiert wird, bleibt das, was in der Gesamtheit der Felder ist. Wenn wir jenes Feld und das erste als zwei solcher Randglieder auffassen, liegt ihre Mitte auf Nr. 33, und das wäre das erste Mittelglied. Wenn wir das 33. und das erste Feld als zwei Randglieder auffassen, ist das 17. Feld die Mitte zwischen ihnen, und das wäre das zweite Mittelglied. Wenn wir das 17. und das erste Feld als zwei Randglieder auffassen, ist das neunte Feld das Mittelglied zwischen ihnen, und das wäre das dritte. Wenn wir das neunte und das erste Feld als zwei Randglieder auffassen, ist das fünfte Feld das Mittelglied, und das wäre das vierte. Wenn wir das fünfte und das erste Feld als zwei Randglieder auffassen, ist das dritte Feld das Mittelglied, und das wäre das fünfte. Wenn wir das dritte Feld und das erste als zwei Randglieder auffassen, ist das zweite Feld das Mittelglied, und das wäre das sechste, und sein Inhalt ist 2. Wenn wir 2 mit sich selbst multiplizieren, ergibt sich das Produkt des ersten Feldes mit dem dritten, und auf dem ersten ist ja 1. Was sich danach ergibt, ist das fünfte Mittelglied auf dem dritten Feld, nämlich 4. Wir multiplizieren das mit sich selbst, das Resultat ist 16, und das ist das vierte Mittelglied auf dem fünften Feld. Wir multiplizieren das mit sich selbst, das Resultat ist 256, und das ist das dritte Mittelglied auf dem neunten Feld. Wenn wir das mit sich selbst multiplizieren, ergibt sich 65536, und das ist das zweite Mittelglied auf dem 17. Feld. Wenn wir das mit sich selbst multiplizieren, ergibt sich 4294967296, und das ist das erste Mittelglied auf dem 33. Feld. Wenn wir das mit sich selbst multiplizieren, ergibt sich 18446744073709551616, und wenn wir davon 1 subtrahieren, nämlich so viel, wie auf dem ersten Feld steht, bleibt die Summe dessen, was auf den Feldern des Schachbretts ist, das heißt die Zahl, die wir eingangs dargestellt haben. Ihre Menge läßt sich nicht fassen, es sei denn, man teilt sie durch 10000, damit daraus Säcke werden. Die Säcke teile man durch acht, damit daraus Packlasten werden. Die Zahl der Packlasten teile man durch 10000, damit die zugehörigen Maultiere zu Herden zu je 10000 Stück werden. Dann teile man die Herden durch 1000, damit sie an den Ufern von Flüssen weiden, am Ufer eines jeden 1000 Herden[514]. Dann teile man die Zahl der Flüsse durch 10000, damit sie aus Gebirgen[515] entspringen, und zwar aus jedem Gebirge 10000 Flüsse. Trotz unserer sehr großzügig angesetzten Verteilung beträgt die Zahl dieser Gebirge immer noch 2305, und so etwas könnte unsere bewohnte Erde nicht fassen. Gott aber ist wissender als wir und weiser.

Aus: Chronologie (S. 138,1–139,15)

71. *Die Zahl Pi bei den Indern*

Die alten Autoritäten unter ihnen waren alle der Meinung, daß der Umfang des Kreises gleich dem Dreifachen des Durchmessers sei. So heißt es im *„Matsya-Purāna“* bei der Erwähnung der Durchmesser von Sonne und Mond in *yoğanas*[516]: „Der Umfang ist dreimal der Durchmesser.“ Und auch im *„Āditya-Purāna“* heißt es bei der Erwähnung der Ausdehnung der *dvīpas*[517], das heißt der „Inseln“ samt den sie umgebenden Meeren, in *yoğanas*: „Der Umfang ist dreimal der Durchmesser.“ Ebenso steht es auch im *„Vāyu-Purāna“*. Die Neueren unter den Indern kamen auf den Bruch, der auf die Ganzen folgt. Brahmagupta[518] denkt dabei an ein Siebentel, jedoch hat er ein ganz anderes Verfahren. Weil nämlich die Wurzel aus 10 ungefähr $3\frac{1}{7}$ beträgt, sei das Verhältnis eines jeden Durchmessers zu seinem Umfang gleich dem Verhältnis von 1 zur Wurzel aus 10. Darum multipliziert er den Durchmesser mit sich selbst und das Ergebnis mit 10. Aus dem Ganzen zieht er die Wurzel, und so ergibt sich der Umfang als eine irrationale Größe, wie es die Wurzel aus 10 ist. Indessen kommt dabei in jedem Fall ein größerer Wert heraus, als er sein müßte. Archimedes hat ihn eingegrenzt als zwischen $\frac{10}{70}$ und $\frac{11}{70}$[519] liegend. Brahmagupta berichtet von Āryabhata[520], wobei er ihn kritisiert, daß er den Umfang mit 3393 angesetzt und dann an einer Stelle den Durchmesser mit 1080 und an einer anderen Stelle mit 1050 bestimmt habe. Was die erste Angabe anlangt, so erfordert sie ein Verhältnis wie 1 zu $3\frac{17}{120}$. Das ist weniger als ein Siebentel, und zwar um $\frac{1}{17}$ von einem Siebentel. Was die zweite Angabe anlangt, so liegt ohne Zweifel ein Abschreibefehler vor, ohne daß den Verfasser eine Schuld trifft. Denn das erforderte ein Verhältnis wie 1 zu mehr als $3\frac{1}{4}$. Puliša[521] hingegen verwendet dieses Verhältnis als 1 zu $3\frac{177}{1250}$. Das ist auch weniger als $\frac{1}{7}$ auf die Weise, wie es auch nach der Meinung Āryabhatas weniger ist. Das ist übernommen von der alten Theorie, die von Yaʿqūb ibn Ṭāriq im „System der Sphären"[522] nach den Worten eines Inders referiert wird. Hier ist der Umfang der Sphäre des Tierkreises 1256640000 *yoǧanas* und ihr Durchmesser 400000000 *yoǧanas*. Das bedeutet, daß das Verhältnis wie 1 zu 3 und 56640000 zu 400000000 ist. Die beiden Zahlen enthalten als größten gemeinsamen Nenner 320000. Somit ergibt sich als Zähler 177 und als Nenner 1250, und das ist der Wert, den Puliša vertreten hat.

Aus: India (S. 80,4–21)

72. *Poesie und Prosa in den Wissenschaften*

Ihre Bücher sind in Versen, und sie bezwecken damit, daß man sie leichter auswendig lernen kann, wobei sie auch in den Wissenschaften nur dann auf das Buch zurückgreifen, wenn es unbedingt nötig ist. Die Seele fühlt sich nämlich zu allem hingezogen, was eine Regelmäßigkeit und Ordnung hat, und empfindet Widerwillen gegen das, was keine Ordnung hat. Deswegen kann man beobachten, wie die meisten Inder in ihre Dichtung vernarrt sind und sie gern rezitieren, auch wenn sie den Sinn nicht verstehen, und vor lauter Freude und Entzücken schnalzen sie dabei mit den Fingern. Die Prosa mögen sie nicht, obwohl sie leichter zu verstehen ist. Die meisten ihrer Bücher sind in *šlokas*[523], was mich in Schwierigkeiten gebracht hat, da ich den Indern das Buch des Euklid und den Almagest[524] in Übersetzung vorstellen will. Auch diktiere ich ihnen etwas über die Herstellung des Astrolabs[525], und das alles wegen meines Eifers um die Verbreitung der Wissenschaft. Wenn ihnen etwas in die Hände fällt, was sie noch nicht haben und womit sie nicht vertraut sind, so machen sie sich gleich daran, es in *ślokas* zu setzen, deren Sinn unverständlich ist, denn die poetische Form nötigt zu einer Künstelei, wie sie auch bei unserer Erwähnung ihrer Zahlen deutlich wurde. Wenn man das nicht machte und es so prosaisch niederschriebe, wie es ist, würden sie sich mit finsterer Miene abwenden. Gott wird mir ihretwegen Gerechtigkeit widerfahren lassen.

Aus: India (S. 65,21–66,7)

73. Der nutzlose Reichtum der Sprache

Sie benennen ein und dieselbe Sache mit sehr vielen Namen, wie zum Beispiel die Sonne, denn sie haben dafür, wie sie versichern, tausend Bezeichnungen, wie auch die Araber für den Löwen annähernd so viele haben. Es sind teils Wurzelwörter, teils sind sie von den wechselnden Zuständen oder den hervorgebrachten Wirkungen abgeleitet. Sie aber und diejenigen, die ihnen darin gleichen, brüsten sich damit, während es doch zu den schwerwiegendsten Mängeln einer Sprache zählt. Ihre Aufgabe besteht nämlich darin, daß jedes Seiende und seine Wirkungen innerhalb einer Gruppe übereinstimmend mit einem Namen belegt wird, wodurch der eine vom anderen versteht, was er will, wenn er das betreffende Wort in seiner Rede hervorbringt. Wenn aber ein und dieselbe Bezeichnung für mehrere Gegenstände angewendet wird, ist das ein Hinweis auf die Beschränktheit einer Sprache und nötigt den Zuhörenden, den Sprecher zu fragen, was er mit seinem Ausdruck meint. So wird diese Bezeichnung hinfällig, entweder durch eine andere, die ausreichend ist, oder durch eine Erläuterung, die den Sinn verdeutlicht. Wenn aber ein und dieselbe Sache viele Namen hat und die Ursache dafür nicht darin liegt, daß einzelne Stämme oder Klassen jeweils einen davon für sich mit Beschlag belegt haben, und wenn ein einziger Name genügen würde, so muß man die übrigen als Weitschweifigkeit und sinnloses Gerede und Geschwätz kennzeichnen. Sie werden nur zur Ursache von Dunkelheit und Undeutlichkeit, oder sie bringen, wenn man sie alle behalten will, Mühen mit sich, die einem nichts anderes als Zeitvergeudung einbringen. Manchmal ist es mir angesichts ihrer Autoren und Geschichtenerzähler so vorgekommen, als hätten sie von der geordneten Darstellung Abstand genommen und sich mit der Aufzählung der Bezeichnungen begnügt oder als ob die Kopisten drauflos geschrieben hätten, was ihnen in den Sinn kam. Denn diejenigen, die mir als Übersetzer mit ihren Erklärungen geholfen haben, waren ihrer Sprache mächtig und standen nicht in dem Ruf der arglistigen Täuschung, die ihnen doch keinen Nutzen gebracht hätte.

Aus: India (S. 112,6–17)

74. Inder und Araber vor ihrer Bekehrung

Wenn uns die Inder zum Vorwurf machen, daß wir anders sind als sie, so wie wir das ihnen zum Vorwurf machen, so wollen wir eine Untersuchung ihrer jungen Leute zum Prüfstein machen. Ich habe noch keinen indischen Diener getroffen, der erst kürzlich in das Land des Islam gekommen und noch nicht mit den Gepflogenheiten seiner Bewohner vertraut war, der nicht die Sandalen andersherum, als sie richtig liegen müssen, vor seinen Herrn gesetzt hätte, nämlich die rechte zum linken Fuß, und der nicht die Kleider verkehrt herum zusammengelegt und die Matratzen umgedreht ausgebreitet hätte und dergleichen mehr, was an der eingewurzelten Verkehrtheit ihrer Natur liegen muß. Ich mache aber nicht allein den Indern ihre heidnische Unwissenheit zum Vorwurf. Denn auch die alten Araber ließen sich in gleicher Lage Ungeheuerliches und Schändliches zuschulden kommen. Sie hatten Geschlechtsverkehr mit Menstruierenden und Schwangeren, mehrere Männer hatten Umgang mit einer Frau während einer Reinheitsperiode, sie erkannten Bastarde und die Sprößlinge ihrer Gäste als ihre eigenen an, sie begruben ihre neugeborenen Töchter lebendig, ganz abgesehen davon, daß sie bei ihrem

Kult ein Pfeifen und Händeklatschen ertönen ließen und daß sie das Fleisch unreiner und nicht rituell geschlachteter Tiere aßen. Das hat der Islam abgeschafft, wie er es gottlob zum großen Teil in Indien abgeschafft hat, wo sich die Bewohner zum Islam bekehrt haben.

Aus: India (S. 91,13–20)

Die unbelebte Schöpfung

75. Gold und Silber als Gaben Gottes

Der menschliche Körper setzt sich in seiner Natur aus einander widerstreitenden Säften zusammen, die nur gezwungenermaßen vereinigt sind, und die Seele folgt in den meisten ihrer Zustände der Mischung des Körpers.[526] Sie ist darum wankelmütig und wechselnd in ihrem Charakter. Nun strebt das gewaltsam Vereinigte bekanntermaßen ständig danach, den Zwang auf dem Wege der Auflösung wieder loszuwerden. Alles Gegensätzliche hat die Tendenz, das ihm Entgegenstehende zu überwinden und es in etwas umzuwandeln, das ihm gemäß ist. Dessenungeachtet liegt die Ursache der Leiden, die ein Lebewesen befallen, und der Krankheiten, die in seinem Innern ausbrechen, auch an den gegensätzlichen Umständen, die es von außen umgeben. Weil ferner der Mensch in Ermangelung der entsprechenden Organe ein nacktes und armseliges Wesen ist, sieht er sich von seiten der anderen Lebewesen von Übergriffen bedroht und ist ständig eines Schutzes bedürftig und lebt unter dem Zwang, dafür das Nötige zu beschaffen. Darum heißt es:

> „Es sterben mit dem Menschen seine Bedürfnisse,
> aber solange er lebt, hat er auch ein Bedürfnis."

Dieses ist nicht von einer einzigen Gattung, und darum muß ihm ein Helfer seine Last aufheben und für das Nötige sorgen. Ja, es handelt sich sogar um vielfältige Arten, die nur von einer Gruppe befriedigt werden können, und darum entstand die Notwendigkeit eines zivilisierten Zusammenlebens.

Um dieser Zusammenschlüsse und Gruppenbildungen und um des Beieinanderwohnens in den Siedlungen willen schuf Gott, dessen Name gewaltig ist, Unterschiede in den Neigungen und Absichten, damit nicht alle auf die Wahl ein und desselben, nämlich des Besten, verfielen und das Geringere vernachlässigt würde und ihre Gleichheit zum Untergang der Gemeinschaft führte. Da nun die Absichten

und Wünsche verschieden waren, wurden die Berufe und Kunstfertigkeiten mannigfaltig, und der eine machte sich beim gegenseitigen Austausch den anderen fronpflichtig, der dann ständig um der Gerechtigkeit willen für ihn arbeiten mußte. Nun ist die durch Gewalt oder durch ein Mietverhältnis erzwungene Arbeit nicht von langer Dauer und ohne Bestand, vielmehr trieb sie der Umstand, daß die Bedürfnisse vielfältig waren und zu unterschiedlichen Zeiten auftraten und der eine manchmal gar nicht brauchte, was der andere gerade hatte, dazu, ein allgemeines Äquivalent anstelle der einzelnen Tauschobjekte zu suchen. Da wählten sie etwas, das einen glänzenden und gefälligen Anblick bot und das schwer zu finden und dauerhaft war. Auch ließ es sich durch Zusammenschmelzen beliebig vergrößern und durch Zerstückeln und Zerteilen verkleinern, durch Gravierung und Formung konnte es Prägungen und alle möglichen Gestalten und Bildungen annehmen, wobei seine Materie und Substanz unverändert blieb.
Gott, der groß und erhaben ist, hat die Gebrechen seiner Geschöpfe durch bestimmte Werkzeuge hinweggenommen. So hat er den Menschen durch die Vernunft geleitet, die ihn auf seine Schöpfungswerke hinweist, außerdem durch die Propheten, auf denen allen sein Segen ruhe und die den Weg zum endgültigen Heil weisen, und durch die Könige, die ihre Stellvertreter unter den Sterblichen sind, indem sie das Volk in allen Angelegenheiten dieser Welt zur Gerechtigkeit anhalten. In der gleichen Weise und durch seine Barmherzigkeit und durch seine offenkundige Fürsorge für seine Geschöpfe hat er auch, noch bevor er sie ins Leben rief, für sie alles das Wägbare im Schoß der Erde unter den festgegründeten und hochragenden Bergen aufgespeichert, damit sie aus ihnen beim Aneignen und bei der Schadensabwehr Nutzen ziehen. Darauf verweist die Rede Gottes, der erhaben ist: „Wir luden auf sie die festgegründeten Berge und ließen in ihnen von allem Wägbaren etwas wachsen.“[527] Dann bestimmte er am Silber und am Gold den Wert von allem, womit die Menschen einen Austausch betreiben, so daß mit ihnen der Preis der begehrten Dinge ausgedrückt werden konnte. Er wies ihnen den Weg zu ihnen, und da fingen sie an, die beiden Metalle aus ihren Lagerstätten zu gewinnen, in denen sie länger als Ewigkeiten

geruht hatten. Er übertrug ihnen auch die Verwaltung der beiden, damit sie sie vor der Verfälschung durch trügerisch ähnliche Substanzen bewahren, die mit ihnen rivalisieren, indem sie ein Ersatz für sie sein wollen, und auch, damit sie die beiden durch das Schmelzen und Schmieden von Verunreinigungen läutern. Es gibt nichts Richtiges mitsamt seinem Garanten, ohne daß ihm nicht etwas Falsches samt seinem Vertreter gegenüberstünde, der es an seiner Stelle in Umlauf bringen möchte. Dieses und ähnliches macht es für die dazu würdigen Inhaber der Regierungsgewalt erforderlich, die Bedingungen ihrer Herrschaft zu berücksichtigen, damit sie den Namen eines Stellvertreters Gottes unter den Menschen und die Bezeichnung als sein Schatten auf Erden verdienen, indem sie für ihn, der gepriesen sei, seine Tätigkeiten übernehmen, indem sie zwischen hoch und niedrig Gerechtigkeit walten lassen und zwischen den Mächtigen und den Schwachen unter seinen Geschöpfen einen Ausgleich schaffen. Gott, der erhaben ist, verleihe das Gute einem jeden, der ihn um seinen Beistand bittet.
Da Gott den Menschen mit dem gelben und dem weißen Metall die Aufwendungen und Ausgaben für den Lebensunterhalt erleichtert hat, sind ihre Herzen ganz mit der Liebe zu den beiden erfüllt, und ihr Streben geht zu ihnen hin, so wie die beiden bei ihrem Umlauf von einer Hand zur anderen streben. Die große Begier, sie aufzuspeichern und möglichst viel davon haben zu wollen, ihr ganzer ehrenvoller und stolzer Rang ist ihnen durch Satzung und Übereinkunft zwischen den Menschen zuteil geworden, nicht von Natur aus und nicht durch göttliches Gesetz. Denn sie sind nur wie Steine, die von ihrem Wesen her weder den Hunger noch den Durst stillen, kein Unglück abwenden und vor keinem Schaden bewahren können. Was aber weder zur Ernährung taugt, durch die das Individuum und die Art am Leben erhalten werden, noch zur Kleidung, die von den Leuten Übel abwehrt und vor schädlicher Hitze und Kälte schützt, noch Obdach gewährt, das auch dazu hilft und durch das man auch des Unheils Herr wird, das ist nicht von Natur aus etwas Gutes, sondern es wurde dazu nur akzidentiell und durch Übereinkunft, wenn man mit ihm etwas bekommt, was man braucht und das anders nicht zu haben ist. Deshalb wird es schlechterdings ein Gut ge-

nannt, weil es die Erfüllung so vieler Wünsche in sich schließt. So drückt es auch, wie man weiß, die Offenbarung aus. Gott, der erhaben ist, sagt: „Vorgeschrieben ist euch, wenn es mit einem von euch ans Sterben geht, und wenn er ein Gut hinterläßt ...“[528] Und es heißt: „Nicht dem, der das Gut zurückhält, nicht dem Übertreter und dem Sünder.“[529] Es heißt auch: „Siehe, die Liebe zum Gut ist stark.“[530] Und ein Sprichwort lautet: „Wer mit dem Dirham großzügig ist, der ist es auch mit jedem Gut.“ Denn es ist in ihm enthalten, wenngleich nicht von Natur aus.

Einer, der zur See gereist ist, hat erzählt, daß der Wind ihr Schiff zu einer Insel trieb, die fern von ihrer Route lag. Sie warfen bei ihr Anker. Er ging mit anderen an Land, und als er jemanden sah, der Dinge hatte, die er brauchte, gab er ihm einen Dinar. Der nahm ihn, wendete ihn um, roch daran und probierte seinen Geschmack, und als er weder eine nützliche noch eine lustvolle Einwirkung auf seine Sinne verspürte, gab er ihn zurück, weil er es nicht für angebracht hielt, etwas Nützliches für etwas Nutzloses herzugeben. Und dies ist in der Tat die naturwüchsige Form des Austauschs, in der auch hinsichtlich der gegenseitigen Hilfe das wahre Wesen der organisierten Lebensweise bei den zivilisierten Völkern beschlossen liegt. Eine tieferstehende Form des Austauschs geschieht meistens, soweit davon Nachrichten von anderen Ländern und Königreichen zu uns gelangt sind, durch Kupferstücke, die den Leuten begehrenswert erscheinen und nach denen ihre Herzen verlangen, weil Gott sie in seiner Güte darauf hingelenkt hat, um ihre Beziehungen untereinander zu ordnen, nicht etwa, weil sie selber darauf gekommen wären.

So spricht Gott, der erhaben ist: „Wisset, daß das irdische Leben nur ein Spiel ist und ein Zeitvertreib und eine Verzierung und eine Prahlerei voreinander und ein Drang nach immer mehr Reichtum und nach immer mehr Kindern.“[531] Auch sagt er, dessen Name gewaltig ist: „Eine Verlockung ist für die Menschen das leidenschaftliche Verlangen nach Frauen, Söhnen, Zentnern von Gold und Silber, nach Pferden mit Besitzermarken, nach Vieh und Ackerland. Das alles sind die Annehmlichkeiten des irdischen Lebens, aber bei Gott ist die schönste Heimstatt.“[532] Und er, der gepriesen sei, hat die Ordnung, welche die Frauen in unser Leben bringen, und die Freude und den Stolz wegen der Söhne klar von dem Zusammenraffen und Anhäufen des Geldes unterschieden und deutlich gemacht, daß es nur von Gaunern, Gewaltherrschern, Pfandleihern und Kaufleuten gehortet wird. Er tadelt es an denen, die es nur sammeln, und sagt: „Denjenigen aber, die das Gold und das Silber anhäufen und es nicht auf Gottes Wegen ausgeben, sollst du eine schmerzhafte Strafe verheißen."[533] Die Wege Gottes sind die, um derentwillen er sie beide geschaffen hat, nämlich den Menschen zu nützen, indem sie in ihren Händen als Gegenwerte für nützliche Dinge zirkulieren. Jedesmal, wenn sie gehortet werden, ist ihr Nutzen für die Menschheit zunichte gemacht, und dem Befehl und dem Willen Gottes, der erhaben ist, wird in bezug auf sie zuwidergehandelt, und seine Gabe wird verachtet, indem sie gleichsam wieder in ihren ersten Zustand im Schoß der Erde zurückversetzt werden. Das wäre ebenso, als ob man ein Neugeborenes von der frischen Luft wieder in den Mutterleib zurückbringen wollte; denn wenn das Gold und das Silber aus ihren Lagerstätten zutage gefördert wurden, sind sie wie geerntetes Getreide und wie geschlachtetes Vieh geworden, die man nur noch essen und verbrauchen darf. Ebenso hat dieser Reichtum, nachdem er gewonnen wurde, keine andere Natur als die der baren Gold- und Silbermünzen. Er soll in den Händen zirkulieren, um beim Handel verrechnet zu werden oder um Forderungen nachzukommen.

Aus: Mineralogie (S. 6,21–10,8; Belenickij, S. 11–14)

76. Kriegsbeute in Spanien und Persien

Im Jahre 92 ging Ṭāriq[534], der Klient des Mūsā ibn Nuṣair, vom Lande des Maghreb aus nach Spanien hinüber und tötete seinen König in der Schlacht. Dieser befand sich in einem Zelt, das mit verschiedenen Juwelen besetzt war, auf einem Thronsitz. Auch ließ er sich von zwei Pferden nach Art der Gefährte ziehen, welche die Griechen „Streitwagen" nennen und die Inder *atū*, das entspricht den Türmen beim Schach. Danach brachte einer der Berber die Last, in der sich nur die Juwelen und der gewebte Seidenbrokat befanden, und verkaufte es aufs Geratewohl an einen Araber um ein, zwei Dirhams. Im Jahre 93 fuhr dann Mūsā ibn Nuṣair nach Spanien. Hier empfing ihn Ṭāriq, sein Klient, und zog mit ihm zu der spanischen Stadt Toledo, die sie eroberten. Sie erbeuteten einen Tisch, der nach dem Namen Salomos, des Sohnes Davids, benannt war. So ist es die Gewohnheit der einfachen Leute, alles, was ihnen von fremder Machart und ungewöhnlicher Arbeit zu sein scheint, ihm zuzuschreiben, wie sie auch die Ursache jedes zyklopischen[535] Bauwerks bei den Teufeln sehen, die Salomo in seinen Dienst gezwungen hatte. Jener Tisch bestand aus einer Gold- und Silberlegierung und war mit Edelsteinen besetzt, die in drei Kreisen angeordnet waren. Er konnte von einem Maultier getragen werden. Ṭāriq trennte ein Bein des Tisches ab und ersetzte es durch ein anderes aus Eisen, weil er ein Mißtrauen hegte und etwas Übles witterte. In einer der Städte, die er eroberte, war ein Haus, in dem sich vierundzwanzig Kronen aus dem Besitz der spanischen Könige befanden, und er machte sich keinen Begriff vom Wert der einzelnen Kronen. Es schien, als ob man sie von jedem der früheren Könige aufgehoben hätte, so daß man sich an ihnen ihre Anzahl und die Chronologie ihrer Herrschaft merken konnte, es sei denn, daß dies eine gesetzlich verankerte Sitte bei ihnen war. Im Jahre 96 erschien Mūsā vor al-Walīd ibn ʿAbd al-Malik[536] und machte ihm den Tisch zum Geschenk. Da sagte Ṭāriq zu al-Walīd: „Ich habe ihn erbeutet und nicht er, doch habe ich mich geschämt, ihn zu besitzen, und so habe ich ihn ihm überlassen." Al-Walīd aber bezichtigte ihn der Lüge. Nun hatte er vorsorglich das Tischbein mitgebracht und sprach: „Frage Mūsā danach." Der sagte: „Ich habe ihn so vorgefunden." Da zog Ṭāriq das echte Bein hervor, und al-Walīd erkannte seine Aufrichtigkeit und gab ihm recht und Mūsā unrecht.

Ḫālid ibn Barmak[537] hatte die beiden persischen Befehlshaber von al-Ǧabal[538] und den Maṣmuġān[539] in einer Festung im Gebirge von Tabaristan eingeschlossen, und als die Lage für sie bedrückend wurde, baten sie um Frieden und um die Unterstellung unter den Befehl des Gebieters der Gläubigen[540]. Es wurde ihnen bewilligt, und sie kamen beide heraus. Ḫālid betraute Leute mit der Wache über das Tor, um zu verhindern, daß etwas von der Beute herausgeschafft würde. Ein Mann aber griff sich eine Katze, schlitzte ihr den Bauch auf und stopfte Juwelen hinein; dann nähte er ihn zu und warf sie aus der Burg hinaus. Er kam aber nicht dazu, sich vorher umzusehen, denn ein Mann aus dem Heer stand zufällig nahe der Stelle, wo sie niederfiel. Er nahm sie und brachte sie zu Ḫālid. Da befahl er, die Schatzkammern noch schärfer zu bewachen. Denn die persischen Könige hatten bei ihrer Flucht aus dem Irak nach Merw den Statthaltern von al-Ǧabal ihre kostbaren Juwelen und ihre bewegliche Habe und ihre Schätze anvertraut. Darum fand Ḫālid Dinge von unermeßlichem Wert.

Im Lande ad-Dāwar[541] gab es ein aus Gold verfertigtes Götzenbild, das man Zūn nannte. Seine Augen waren zwei herrliche Rubine. ʿAbd ar-Raḥmān ibn Samura[542] brach sie heraus und schlug dem Götzen eine Hand ab. Dann sagte er zu dem persischen Befehlshaber: „Hier hast du das Gold und die Juwelen. Ich habe das nur gemacht, weil ich dir zeigen wollte, daß es seinen Anbetern keinen Nutzen bringt und seinen Gegnern keinen Schaden."

Man erzählt auch, daß zu al-Manṣūr[543] ein Mann kam und ihm berichtete, er sei in das Grabgewölbe[544] irgendeines persischen Königs eingedrungen und habe auf seinem Haupt eine Krone aus Edelsteinen und Perlen von unschätzbarem Wert gesehen, er sei aber davor zurückgeschreckt, seine Hand danach auszustrecken, ohne ihn vorher zu benachrichtigen. Al-Manṣūr aber ließ ihm siebzig Peitschenhiebe verabreichen und dazu verkünden: „Das ist die Strafe für den, der den Bezirk eines Königs überschreitet, sei es eines lebendigen oder eines toten, und so geziemt es sich für eine Regierung, und so erfordert es die Manneszucht und die Ritterlichkeit." Wer jedoch die Geschichte studiert hat und weiß, wie die Araber gegen die Perser vorgegangen sind, als sie ihnen ihr Land und ihren Besitz entrissen, und wer weiß, was sie in den Gräbern der Omaijaden fanden, als ʿAbdallāh ibn ʿAlī[545] sie unter dem Vorwand der Rache und Vergeltung ausgrub, und wer weiß, wie geldgierig al-Manṣūr gewesen ist, der wird die Verlogenheit dieser Erzählung erkennen, obwohl sie eine Bereicherung der schönen Literatur darstellt.

Aus: Mineralogie (S. 69,9–71,5; Belenickij, S. 64f.)

77. *Phantastisches über den Diamanten*

Abū Zaid al-Arraǧānī[546] berichtet unter Berufung auf einen Arzt über den Diamanten, daß er beim Verschlucken über einen gewissen Zeitraum zum Tode führt. Wir kennen an diesem Stein eine todbringende Eigenschaft wie auch an dem Stein, der den Korallen gleicht und der unter den schnell wirkenden tödlichen Giften angeführt wird. Wenn es aber, und an dem, was an ihm sichtbar ist, kann kein Zweifel bestehen, von einer bestimmten Gestalt oder Härte oder Schwere herrührt, so ist das Quecksilber noch schwerer und tötet nicht vermöge seines Gewichtes, wenn es „lebendig“[547] ist. Es tötet vielmehr, wenn es eine Verbindung eingegangen ist und diese angenommen hat. Was die Gestalt und die Härte anlangt, so verweist er darauf, indem er diese Wirkung darauf zurückführt, und behauptet, daß er die Leber und die Eingeweide durchbohrt. Aber dies bedarf keiner langen Zeit. Sicher ist das Verschlucken nicht gesund, so daß man an dieser Meinung so, wie sie geäußert wird, noch festhalten könnte. Jedoch kann man ihn nur nach einer sorgfältigen Zubereitung einnehmen, und dann wird an ihm von der durchbohrenden Beschaffenheit nichts bleiben. Das äußerst feine Zerreiben hat dann die spitzen Formen beseitigt. Wenn dem nämlich nicht so wäre, könnte man ihn nicht so hinunterschlucken, wie diese Leute meinen, es sei denn im Hinblick darauf, daß er keinerlei Geschmack hat und man ihn mit Salz und Zucker vermischen kann. Wenn er aber nicht sorgfältig zubereitet und nur grob gemahlen ist, merkt man ihn zwischen den Zähnen beim Kauen. Einmal wurden in meiner Gegenwart einem Hund Diamanten eingegeben, es zeigte sich keine Wirkung, weder sofort noch nach einiger Zeit.
Damit steht es ebenso wie mit der Behauptung, daß er sich aus einem Rauch kondensiert, so wie sich der sogenannte Salmiak der Messerschmiede[548] in der Form von Pfeilspitzen verdichtet, denn diese Leute glauben, daß sich der Diamant durch Blitz und Donner bildet wie der Salmiak aus dem Feuer. So hat man bei seiner Beschreibung und der Erwähnung der Pfeilspitzen eine Ähnlichkeit mit der Form des Diamanten gefunden.
Um Erstaunen zu erregen, sagt er noch, daß der Diamant

der härteste und unüberwindlichste Edelstein ist, dann aber werde er durch das weichste und nachgiebigste der Metalle zerbrochen, nämlich das Blei, das unter ihnen am meisten dem Wachs ähnelt. ...

Daß ʿUṭārid ibn Muḥammad[549] ein Autor mit einer geringen Intelligenz ist, geht daraus hervor, daß er in seinem Buch den Diamanten erwähnt und daß nichts auf ihn einwirken kann. Dann vergißt er das wieder und weist uns an, auf einem diamantenen Ringstein eine Frau einzugravieren, die auf vier Pferden steht und in ihrer rechten Hand einen Spiegel und in ihrer linken eine Peitsche hält, und von ihrem Kopf sollen sieben Strahlen ausgehen. Wenn doch der Verfasser einen Hinweis auf den Stein gegeben hätte, mit dem man das auf ihm ausführen kann! Es scheint, daß er der Meinung huldigt, man könne die Gravur mit Blei bewerkstelligen, er beschreibt nämlich, wie der Diamant diesem nachgibt.

Unter den Leuten gibt es viel dummes Geschwätz über seine Lagerstätten und Fundorte. Dazu gehört, was hinsichtlich der Bezeichnung des Diamanten als „Adlerstein"[550] behauptet wird. Der Name kommt angeblich davon, daß die Sammler das Nest über den Jungen mit einer Glasplatte abdecken, durch die der Adler sie sieht, aber nicht zu ihnen gelangen kann. Da fliegt er weg und kommt mit Diamanten wieder und legt sie darauf. Wenn sich eine Menge davon angesammelt hat, nehmen sie diese weg und heben das Glas ab, damit er denken soll, der Erfolg käme von dem, was er gemacht hat. Nach einer Zeit legen sie die Glasplatte wieder auf, worauf er wieder Diamanten heranschafft. Seltsamerweise benennen die Alchemisten den Salmiak symbolisch als Adler[551], und oben ist über beider Ähnlichkeit in der Form einiges gesagt worden. Al-Kindī[552] erwähnt die gleiche Geschichte, nur nennt er anstelle des Adlers eine Schwalbe, als ob er es so gehört hätte. Er erzählt auch, daß er seinen Jungen den Stein gegen die Gelbsucht bringt, wenn man diese mit Safran beschmiert hat, und der Vogel dadurch verunsichert ist.[553] Und welcher es auch immer sei, so ist doch die ganze Geschichte ein dummer Schwindel und leeres Geschwätz. Dazu gehört auch, daß die jetzt vorhandenen Diamanten, wie man behauptet, diejenigen sind, die Alexander der Große aus dem Diamantental herausbefördert hat.[554] In ihm hausen Schlangen, die man nicht ansehen kann, ohne zu sterben. Er aber ließ einen Spiegel vorantragen, hinter dem sich die Träger versteckten, und als die Schlangen sich darin selbst erblickten, starben sie auf der Stelle. Vorher hatten sie sich gegenseitig angesehen, waren aber davon nicht gestorben. Nun ist ein Körper selbst eher in der Lage zu töten als sein Abbild im Spiegel. Und wenn solches, wie man behauptet, auf den Menschen zutrifft, warum sind dann die Schlangen gestorben, als sie sich selbst im Spiegel sahen? Und wenn die Leute wußten, was Alexander der Große gewußt hat, was hat sie daran gehindert, nach ihm sein Verfahren zu wiederholen? ...

Zu derartigem Geschwätz gehört auch die Geschichte mit dem „Stein der Verwirrung", von dem behauptet wird, daß jeder, der ihn anschaue, bestürzt und sprachlos werde, und daß Alexander aus ihm eine Stadt in der Nacht erbauen ließ, damit die Arbeiter nicht verwirrt würden. Noch wunderbarer als das sind Briefe, die Mūsā ibn Nuṣair[555] zugeschrieben sind. Sie werden oft zur Erbauung der Heranwachsenden in der Literatur angeführt. In einem Brief sagt er, daß er in den Wüsten des Westens zu einer Burg mit einer hohen Mauer gekommen sei. Er habe kein Tor gefunden, und es habe auch niemand herausgeschaut. Sie aber hätten ihre Lasten übereinandergeschichtet, bis fast die Höhe der Mauer erreicht war. Dann habe er einen seiner Leute hinaufsteigen lassen. Als er oben war, drehte er sich zu der Truppe um und lachte, dann ließ er sich nach drinnen hinunter. Zwei weitere seiner Leute mußten ihm folgen, und an ihnen bestätigte sich dasselbe. Sie stiegen hinauf und taten dasselbe wie ihr Gefährte, und ebenso noch ein dritter. Darum habe sich seiner die Furcht bemächtigt, und so sei er beunruhigt umgekehrt. So gab es also in dieser Gesellschaft von Dummköpfen keinen, der den Hinaufsteigenden am Bein festgehalten hätte, um ihn, sobald er anfinge zu lachen, wieder mit Tatkraft und Geschick nach draußen zu zerren und ihn von den Lasten hinunter auf die Erde zu rollen und ihn auszufragen, was es damit auf sich hat.

Es gibt auch Leute, die behaupten, daß die Diamanten in einer Schlucht lägen, zu der niemand einen Zugang oder einen Abstieg fände.[556] Man gewinne sie aber so, daß man

Tierkadaver zerteilt und die blutigen Stücke hinunterwirft. Sie fallen auf die Diamanten, die an ihnen klebenbleiben. In der Gegend gibt es Geier und Adler, die jenen Ort kennen und sich an das Treiben der Menschen gewöhnt haben und zu ihnen friedlich und zutraulich geworden sind. Sie stürzen sich auf das Fleisch und schleppen es zum Rand des Abgrunds, wo sie darüber herfallen, um es zu fressen. Dabei schütteln sie ab, was daranhängt, wie es die Gewohnheit aller Tiere ist, ihre Nahrung zu schütteln und so von Staub und Schmutz zu säubern. Dann kommen die Leute und sammeln die Diamanten auf, die vielleicht herabgefallen sind, und deswegen würde er „Adlerstein" genannt. Die Fabuliersucht kennt keine Grenzen.
Auch heißt es von dem Adlerstein, daß er gegen vieles helfe, und daß der Adler ihn in seinem Nest aufbewahre, und wenn ihm die Menschen nachstellen, wirft er ihn zu ihnen heraus aus Angst, daß sie seinen Jungen und seinem Nest einen Schaden zufügen. Ebenso sagt man vom Biber, daß ihn die Jäger kastrieren und wieder laufenlassen, denn seine Hoden sind das Bibergeil[557]. Wenn ihm das ein zweites Mal droht, wirft er sich lang hin und zeigt ihnen, daß er kastriert ist, um der Quälerei zu entgehen. Man weiß also nicht, daß seine Jäger auch auf sein Fell und sein Fleisch wie auf das Bibergeil aus sind. Gott verleiht den Erfolg.

Aus: Mineralogie (S. 96,1–18, 98, 16 u. 101,16–102,16; Belenickij, S. 84f., 87 u. 90f.)

78. *Ein Rubin als Lesehilfe*

As-Salāmī[558] erzählt nach dem Bericht von al-Laḫḫām[559], daß Abū Bišr as-Sīrāfī eines Nachts bei seinem Onkel mütterlicherseits in Ceylon war, als dieser einen geschliffenen Rubin hervorholte und ihn auf die Buchstaben eines Briefes legte, um ihn zu lesen. Der Erzähler wunderte sich darüber, indem er bedachte, daß die Nacht schon dunkel war und der durchsichtige Gegenstand leuchten müßte, ohne daß ein Schein von einer Lichtquelle darauf fiel. Dieser Rubin war wie eine Halbkugel, und die ebene Seite lag dem Brief an. Kleine Schriftzüge liest man mit einem in gleicher Weise geformten Bergkristall, denn die Schrift wird dahinter beim Hindurchblicken vergrößert, und die Zeilen werden auseinandergezogen. Die Ursachen dafür sind ein Thema der Optik.

Aus: Mineralogie (S. 63,14–64,2; Belenickij, S. 59f.)

79. *Wie Hārūn ar-Rašīd seinen Smaragd wiederbekam*

Der berühmte „Ǧabal“[560], dessen Name auch anderen Steinen beigelegt wurde, war eine Gemme aus Rubin und an Kostbarkeit nicht zu übertreffen. Ibrāhīm ibn al-Mahdī erwähnt, daß er für seinen Vater um 300000 Dinare gekauft wurde. Sie waren in Säcken, die übereinandergeschichtet wie ein „Berg“ aussahen. Er schenkte ihn al-Hādī, und ar-Rašīd gab er einen Siegelring mit einem Smaragd, der als „Ismāʿīlī“ bekannt war. Einen gleichen hatte man noch nicht gesehen, doch war in ihm ein Loch, und er suchte jahrelang nach etwas Geeignetem, um jenes Loch auszufüllen. Schließlich nach Zeit und Mühen fand er etwas, das hineinpaßte. Er ließ die Juweliere kommen, und die schliffen in seiner Gegenwart einen Stein zurecht. Dieser wurde mit Mastixharz bestrichen, um ihn in das Loch der Gemme einzufügen. Ar-Rašīd legte ihn zuvor auf seine flache Hand und prüfte, wie groß die Ähnlichkeit der beiden Steine wäre. Da setzte sich eine Fliege auf das Stück, und es blieb an einem ihrer Beine hängen, und sie flog mit ihm weg. Da sagte ar-Rašīd: „Wahr hat Gott, der erhaben ist, gesprochen: ‚Schwach ist der Verlangende und das Verlangte.‘“[561]

Als al-Hādī Kalif geworden war und ar-Rašīd ihm seine Aufwartung machte, sah er den „Ismāʿīlī“ an seiner Hand und beneidete ihn darum und wollte ihn gern mit dem „Ǧabal“ vereinigen. Als ar-Rašīd von ihm weggegangen war, schickte er ihm al-Faḍl ibn ar-Rabīʿ[562] in Begleitung von Ismaʿīl al-Aswad hinterher mit der Aufforderung, ihm den „Ismāʿīlī“ zu übersenden. Wenn er es nicht täte, solle man ihm seinen Kopf bringen. Ar-Rabīʿ holte ihn ein und erzählte ihm die Geschichte. „Bei Gott“, antwortete er, „ich werde ihn nur eigenhändig übergeben.“ So kehrte er mit ihm um, bis daß sie auf die Brücke kamen. Hier zog er ihn von seinem Finger und sagte: „Faḍl, ist das der ‚Ismāʿīlī‘?“

Er bejahte. Da warf er ihn in den Tigris. Man suchte nach ihm, aber er wurde nicht wiedergefunden, bis ar-Rašīd selber Kalif wurde. Es verging ein Jahr seiner Regierungszeit, und er war gerade im Ḫuld-Palast[563], als er sich darauf besann, was ihm Mūsā angetan hatte. Da erinnerte er sich des Siegelrings und befahl al-Faḍl, danach tauchen zu lassen. „Mein Herr", sagte dieser, „man hat es mehrmals versucht, aber ich denke, daß sich in der langen Zeit schon mehr als vier Ellen Schlamm darüber abgelagert haben." Dann ging al-Faḍl mit den Tauchern los, und einer von ihnen sagte zu ihm: „Stelle dich dorthin, wo ar-Rašīd gestanden hat, und wirf einen Lehmklumpen in der Größe des Rings so hinein, wie er ihn geworfen hat." Er tat es, und gleich als der Mann an der Stelle eintauchte, wo der Klumpen niederfiel, holte er ebenden Ring mit dem Stein heraus. Er hatte zuvor noch abgeschätzt, wie er vom Wasser abgetrieben sein mußte, ehe er den Grund erreichte. So vereinigte ihn ar-Rašīd mit dem „Ǧabal", wie es die Absicht al-Hādīs gewesen war und den die Umstände nicht erreichen ließen, was er wollte.

Aus: Mineralogie (S. 61,15–62,16; Belenickij, S. 58f.)

80. Kunsthandwerkliches und Geologisches zum Bergkristall

Der Bergkristall hat dieselbe Dichte wie der Onyx, und es gibt hierin keinen Unterschied.[564] Man importiert ihn von den afrikanischen und indischen Inseln[565] nach Basra, wo man davon Gefäße und dergleichen herstellt. In der Werkstätte gibt es einen Taxator, dem die großen und kleinen Stücke vorgelegt werden. Er untersucht sie und macht einen Entwurf des Schönsten, das herstellbar und für die Bearbeitung am geeignetsten ist. Er zeichnet ihn auf die einzelnen Stücke, dann werden sie zu den anderen Handwerkern gebracht, die nach seiner Anweisung arbeiten. Er erhält als Lohn ein Mehrfaches von dem, was ihnen gezahlt wird, worin sich der wesenhafte Unterschied zwischen dem Wissen und der praktischen Arbeit ausdrückt. Dieser Bergkristall ist durchsichtig wie die Luft und klar wie das Wasser. Sollte sich darin eine verdickte Stelle finden, die infolge einer Trübung oder eines Risses weniger durchsichtig ist, so kaschiert er das durch ein erhabenes Relief oder eine Inschrift, je nachdem, wie es am geschicktesten zu bewerkstelligen ist und wie man es abschätzen kann. Wenn sich eine solche Verdickung darin so ausgebreitet hat, daß sie die Durchsichtigkeit beeinträchtigt, so nennt man sie *rīm-i bulōr*[566], das heißt „Schmutz des Bergkristalls". Auch aus Kaschmir führt man ihn ein, teils in rohen Stücken, teils bearbeitet in Form von Gefäßen, Bechern, Schachfiguren, Tricktracksteinen[567] und haselnußgroßen Perlen. Jedoch steht er hinsichtlich der Klarheit und Reinheit hinter der Güte des afrikanischen zurück, auch ist die Verarbeitung dort nicht so kunstvoll wie in Basra. …

Plutarch[568] erwähnt in seinem Buch „Über den Zorn", daß dem römischen König Hieron[569] ein Pavillon aus Bergkristall geschenkt wurde. Er war sechseckig, von wunderbarer Ausführung und hatte einen sehr hohen Preis. In der Geschichte wird nichts über seinen Umfang gesagt und ob er aus einem Stück war oder aus mehreren, die beim Aufstellen zusammengefügt wurden. Hieron war sehr stolz auf ihn und sprach zu einem Philosophen, der in seinem Kreis zugegen war: „Was sagst du dazu?" Der antwortete: „Die Angelegenheit bekümmert mich, denn wenn du ihn verlierst, bist du nicht davor gefeit, daß du ein Bedürfnis nach der Beschaffung eines gleichen Gegenstandes verspürst, und es sich also herausstellt, daß du seiner bedürftig geworden bist. Und wenn er einen Schaden erleiden sollte, trifft dich ein Unglück im gleichen Ausmaß." Es kam so, wie er gesagt hatte, denn der König machte im Frühling eine Lustfahrt zu den Inseln und nahm den Pavillon in einem Boot mit, das sein Schiff begleitete. Da brachte der Wind das Boot zum Kentern, und der Pavillon ging unter. Der König hörte nicht auf, sich zu grämen, aber dann erinnerte er sich der Worte des Philosophen und fand Trost in ihnen, sonst hätte er dem Pavillon zeit seines Lebens nachgetrauert.

Wenn man die Geschichte von dem „Ismāʿīlī-Ring" liest,[570] muß man sich darüber wundern, daß es dem Hieron unmöglich gewesen sein sollte, den Pavillon wieder herauszuholen, obwohl er in seiner Umgebung hervorragende Ingenieure und Erfinder der Vorrichtungen hatte, die man „mechanika" nannte. So erwähnt Menelaos[571] in seinem

Buch „Die Bestimmung des Gewichts von zusammengesetzten Körpern, ohne die Bestandteile zu sondern“, daß Hieron, dem König von Rom und Sizilien, eine goldene und mit Edelsteinen besetzte Krone von wunderbarer Ausführung geschenkt wurde. Sie war aber kein reines Gold. Er brachte es nicht übers Herz, sie zu beschädigen, aber Archimedes[572] fand für ihn eine Methode, den reinen Goldgehalt und die verfälschenden Beimischungen zu ermitteln. Archimedes ist derjenige, der die Schiffe der eine Insel anlaufenden Barbaren und Perser mit Spiegeln in Brand setzte. Dies wird von ihnen beiden berichtet.[573]
Vor einem solchen Kummer wie dem des Hieron bewahrte sich Alexander,[574] als ihm kostbare Gefäße aus Bergkristall geschenkt wurden. Er fand sie sehr schön, aber dann befahl er, sie zu zerbrechen. Danach gefragt, gab er zur Antwort: „Ich weiß doch, daß sie in den Händen meiner Diener eines nach dem anderen entzweigehen werden, worauf mich jedesmal der Zorn übermannen würde. Nun habe ich mir durch das eine Mal vor den vielen Malen Ruhe verschafft, und den Dienern habe ich Ruhe vor mir verschafft.“ ...
Ich besaß eine Kugel aus Bergkristall, in der sich eine ganze Ähre der indischen Narde befand. Von den Grannen war ein wenig abgebrochen und im Innern des Kristalls darum herum verstreut. Ich erhielt auch ein anderes ähnliches Exemplar, in dem Bruchstücke eines grünen Blattes waren, deren frische Farbe geblieben war, so wie jene Nardenähre ihre schwärzliche Färbung behalten hatte. Es ist klar, daß sich diese Dinge nur dann mit dem Bergkristall verbinden konnten, als er noch flüssig war, und zwar müßte er noch dünner als reines Wasser gewesen sein. Wäre es anders gewesen, hätten diese Dinge nicht in ihn eintauchen können, denn es gehört zu ihrer Natur, daß sie wegen ihrer Leichtigkeit auf der Oberfläche des Wassers schwimmen und nicht untergehen, es sei denn, daß es eine starke Strömung wie ein Sturzbach hat und sie mit sich wälzt und dann in diesem Zustand die Erstarrung zu Bergkristall ganz schnell erfolgte. Gott aber weiß die Beschaffenheit von all dem, was wir nicht kennen. Diejenigen, welche die Bergkristallschneider in Basra beobachtet haben, erzählen, daß sie darin Gräser finden und Holz und Steinchen und Erde und Luftblasen. Alles das ist ein Beweis dafür, daß er im Anfang

ein fließendes Wasser war. Das ist nicht abzulehnen, denn an manchen Orten findet man Versteinerungen, und wenn sogar ein Tier oder eine Pflanze versteinert werden kann, wird man aufhören sich zu wundern, wenn Wasser und Erde auch zu Stein werden.

Aus: Mineralogie (S. 184,5–16, 186,14–187,11 u. 188,17–189,9; Belenickij, S. 171f., 175 u. 176f.)

81. Ein Betrüger schreibt auf Karneol

Unter den Mineralien gibt es von Natur aus merkwürdige Dinge. So wird erzählt, daß es in der Herrscherloge[575] der Moschee zu Jerusalem auf einem Stein eine nicht von Menschenhand gemachte Inschrift gäbe, die da lautete: „Mohammed ist der Gesandte Gottes. Heil und Segen Gottes sei über ihm." Und an der Rückseite der *qibla*[576] sei ein weißer Stein und darauf eine ebensolche Inschrift: „Im Namen Gottes, des Erbarmenden und Barmherzigen. Mohammed ist der Gesandte Gottes. Ḥamza[577] verhalf ihm zum Sieg." Was die Edelsteine anlangt, auf denen der Name des „Gebieters der Gläubigen"[578] steht, so gibt es viele davon, denn der Schriftzug des Namens ʿAlī findet sich oft in den Gängen der Berge.

Unter diese Rubrik gehören auch Betrügereien und Fälschungen, wie im Falle eines schiitischen Predigers, der von mir etwas zu erfahren wünschte, woraus er Nutzen ziehen könnte. Ich schrieb ihm aus dem „Buch des Färbens" von al-Kindī[579] das Rezept einer aus scharfen Bestandteilen zusammengesetzten Mixtur ab. Sie wurde destilliert, und mit der Flüssigkeit war auf Karneol zu schreiben. Brachte man ihn in die Nähe des Feuers, erschien darauf die Inschrift in Weiß. Er pflegte nun „Mohammed" und „ʿAlī" und dergleichen daraufzuschreiben, ohne sich mit der Schönheit der Schrift besondere Mühe zu geben. Dazu behauptete er, daß die Steine von Natur aus so seien und von dort und dort eingeführt[580] worden wären. Auf diese Weise nahm er von den Schiiten Geld ein.

Aus: Chronologie (S. 298,3–12)

82. *Schwerter aus dem Entenmagen*

Das Eisen wird je nach seinem Vorkommen in zwei Sorten eingeteilt. Die eine, die *narmāhan*[581] heißt, ist weich und wird als die weibliche bezeichnet. Die andere, die *šāburqān* heißt, ist hart und wird wegen ihrer Härte als die männliche bezeichnet. Sie läßt sich im Wasser härten und kann überhaupt nicht gebogen werden. Das *narmāhan* wird weiter in zwei Arten eingeteilt. Die eine ist das *narmāhan* selbst, und die andere ist sein „Wasser", das aus ihm herausfließt, wenn es geschmolzen und von dem Gestein geläutert wird. Diese Art heißt *dauṣa*, im Persischen *asta*[582] und in der Gegend von Zabulistan[583] *raw*[584], weil sie schneller herauskommt und eher als das Eisen flüssig wird. Sie ist hart und weiß mit einem Stich ins Silbrige. Aus dem *šāburqān* bestehen die Schwerter der Byzantiner, der Rūs[585] und der Slawen. Manchmal nennt man es *qalaʿ* oder *qalʿ*. Es heißt, daß man an dem *qalaʿ* ein Klingen hört und von dem anderen nur ein Geräusch. …
Ein Huḏailit[586] hat gedichtet:

„Dir genüge ein indisches Schwert aus dem *qalaʿ* des Himmels,
länger als eine Elle und kürzer als der Klafter des Kaufmanns,
ein reines Stück Eisen, das an seinem Leibe erlitten hat
ein langes Hämmern und den Bauch hungriger Vögel."

Den ersten Vers kann man so verstehen, daß das Eisen erschaffen wurde, und die Bedeutung des obenerwähnten „Herabsendens"[587] ist hier durch das Wort „Himmel" ausgedrückt. Wenn er das Schwert als „indisch" bezeichnet, so will er ihm keine indische Herkunft beilegen, er gibt ihm nur diesen Namen als ein stehendes Attribut. Dann spricht er im zweiten Vers davon, daß das Feuer des Blitzes, wie man sagt, die Erde verbrennt und in sie eindringt. Man gräbt in seiner Spur nach und holt ein Stück Eisen heraus, aus dem die *qalaʿ*-Schwerter gemacht werden. Mit dem „Bauch der Vögel" will er sagen, daß dieses Eisen zerstükkelt und erhitzt wird, bis es glühenden Kohlen gleicht. Dann wirft man es einem Strauß vor, damit in seinem Leib die Schlacken daraus entfernt werden und er es in reinem und lauterem Zustand entleert. Daraus schmiedet man dann die Schwerter, die dann noch gehämmert und poliert werden. Einer, der beobachtet hat, wie Strauße das heiße Eisen verschluckten, berichtet, daß es nicht lange in ihrem Leib blieb, sondern daß sie es sofort, so wie es war, wieder hinten ausschieden. Ich hörte über das *šāburqān* von einer Anzahl von Leuten folgenden Bericht. Die Rūs[585] und die Slawen zerhacken es in kleine Stücke und verkneten es mit Mehl und verfüttern es an Enten. Dann waschen sie es aus dem Kot heraus und wiederholen diese Prozedur mehrmals. Dann schmieden sie es zusammen, nachdem sie es ins Feuer gehalten haben, und daraus hämmern sie ihre Schwerter.[588]

Aus: Mineralogie (S. 248,4–11 u. 250,5–19;
Belenickij, S. 291 u 233f.)

83. Ein Kugelblitz und zwei Meteoritenfälle

In einigen Büchern wird behauptet, daß beim Einschlagen eines Blitzes etwas, das dabei frei wird, aufsteigt. Was von der Luft verbrennt, und es handelt sich um zerteilte Partikel, falle zur Erde. Abū Ǧaʿfar al-Ḫāzin[589] berichtet, daß ein Blitz auf einen Stein im Hof eines seiner Bekannten fiel. Er war wie eine feurige Kugel und rollte über den Erdboden und verschwand im Abflußloch. Das Rollen auf der Erde hängt mit der Schwere zusammen, während es doch heißt, daß der Blitz dünner als die Luft und als die Flammen des Feuers sei, wie wir es erzeugen können. Ein Hinweis darauf ist der Umstand, daß er etwas Lockeres durchdringt, ohne es zu beschädigen, und daß er Schmelzbares, das sich verfestigt hat, zum Schmelzen bringt. Nun tritt im Zusammenhang mit dem Donner und der Leuchterscheinung und dem Einschlagen nur noch ein Wind auf, und er ist die Ursache, daß Metallstücke von anderen Orten herangetragen werden, sei es von der Oberfläche der Erde weg, sei es, daß sie durch Schlammfontänen aus ihrem Innern herausgeschleudert werden. Ein Zeugnis dafür ist das Eisen, das vor Jahren in Ǧūzǧān[590] herabfiel, denn es war ein Schiffsanker. Nach der Beobachtung eines der Männer, die es untersucht haben, war es einem solchen ähnlich, abgesehen von der Deformierung durch eine Schlammkruste bei der Wucht des Geschleudertwerdens. Die Qualität der Substanz war nicht gut, denn für Anker wählt man nicht das beste Eisen, denn der alleinige Zweck liegt in dem Gewicht. Ebenso verhält es sich mit den Metallstücken, die an einem wolkenlosen Tag aus heiterem Himmel auf das Dorf Ṭā'ūn im Gebiet von Būšanǧ[591] regneten. Sie glichen minderwertigem Messing, waren wie Eisenschlacke mit Pockennarben übersät und so heiß, daß daraufgegossenes Wasser zischte. Das Gewicht betrug zwischen einem *mann*[592] und zwei *mann.*

Aus: Mineralogie (S. 251,4–18; Belenickij, S. 234f.)

84. Erfahrungen mit dem Regenstein

Ar-Rāzī[593] erzählt in seinem „Buch der besonderen Eigenschaften": „Im Land der Türken zwischen den Karluken und den Petschenegen[594] gibt es eine Paßstraße. Wenn über die ein Heer oder eine Viehherde zieht, bindet man Wolle über die Klauen und Hufe, um den Weg beim Passieren zu schonen, damit nicht die Steine aneinanderschlagen und sich daraufhin Wolken zusammenballen und ein gewaltiger Regen niedergeht. Mit diesen Steinen ziehen sie auch den Regen herbei, wenn sie es wollen, und zwar auf die Weise, daß einer in ein Wasser tritt und einen Stein von dieser Paßstraße in den Mund nimmt und mit der Hand winkt, und gleich kommt der Regen." Ibn Zakariyā'[593] bringt nicht als einziger diese Geschichte, vielmehr gilt sie als etwas, worüber es keine Meinungsverschiedenheiten gibt. Im „Buch der Auslese"[595] heißt es, daß es den Regenstein in einer Wüste jenseits des Tales der Karluken gibt. Er sei schwarz und mit etwas Rot durchsetzt. Nun pflegen solche Geschichten in Umlauf zu kommen, wenn sie von Gegenden erzählt werden, die weit entfernt sind und wo es wenig Verkehr mit ihren Bewohnern gibt. Von den Karluken sind derzeit, wie berichtet wird, nur noch Reste vorhanden, und zwischen ihnen und den Petschenegen liegt eine räumliche Entfernung und eine Weite wie zwischen Osten und Westen.

Einmal brachte mir ein Türke einige von den Steinen und dachte, ich würde darüber in Entzücken geraten oder würde sie ihm ohne weitere Diskussion abnehmen. Ich sagte zu ihm: „Bring mir damit Regen außer der Zeit, oder wenn schon während einer Regenperiode, dann zu verschiedenen Zeiten, wenn ich es will. Dann werde ich sie dir abkaufen und dir geben, was du von mir erwartest, und sogar noch mehr." Darauf machte er, was ich oben angeführt habe. Er tunkte die Steine ins Wasser und spritzte die Nässe unter Murmeln und Schreien zum Himmel. Doch brachte er nicht einen Tropfen Regen zustande, wenn man von dem hochgeschleuderten Wasser absieht, als es wieder herunterkam. Noch seltsamer ist, daß diese Geschichte so verbreitet ist und auch im Bewußtsein der Elite eingeprägt ist, von der breiten Masse ganz zu schweigen, so daß man darüber disputiert, ohne es nachgeprüft zu haben. Aus dem Grunde fing einer der Anwesenden an, etwas zur Verteidigung vorzubringen, und lenkte das Gespräch auf die unterschiedliche Beschaffenheit der Landstriche und darauf, daß diese Steine nur im Lande der Türken eine Wirkung hervorbringen. Er führte als Argument an, was man von den Bergen Tabaristans berichtet. Wenn man auf den Gipfeln dort Knoblauch zerquetscht, folgt sogleich Regen. Und wenn dort ein großes Blutvergießen stattfindet, sei es von Menschen oder von Tieren, so kommt darauf ein Regen, der das Antlitz der Erde wieder rein wäscht und die Kadaver beseitigt. Der Boden Ägyptens bekomme freilich keinen Regen, weder auf künstliche noch auf irgendeine andere Weise. Da sagte ich zu ihnen: „Die Untersuchung dieser Dinge hängt mit der Lage der Gebirge zusammen und mit den Windrichtungen und dem Durchzug der Wolken vom Meer her."

In dem, was er von Tabaristan erwähnte, war noch ein Streitpunkt, und man möge sich von derartigen Erörterungen nicht dadurch abbringen lassen, daß Leute, die sich selber sehr gescheit vorkommen, sich darüber nicht einig werden können. Es geht um Teiche und Sümpfe; wenn diese von jemandem im Zustand der rituellen Unreinheit, die durch Samenerguß und durch Menstruation verursacht ist, berührt werden, so gerate die Luft in Aufruhr, und es entstehe ein Getöse und Nebel und Schnee. Das alles gibt es freilich im Gebirge und an derartigen Örtlichkeiten, die selten einmal von solchen atmosphärischen Erscheinungen frei sind, besonders dann nicht, wenn es der Jahreszeit entspricht. Wenn es aber zu seiner Zeit eintrifft, so schämen sie sich nicht, es auf das zurückzuführen, was sie davon erzählen. Dazu gehört ein Sumpf an einem Ġūrak benannten Paß zwischen Baġlān und Parwān.[596] Sie gründen ihr Urteil auf das, was wir eben angeführt haben. Nun ist dieses Tal im Sommer sehr regenreich, im Winter fällt viel Schnee, und es gibt heftige Witterungsumschläge. Wie oft sind wir da mit einer großen Armee durchgezogen und haben uns dort am Ufer dieses Gewässers gelagert. Der Pöbel, der im Gefolge eines Heeres mitzieht, kennt in seiner Mehrheit die kultische Reinheit nicht einmal dem Namen nach, geschweige denn, daß er sie praktiziert.[597] Zu ihm gehören Scharen von dreckigen Huren, mit denen es ebenso bestellt ist. Ohne Zweifel gibt es unter ihnen viele, die sich zugleich wegen der Menstruation wie auch wegen des Geschlechtsverkehrs im Zustand der Unreinheit befinden. Sie alle schöpfen daraus und berühren es dabei, und dann passiert nichts von dem, was man behauptet, weder sogleich noch zuvor noch bald danach.

Indessen werden manchmal bestimmten Steinen besondere Eigenschaften beigelegt, deren Ursache, wie ich argwöhne, in der Absicht des Erfinders solcher Nachrichten liegt, weil er sie loswerden und den Weg von ihnen säubern möchte. So ist es mit den beiden weißen Steinen an einer Stelle in Ǧund Āl Karām, zwei Tagereisen von Kabul entfernt in Richtung Indien. Sie befinden sich an einem Aufstieg aus einem Tal, das mit Rohr und Papyrus bestanden ist. Einer, der sie aus dem Weg räumen wollte, setzte unter dem einfachen Volk folgende Mär in Umlauf. Wenn jemand von dem größeren der beiden Steine etwas abschabt und hinunterschluckt und auch seine Frau davon einnehmen läßt, so bekommen sie Söhne, und wenn von dem kleineren, bekommen sie Töchter. Du siehst jetzt keinen dort vorbeikommen, der nicht ein Messer bei sich hätte und etwas für sich und auch ein kleines Mitbringsel für seine Frau abschnitzeln würde. Und wenn das so weitergeht, werden sie beide am Ende verschwunden[598] sein.

Aus: Mineralogie (S. 218,18–220,13; Belenickij, S. 205f.)

85. *Die Mumia zur Heilung von Knochenbrüchen*

Der Verfasser der „Gestalten der Klimazonen“[599] sagt: „Die Mumia gibt es für den Sultan in Dārābǧird in einer Berghöhle. Mit ihr sind Wächter betraut. Zu einer bestimmten Zeit des Jahres erscheinen dort die Regierungsbeamten, die Kommandanten der Poststationen und Vertraute des Sultans und öffnen die Höhle. In ihr hat sich in der Tiefe einer Grube im Stein etwas von der Mumia in der Quantität eines Granatapfels angesammelt. Sie wird unter der Aufsicht jener Vertrauenspersonen versiegelt, und es wird an jeden Anwesenden ein ganz kleines Stück ausgeteilt. Das ist die echte Mumia, und alles andere ist gefälscht. In der Nähe liegt eine Ortschaft mit Namen Ābīn, und sie wird danach benannt, nämlich *mūm Ābīn* (‚Wachs von Ābīn‘).“ Andere führen diese Bezeichnung auf die Ähnlichkeit mit dem Wachs zurück, das heißt, daß sie sich in ihrer Weichheit und Schmelzbarkeit wie das Wachs verhält. As-Sarī al-Mauṣilī[600] sagt: „Die Bedeutung dieses Namens ist ‚Wachs des Wassers‘[601], und niemand weiß, woher es fließt und wo es entspringt. In Persien gibt es dafür ein verschlossenes Haus mit zuverlässigen Wächtern. Die öffnen es jedes Jahr auf Befehl des Sultans und im Beisein der Ältesten. In einem Wasserlauf befindet sich da ein Becken, über dem ein Seihtuch wie ein Sieb angebracht ist. Das Wasser fließt da hinein und weiter nach draußen, während die Mumia zurückgehalten wird und fest wird. Von dort entnimmt man sie für die Schatzkammer. ...

Wenn sich in vergangenen Zeiten einer von den oghusischen Türken[602] zum Islam bekehrte und mit den Muslimen Umgang hatte, wurde er zum „Dolmetscher“ *(turǧumān)* zwischen den beiden Parteien, so daß, wenn einer der Oghusen den Islam annahm, sie von ihm sagten, er sei ein „Turkmene“ *(turkumān)* geworden. Die Muslime aber sagten von ihm, daß in ihre Gemeinschaft ein Turkmene gekommen sei, das heißt einer, der den Türken ähnlich ist. Ich erinnere mich aus meiner Jugend[603] an einen Greis aus der Gegend von Paikend[604], der jedes Jahr zum Choresmschah mit Geschenken kam. Dazu gehörte auch Mumia, die er aus Pflanzen bereitet hatte. Er behauptete, daß alle ihre Heilmittel, wie er sie herstelle, aus Kräutern zusammengesetzt seien

und daß sie ganz vorzüglich seien und eine besonders schnelle Wirkung hätten. Einmal wurde einem Falken des Schahs auf der Hand des Oberfalkners ein Bein gebrochen. Der Schah war über ihn so wütend, daß er befahl, ihm ein Bein zu brechen. Ich war zugegen. Der Scharfrichter führte ihn hinaus, legte ihn lang hin und schlug ihn mit einem Balken von der Stärke eines Baumstammes auf den Unterschenkel. Einer der Feinde des Henkers aber sagte: „Ist das wirklich ein Brechen oder nur ein Streicheln?" Da wurde der Scharfrichter ärgerlich und fürchtete, sich einen Tadel zuzuziehen. Nun schlug er auf den Unterschenkel derart, daß das Schienbein so zermalmt wurde, daß er den Fuß des Mannes nehmen und in die Kniekehle legen konnte. Dazu sagte er zu dem Mann: „Genügt das, oder soll ich noch einmal und noch stärker zuschlagen?" Dies wurde dem Emir hinterbracht, und den erfaßte Reue und Mitleid. Er ordnete an, ihm etwas von der Mumia des Turkmenen einzuflößen. Er wurde geheilt, und ich sah ihn nach einem Jahr zu Pferde sitzen und auf seiner Hand einen Falken tragen. Wenn er aber abstieg, ging er mit unsicheren Schritten und mußte sich auf einen Stock stützen.
Um die Mumia zu prüfen, löst man sie, wie erzählt wird, in Sesamöl auf und streicht sie auf eine aufgeschnittene Leber. Dann macht man die Probe mit einem Messer. Wenn es anhaftet, ist das ein Zeichen für ihre Güte. Manche brechen einem Huhn ein Bein, dann lassen sie es etwas davon einnehmen.

Aus: Mineralogie (S. 204,11–21 u. 205,15–206,10; Belenickij, S. 192 u. 193)

Pflanzen und Tiere

86. Grenzen des Wachstums

Die Welt gedeiht durch den Ackerbau und die Fortpflanzung, und beides nimmt im Verlauf der Zeit immer mehr zu. Diese Zunahme ist also unbegrenzt, aber die Welt ist begrenzt. Immer dann, wenn einer bestimmten Art von Pflanzen oder Tieren die Möglichkeit gelassen wird, sich auf diese Weise zu vermehren, besetzt sie so viel Raum auf der Erde, wie sie nur immer zu ihrer Ausbreitung und Entfaltung findet. Denn jedes Individuum von ihr entsteht nicht und vergeht dann gleich wieder, sondern es erzeugt zuvor etwas, das ihm gleich ist, ja sogar mehrere solcher gleichen Individuen.

Der Bauer jätet sein Feld, er läßt darauf, was er braucht, und reißt das übrige heraus. So läßt auch der Gärtner die Zweige, die er als fruchtbringend erkannt hat, und beschneidet die anderen. Sogar die Bienen töten in ihrem Stock die Artgenossen, die nur fressen und nicht arbeiten. Ebenso verfährt die Natur, nur tut sie das ohne Unterscheidung, denn ihre Wirksamkeit ist immer ein und dieselbe. So vernichtet sie an den Bäumen die Blätter und die Früchte, sie hindert sie an der Funktion, die für sie vorgesehen ist, und beseitigt sie. So geschieht es auch mit dieser unserer Welt, wenn sie durch die Vermehrung dem Ruin geweiht oder nahe daran ist. Sie hat einen Lenker, und seine Fürsorge um das Ganze ist in jedem seiner Teile gegenwärtig. Denn er sendet ihr einen, der die Überzahl vermindert und dem Bösen den Nährboden entzieht. Ein solcher war, wie die Inder behaupten, Vāsudeva[605], denn er kam das letztemal in menschlicher Gestalt und mit Namen Vāsudeva, als es viele Tyrannen auf der Erde gab und sie ganz von Unrecht erfüllt war, so daß sie durch die große Menge in ihren Grundfesten erschüttert war und wegen der Heftigkeit der Gewalttaten bebte.

Aus: India (S. 200,1–11)

87. Die Anzahl der Blütenblätter

Unter den besonderen Eigenschaften der Blumen gibt es etwas, das zur Verwunderung Anlaß gibt. Und zwar ist die Anzahl der Blütenblätter, deren Spitzen beim Entfalten einen Kreis bilden, meistens den Regeln der Geometrie entsprechend und stimmt in der Mehrzahl der Fälle mit den Kreissehnen überein, die mit den Grundregeln der Geometrie ohne Zuhilfenahme der Kegelschnitte zu finden sind. Es gibt kaum eine Blume, bei der die Anzahl der Blütenblätter sieben oder neun beträgt, weil es unmöglich ist, sie nach den Grundregeln der Geometrie mit gleichen Sehnenlängen in den Kreis einzuzeichnen[606]. Es sind vielmehr drei, vier, fünf, sechs und achtzehn.[607] Dies trifft man am meisten an. Nun ist es möglich, daß man irgendwann eine Art mit sieben oder neun findet oder daß innerhalb der genannten Arten eine solche Zahl auftritt, obwohl die Natur die Gattungen und Arten konstant erhält. Denn wenn man die Kerne eines Granatapfels von einem bestimmten Baum zählt, so wird man finden, daß eine andere Frucht von ihm die gleiche Anzahl Kerne wie die zuvor gezählten aufweist. So ist es auch mit anderen Dingen. Aber manchmal kommt in den Werken der Natur, die sie gezwungenermaßen ausführt, ein Fehler vor, wodurch man darauf schließen soll, daß der Schöpfer und Lenker ein anderer ist als sie und hoch erhaben über das, was die Ungerechten von ihm behaupten.

Aus: Chronologie (S. 298,12–21)

88. Nahrungsmittel, Medikamente und Gifte

Alles, was man absichtlich oder unwissentlich zu sich nimmt, kann man zunächst einmal in Nahrungsmittel und Gifte einteilen. Zwischen beiden stehen die Medikamente. Die Nahrungsmittel erhalten ihre Qualität durch den ersten der vier Grade der aktiven und passiven Wirkungskräfte. Der im ausgeglichenen Zustand befindliche Körper vermag sie sich durch eine vollständige Verdauung zu assimilieren, wobei ersetzt wird, was sich von ihm aufgelöst hat. Somit wirkt der Körper zuerst auf sie ein, und erst danach erfährt er ihre wohltätige Einwirkung. Die Gifte hingegen erhalten ihre Qualität durch den äußersten Grad dieser Wirkungskräfte, nämlich den vierten. Sie überwältigen den Körper mit Vehemenz und ziehen eine Veränderung zur Krankheit oder zum Tode nach sich, je nachdem, wie sie innerhalb des Spielraums dieses Grades beschaffen sind. Somit wirken sie auf den Körper ein und werden auch notwendigerweise zuletzt von ihm beeinflußt, falls in ihm noch Leben verblieben ist und eine Kraft, die er ihnen entgegenstellen kann, und dieser nicht die Wirkung des Giftes durch einen schnellen Tod oder eine schlimme und verderbliche Schwächung zuvorgekommen ist.

Die Medikamente stehen dazwischen, denn im Vergleich mit den Nahrungsmitteln sind sie gefährlich, und im Vergleich mit den Giften sind sie heilsam. Ihre Wirkungen werden nur durch die Verordnungen des erfahrenen Arztes offenbar, der vorsichtig mit ihnen umgeht. Deshalb gibt es zwischen ihnen und den Nahrungsmitteln das sogenannte pharmakologische Nahrungsmittel und zwischen ihnen und den Giften das sogenannte giftige Medikament, und die Ärzte stützen sich auf beides, nachdem sie ihre Wirkungskräfte verbessert und durch besondere Verfahren ihre nachteiligen Folgen abgewehrt haben, so daß ihr Nutzen vollkommen ist. Dabei neigen sie bei ihren Behandlungen mehr zu den pharmakologischen Nahrungsmitteln als zu den giftigen Medikamenten, es sei denn im Notfall. Sie empfehlen auch, sich bei der Behandlung auf die Nahrungsmittel zu beschränken und innerhalb ihrer verschiedenen Zusammensetzungen und Abstufungen eine Auswahl zu treffen. Wenn man jedoch ohne Arzneimittel nicht auskommt, sollte man die einfachen Grundsubstanzen vorziehen, danach von den zusammengesetzten diejenigen, die weniger Bestandteile aufweisen, die ihrerseits zu den gefahrloseren Arten gehören.

Hier gibt es eine merkwürdige Erscheinung bei unseren Ärzten. Und zwar gibt es unter ihnen solche, die ihren Eifer nur auf ein Spezialfach richten und sich darin ausbilden lassen. Sie heißen Augenärzte oder Chirurgen oder Einrenker oder Aderlasser. In gleicher Weise wird in indischen Büchern erwähnt, daß es unter den Gruppen der Ärzte auch eine gibt, die als die der „Giftbehandler“ bekannt ist.

Sogar in astrologischen Büchern werden ihre Signifikatoren[608] und ihre Schicksale ebenso erwähnt wie die der Grundbesitzer, der Soldaten, der Kaufleute und der anderen Schichten. Bis jetzt habe ich noch nicht in Erfahrung bringen können, wie es sich wirklich mit ihnen verhält und wie die Methoden ihrer Kunst aussehen, und habe nichts davon gehört, was ihnen ungefähr ähnlich sein könnte, abgesehen von dem, was ein angesehener Mann aus Gardez[609] erzählte. Sein Vater sei von der Krankheit der Hämorrhoiden geplagt gewesen, und es sei so schlimm geworden, daß sich die Ärzte dieser Gegend zu seiner Behandlung zusammentaten, aber keine ihrer Verordnungen brachten einen Erfolg. Da erschien ein Inder und behauptete, den Weg zur Heilung zu wissen. Er fragte ihn, was er dafür erwarte. Er antwortete: „Ich bin nicht aus Habgier gekommen, wie diese Weber[610] da, die um dich herum sind, sondern ich meine es aufrichtig mit dir. Und wenn sich von meiner Seite ein Erfolg einstellt, so bleibt dir ja die Möglichkeit eines Entgelts für den Wert dessen, was du gewonnen hast." Er fragte: „Womit willst du mich behandeln, mit Schneiden oder mit Brennen?" Der Inder antwortete: „Ich hebe dir weder den Lendenschurz hoch, noch mache ich dir den Hosenbund oder die Hose auf. Ich entblöße dir nur den Rükken, das Kreuz und die Hüftgegend." Dann machte er Einschnitte in den Rücken und die Stelle oberhalb der Nieren und ließ das Blut fließen, wobei er Aconitum[611] einrieb und Beschwörungen murmelte, denn ohne sie können sie nicht auskommen. Auch gab er ihm ein wenig von dem Aconitum ein, worauf er in Ohnmacht fiel. Dann ließ er ihn in Ruhe, bis es fast vernarbt war, dann kratzte er den Schorf ab und machte dasselbe wie zuvor und wiederholte es noch mehrere Male. Da wurden die Hämorrhoiden beseitigt und verschwanden völlig. Sie kamen auch bis zu seinem Tode nicht wieder, obwohl er noch lange lebte. Er aber zeigte sich erkenntlich und belohnte und bezahlte ihn reichlich.

Aus: Pharmakognosie (S. 7,7–8,21; Meyerhof, S. 8,11–10,4, Übers. S. 34–37; Karimov, S. 134 f.)

89. Die alten Griechen und ihre Pflanzenkunde

Jedes einzelne Volk hat etwas Hervorragendes in irgendeiner Wissenschaft oder praktischen Tätigkeit geleistet. Unter ihnen zeichneten sich die Griechen vor der Einführung des Christentums durch besonders sorgfältige Forschungen aus, und sie führten das, was sie machten, zu einer hohen Stufe, ja fast zur Vollendung. Hätte Dioskurides[612] in unserer Gegend gelebt und seinen Eifer auf die Erkenntnis dessen verwendet, was unsere Berge und Steppen zu bieten haben, so hätten sich alle ihre Kräuter in Arzneien verwandelt, und was man davon einsammeln kann, wäre auf Grund seiner Erfahrungen zu einem Heilmittel geworden. So aber hat die Gegend des Westens durch ihn und seinesgleichen den Preis davongetragen, und durch ihre dankenswerten Bemühungen hat sie uns in Theorie und Praxis daran teilhaben lassen. In der Gegend des Ostens gibt es kein Volk, das einen Drang zur Wissenschaft verspürt, außer den Indern. Jedoch sind gerade diese Disziplinen bei ihnen auf Grundlagen aufgebaut, die von den uns geläufigen Prinzipien der Bewohner des Westens ganz verschieden sind. Ferner verhindert der Gegensatz, der zwischen uns und den Indern in der Sprache, der Religion, den Sitten und Gebräuchen besteht, und ihr übermäßiger Hang zur Absonderung gemäß ihren Vorstellungen von Reinheit und Unreinheit die wechselseitige Kommunikation und vereitelt schon die bloße Diskussion.

Aus: Pharmakognosie (S. 10,20–11,7; Meyerhof, S. 12,4–14, Übers. S. 39; Karimov, S. 137)

90. Das Süßholz und seine vielen Namen

Es ist nützlich, von einem Heilmittel die Bezeichnungen in den verschiedenen Sprachen zu kennen. Ich erinnere mich, wie ein Emir in Choresm erkrankte und ihm aus Nischapur das Rezept eines Heilmittels für seine Krankheit zugestellt wurde. Man legte es den Arzneihändlern vor, aber eine Droge darin konnte niemand von ihnen ermitteln außer einem, der angab, daß er sie vorrätig hätte. Man wurde mit ihm handelseinig um fünfzehn Dirham Gewicht gegen fünfhundert Dirham Silbergeld. Dann brachte er ihnen Süßholzwurzel heraus. Sie waren entrüstet, aber er erklärte: „Ich habe euch nur etwas verkauft, von dem euch der Name, nicht aber die Substanz unbekannt war." …

Das Süßholz heißt in Hind[613] *mulhattī*, in Sidschistan[614] *mižw*. Nach den Angaben Bišrs[615] heißt es in Hind *rasūn*, in Sind[616] *mulhattī*, nach einer Handschrift auch *mulattī*, auf persisch *mižw, matk, dār-i wādahrām, dār-i šīrīn*, das heißt „süßes Kraut", und *ẖward-i pīlān*, das heißt „Elefantenfutter". Die Anhänger des Zarathustra in Sidschistan nennen es *bōy-i hirbadān*[617], und damit räuchern[618] sie in den Häusern, in den Grabgewölben, in …[619], in den Palästen. In Zabulistan[620] heißt es *malaẖč*. Die Wurzel heißt auf griechisch *glykyrrhiza*, auf syrisch *ʿeqār šūšā*, auf arabisch, wie man sagt, *madhūq*[621]. Galen hat *glykyrrhizon*[622]. Dioskurides und Oreibasios[623]: „Die *glykyrrhiza* gibt es viel in Kappadokien und Pontus[624]. Die Höhe des Strauches beträgt zwei Ellen, die Blüte ist purpurfarben, die Frucht ist in einer Hülse wie die Linse, die Wurzel ist wie die des Buchsbaumes, der ausgepreßte Saft ist wie der des Lycium[625]." – „Seine Blüte ist ‚purpurn'[626]" – gemeint ist ohne Zweifel die Blüte des Süßholzes, obwohl im Griechischen die Blüte fehlt. Paulos[627]: „Als Ersatz für den eingedickten Saft des Süßholzes kann man den der Maulbeere nehmen." Abū Ḥanīfa[628]: „Die Araber nennen es *al-matk*. Die Süße ist in seiner Wurzel, während die Zweige einen bitteren Geschmack haben. Man legt die Blätter in den Wein, wie man es mit dem *dāḏī*[629] macht, damit er stärker wird. Der eingedickte Saft des Süßholzes wird in den arabischen Ländern nicht geschätzt."

Aus: Pharmakognosie (S. 15,11–16 u. 240,18–241,8; Meyerhof S. 15,14–18, Übers. S. 44f.; Karimov, S. 140 u. Nr. 577)

91. Der Tee

Man sagt, daß *čah* ein chinesisches Wort für eine Pflanze ist, die in jenen gebirgigen Gegenden und in Ḫutā[630] und Nepal wächst. Es gibt von ihm Sorten, die nach ihrer Farbe unterschieden werden, nämlich den weißen, den grünen, den violetten, den staubfarbenen und den schwarzen. Der weiße ist der vorzüglichste unter ihnen, seine Blätter sind zart und wohlriechend, von allen Sorten hat er auch die stärkste Wirkung auf den Organismus. Er ist selten und schwer zu finden. Ihm folgt an Güte der grüne, dann der violette, dann der staubfarbene, dann der schwarze. Man schneidet[631] die Pflanze ab und füllt sie in ein viereckiges Gefäß, nachdem sie getrocknet ist. Sie hat keine besonderen Eigenschaften, außer daß sie die nachteiligen Folgen des Weines vertreiben hilft. Deswegen wird sie nach Tibet gebracht, denn die Einwohner dieses Landes sind aus Gewohnheit dem Weintrinken ergeben, und sie haben kein wirksameres Mittel, um das Übel der Trunkenheit abzuwenden. Diejenigen, die ihn nach Tibet einführen, nehmen dafür keinen anderen Gegenwert als Moschus. In dem Buch „Nachrichten über China" steht, daß der Wert dieser Pflanze bei einem Dirham Geld für dreißig ...[632] liegt. Der Geschmack sei süß und etwas säuerlich, jedoch verschwinde dieser saure Beigeschmack beim Kochen. Man nimmt sie als Getränk zu sich, und es heißt, daß man sie mit heißem Wasser trinkt. Sie behaupten, daß das Teetrinken bei ihnen die Galle im Bauch beseitigt und das Blut reinigt. Einer, der bis zum Anbaugebiet dieser Pflanze in China gelangt ist, berichtet folgendes: „Die Residenz ihres Königs ist in der Stadt Yangdschou, und in dieser Stadt fließt ein großer Fluß[633], ähnlich wie der Tigris in Bagdad. Zu beiden Seiten dieses Flusses sind Häuser von Weinhändlern und Niederlassungen und Lokale, wo sie den Tee trinken, so wie[634] man in Indien in den Kneipen heimlich Hanf raucht. Die Steuer von diesen Lokalen fließt in die Kasse des Königs. Kauf und Verkauf des Tees sind dem gewöhnlichen Volk untersagt, weil sie ein ausschließliches Vorrecht des Königs sind. Wer Salz oder Tee ohne Erlaubnis des Königs kauft oder verkauft, wird wie ein Räuber abgeurteilt. Die Räuber aber pflegen sie zu töten und ihr Fleisch aufzuessen.[635] Die Einkünfte von den erwähnten Lokalen gehören allein dem König, wie auch die Einnahmen aus den Gold- und Silberminen. Einer ihrer Autoren sagt in seinem Arzneimittelverzeichnis, daß der Tee eine Pflanzenart ist, deren Heimat in China liegt. Man preßt ihn hier in die Form von runden Fladen, dann transportiert man ihn ins Ausland.

Von der Ursache, weswegen man auf ihn aufmerksam wurde, erzählt man folgende Geschichte. Einer von den Königen Chinas war einmal über einen seiner Würdenträger erzürnt und befahl, ihn aus seiner Umgebung zu entfernen und zu verbannen. Man jagte ihn ins Gebirge, wo der Mann an Fieber erkrankte. Eines Tages ging er in seinem großen Kummer auf die Höhen der Berge. Er hatte Hunger, aber fand nichts zu essen außer dieser Pflanze. Da nährte er sich von ihren Blättern, und nachdem er eine kurze Zeit davon gegessen hatte, fühlte er, wie ihm seine Gesundheit zurückkehrte. Er verlegte sich mit Eifer auf den Genuß der Blätter der Pflanze, bis er zu Kräften kam und sich sein Zustand besserte. Da traf es sich, daß ihn einer der Beamten des Königs in dieser Verfassung antraf, als er bei ihm vorbeikam. Er berichtete dem König von der Veränderung des Zustandes, die er an diesem Mann beobachtet hatte. Da wunderte sich der König über das Gehörte und befahl, ihn holen zu lassen. Er wurde vor den König gebracht, und als dieser seiner Gestalt ansichtig wurde, machte ihm sein Anblick den Eindruck eines guten Omens, denn ihm war die Ursache der Veränderung seines Zustandes gegenüber dem früheren, als er ihn aus seiner Umgebung verbannt hatte, nicht sichtbar. Er fragte ihn nach der Ursache seiner Gesundheit und befahl ihm, das Geheimnis zu offenbaren. Da gestand er und erklärte dem König die besondere Eigenschaft der Blätter dieser Pflanze, und nachdem der König seinen Bericht gehört hatte, ließ er die Pflanze ausprobieren. Man fand ihren Nutzen bestätigt und führte den Tee in die Heilmittelherstellung ein.

Aus: Pharmakognosie (S. 128,2–129,17; Karimov Nr. 237, der hier der etwas abweichenden persischen Version folgt, diese bei Validi Togan, *Bīrūnī's picture* ..., S. 115f.)

92. *Verschiedene Schreibmaterialien*

Die Zunge ist eine Dolmetscherin, die dem Zuhörenden die Gedanken des Sprechenden vermittelt. Deshalb ist sie auf die Gegenwart und das Jetzt beschränkt. Wie aber wäre es dann möglich, eine Nachricht aus der Vergangenheit bis in die Zukunft von einer Zunge zur anderen zu überliefern, und besonders über längere Zeiträume hinweg, wenn es nicht jene erstaunliche Erfindung des menschlichen Geistes gäbe, nämlich die Schrift, die wie der Wind alle Örtlichkeiten erreicht und sich durch die Zeiten fortpflanzt wie ein lebendiges Wesen? Preis aber sei dem, der seine Schöpfung so vortrefflich gemacht und ihre Verhältnisse so wohl geordnet hat.

Die Inder haben nicht die Gewohnheit, auf Leder zu schreiben wie einst die Griechen. So sagte ja Sokrates, als er gefragt wurde, warum er keine Bücher verfasse: „Ich übertrage nicht die Wissenschaft von lebendigen Menschenherzen auf die Häute toter Schafe."[636] In gleicher Weise schrieb man in der Frühzeit des Islam auf Leder wie etwa den Vertrag mit den Juden von Ḫaibar[637] oder den Brief des Propheten, dem Gott seinen Segen verleihe, an Ḫusrau[638]. Ebenso wurden die Exemplare des Koran auf Gazellenleder geschrieben, auch mit der Thora wird so verfahren.

Was die Rede dessen anlangt, der erhaben ist: „... ihr macht sie zu Papyrus"[639], das heißt zu Papyrusrollen, so wird der Papyrus in Ägypten aus dem Mark der Papyrusstaude hergestellt, das zusammengeklebt und beschnitten wird. Auf ihm erschienen bis vor kurzem die Schreiben der Kalifen, da man von ihm nichts abkratzen und verändern kann, ohne ihn selbst zu beschädigen. Das Papier gehört den Chinesen. Erst ein Kriegsgefangener von ihnen begründete seine Fabrikation in Samarkand.[640] Danach wurde es in verschiedenen Ländern produziert, um einem Mangel abzuhelfen.

Die Inder hingegen haben in ihren südlichen Landesteilen einen hohen Baum mit eßbaren Früchten, vergleichbar der Dattel- oder der Kokospalme. Seine Blätter haben die Länge einer Elle, die Breite entspricht der von drei zusammengelegten Fingern. Sie nennen sie *tārī*[641] und schreiben darauf. Die daraus hergestellten Bücher werden durch einen Faden zusammengehalten, auf dem die Blätter aufgereiht sind und der durch ein Loch in ihrer Mitte durch sie alle hindurchgeht. In den zentralen und den nördlichen Teilen des Landes nehmen sie Bast vom *tūz*-Baum[642], von dem auch eine Art dazu verwendet wird, die Bogen zu überziehen. Sie nennen ihn *bhūrǧa*[643]. Er hat die Länge einer Elle und die Breite der ausgestreckten Finger oder etwas weniger. Sie bearbeiten ihn, indem sie ihn färben und polieren, wodurch er fest und glatt wird, dann schreiben sie darauf. Die Blätter bleiben lose, ihre Ordnung wird aus den Ziffern einer fortlaufenden Numerierung kenntlich. Das ganze Buch wird in ein Stück Stoff eingewickelt und zwischen zwei Brettchen von entsprechender Größe eingeschnürt. Der Name dieser Bücher ist *pūthī*. Ihren Briefwechsel und alle ihre Geschäfte führen sie auch mit Hilfe des *tūz* aus.

Aus: India (S. 81,1–16)

93. Kapern auf der kaiserlichen Tafel

Dioskurides[644] sagt: „Sie wachsen in der Steppe und auf den Inseln und auf wüsten[645] und brachliegenden Ländereien und in Ruinen. Die Wurzel ist holzig und verzweigt[646]. Sie sind mit Dornen besetzt, die wie die Haken des Bocksdorns sind. Sie breiten sich auf der Erde aus. Die Blätter sind wie[647] die der Olive. Wenn sie größer werden, bekommen sie eine weiße Farbe. Wenn die Blüten abfallen, treten davon die Kapern hervor wie kleine längliche Eicheln. Wenn sie reif werden, öffnen sie sich, und heraus kommen kleine rote Kerne."
Einmal schickte al-Manṣūr[648] den ʿUmāra ibn Ḥamza[649] in einer Mission zum byzantinischen Kaiser[650]. Jener erzählte: „Eines Tages speiste ich mit ihm, als er einen kleinen versiegelten Krug holen ließ. Er befahl, daraus etwas in ein Schüsselchen zu tun, und setzte es mir vor. Ich kostete, und siehe da, es waren marinierte Kapern. Ich mußte lächeln. Er fragte mich deswegen, und ich antwortete: ‚Davon gibt es bei uns sehr viel.' Er erwiderte: ‚Also muß euer Land verwüstet sein, denn diese da wachsen nur in Ruinen, und deshalb sind sie bei uns eine Kostbarkeit.'"

Aus: Pharmakognosie (S. 47,8–17; Karimov, Nr. 62)

94. Seltsame Beeren

Naṣr ibn al-Ḥasan ibn Fīrūzān[651] war ein leidenschaftlicher Sammler von Raritäten, besonders unter den Steinen und Mineralien. Man erzählte, daß er einen Rubin von der

Breite einer Hand besaß. Der Choresmschah verlangte ihn zu sehen, worauf er ihn diesem zum Geschenk machte. Die Dicke war annähernd die eines Fingers, in der Breite bedeckte er die flache Hand, wenn man ihn darauflegte. Die Oberseite war körnig wie bei einer Zitronatzitrone oder eingemachten Weinbeeren. Die Unterseite war eben, die Farbe rot mit einem Stich ins Weinfarbige und nicht ganz durchsichtig. Er erzählte, daß er ihn in Indien gefunden habe. Er sei mit einem Stein fest verwachsen gewesen, den er mit einem Wetzstein abschleifen ließ, bis er davon befreit war. Da er aber der Feile keinen Widerstand leistete, sagten wir, daß er unecht sein müsse.

In einer Höhle, von der aus man auf eine angrenzende Ebene hinaussehen konnte, zwei Parasangen[652] von dem Dorf Sāliyāha entfernt, in der Richtung auf Kaschmir im Gebirge, stieß ich zufällig auf etwas Seltsames. Und zwar bemerkte ich auf dem Boden dieser Höhle eine Halbkugel von roter Farbe und dem Umfang eines großen Granatapfels. Ich dachte erst, es sei etwas Ähnliches wie das, was Naṣr ibn al-Ḥasan gefunden hatte. Als ich näher heranging und mich genauer damit beschäftigte, da war es eine Halbkugel aus Lehm, auf der Beeren nach Art der Granatapfelkerne gewachsen waren. Sie waren ganz rot wie bei einem Granatapfel, und in der Mitte jeder Beere schimmerte ein winziger länglicher Kern. Jede Beere war doppelt oder dreimal so groß wie die Kerne eines saftigen Granatapfels und von länglicher Beschaffenheit. Aus der Unterseite einer jeden von ihnen kam zu dem Lehm hin etwas heraus, was dem fadenförmigen Gebilde glich, das aus dem Granatapfelkern entspringt und in das Fruchtfleisch eingepflanzt ist. Ich habe diese Samenkerne herausgeholt und ausgesät, es ist aber nichts gewachsen. Ich wunderte mich nur, daß auf dem Lehm Beeren entstehen konnten ohne die Vermittlung eines Strauches oder sonst einer Pflanze.

Aus: Mineralogie (S. 87,2–17; Belenickij, S. 77 f.)

95. Urzeugung von Tieren

Aus Fleisch können Würmer entstehen und darin zu Läusen und anderen Tieren werden. Es gibt auch Lebewesen, die nicht vollständig ausgebildet aus ihrem Ursprungsort hervorkommen, wie dasjenige in Indien,[653] von dem man erzählt, daß es aus der Vulva seiner Mutter herausschaut, um Gras zu fressen, worauf es sich dann wieder nach dem Ort zurückzieht, von wo es sich gezeigt hat. Es verläßt ihn aber erst dann, wenn es kräftig geworden ist und es sich zutraut, seine Mutter im Laufen zu übertreffen, und wenn sie hinter ihm herrennt, dann flieht es in Sprüngen. Wie man sagt, ist das deswegen, weil die Zunge der Mutter überaus rauh ist, und davor hat es Angst. Denn wenn sie es erwischt, leckt sie es mit solcher Ausdauer, bis kein Fleisch mehr auf seinen Knochen ist.
Auch aus den Kopfhaaren, die mit ihrer Wurzel, das ist dem Weißen im Inneren des Fleisches, ausgerissen sind, entwickeln sich in einem Zeitraum von drei Wochen oder weniger Schlangen, wenn sie in der Hitze des Sommers ins Wasser oder auf nasse Stellen fallen. Das ist nicht zu leugnen, denn man hat es beobachtet. Auch bei anderen Stoffen ist festgestellt worden, daß Tiere aus ihnen entstehen. Abū ʿUṯmān al-Ǧāḥiẓ[654] erzählt, daß er in ʿUkbarā[655] einen Lehmklumpen sah, der sich zur Hälfte in den Teil des Körpers einer Feldratte verwandelt hatte, während die andere Hälfte noch unverändert der ursprüngliche Lehmklumpen war. In Gurgan berichtete mir eine Schar von Leuten, daß sie dort auch etwas Ähnliches gesehen hätten. Und al-Ǧaihānī[656] erzählt, daß es am Indischen Ozean einen Baum gäbe, dessen Wurzeln sich am Strand des Meeres im Sand ausbreiten. Er rollt seine Blätter zusammen, danach trennen sie sich von ihrem Stiel und werden zu Drohnen und fliegen davon. So entstehen Skorpione aus Feigen und aus Basilikum, Bienen aus Rindfleisch und Hornissen aus Pferdefleisch, was bei den Naturkundigen eine bekannte Tatsache ist. Auch wir haben vielfach deutlich beobachtet, wie Tiere, die sich geschlechtlich vermehren, aus Pflanzen und anderen Dingen entstanden sind, worauf sie sich auf geschlechtliche Weise fortgepflanzt haben.

Aus: Chronologie (S. 227,15–228,5)

96. Eine Theorie der Mißbildungen

Es gibt Dinge, die in bestimmten Zeiten periodisch aufeinanderfolgen, wobei sie beim Neuentstehen im Rahmen des Möglichen einer Veränderung unterliegen können. Wenn sie einer zu den Zeiten ihres Entstehens noch nie beobachtet hat, wird er sie als etwas Unwahrscheinliches ansehen und vielleicht so voreilig sein, sie zu leugnen. Dazu gehört alles periodisch wiederkehrende Entstehen wie die Fortpflanzung der Tiere, die Bestäubung der Bäume, das Sprießen der Saat und der Frucht aus ihr. Denn wenn es möglich wäre, einen Menschen in Unwissenheit über diese Vorgänge zu halten und ihn dann zu einem Baum zu führen, der seine Blätter abwirft, und ihm zu erzählen, wie er sich wieder begrünt und Blüten und Früchte und dergleichen hervorbringt, so würde er das kaum glauben, bis er es sieht. Das ist auch die Ursache dafür, daß sich die Bewohner der nördlichen Länder darüber wundern, wie die Palmen, die Ölbäume, die Myrtensträucher und ähnliche Gewächse zur Winterszeit beständig frisch und grün bleiben, da sie so etwas in ihrer Gegend nicht beobachten. Dazu gehört nun auch, was nicht in regelmäßigen Perioden, sondern durch Zufall auftritt. Wenn die Zeit seines Vorkommens vorüber ist, bleibt nichts außer den Berichten davon. Wenn zusammen mit den Nachrichten die Voraussetzungen für die Glaubwürdigkeit gegeben sind und es bereits vorher als möglich erschien, so muß man es wohl oder übel akzeptieren, auch wenn man sich das Wie nicht vorstellen kann und auch das Warum nicht kennt.

Dazu gehört auch etwas, das in einer analogen Weise auftritt, es wird indessen als ein „Fehler der Natur“[657] bezeichnet, weil es aus dem Rahmen herausfällt, in dem sich die betreffende Art bewegt. Ich würde es nicht so benennen, sondern als eine Abweichung der Materie vom Normalmaß. So findet man etwa Tiere mit überzähligen Gliedmaßen, wenn die Natur, die mit der Erhaltung der Arten in ihrem Zustand betraut ist, auf eine überschüssige Materie stößt. Sie formt auch aus ihr eine Gestalt, anstatt sie zu vernachlässigen. Lebewesen mit fehlenden Gliedmaßen entstehen dann, wenn die Natur keine Materie findet, aus der sie die vollständige Gestalt dieses Einzelwesens nach dem Muster

seiner Art herstellen kann. So verleiht sie ihm eine Form, mit der ihm dieser Mangel nicht schadet, und läßt die Seele damit im Rahmen des Möglichen zufrieden sein.
Ein Beispiel bietet das, was Ṯābit ibn Sinān ibn Ṯābit ibn Qurra[658] in seinem Buch „Über die Datierungen" erwähnt. Er sah nämlich bei Samarra[659] ein Truthahnküken, das gerade aus dem Ei geschlüpft war. Es war ganz und vollständig ausgebildet, hatte aber an seinem Kopf zwei Schnäbel und drei Augen. Er erwähnt weiter, daß man dem Tūzūn[660] in den Tagen seines Emirats ein totes Zicklein brachte, das ein rundes Gesicht wie das eines Menschen hatte, auch die Kiefer und die Zähne waren entsprechend gebildet. Es hatte ein einziges Auge und an der Stirn etwas, das einem Schwanz ähnlich war. Er berichtet auch, daß in dem Stadtbezirk al-Muḫarrim in Bagdad ein Kind geboren wurde, das sogleich starb. Es wurde zur Besichtigung zu ʿIzz ad-Daula Baḫtiyār[661] gebracht. Das war zu der Zeit, als sein Vater Muʿizz ad-Daula noch lebte. Es bestand aus einem vollständigen Körper, an dem nichts fehlte und nichts zuviel war, außer daß auf ihm zwei Ausbuchtungen hervortraten, auf denen zwei vollständig ausgebildete Köpfe mit Augen, Ohren, Nasen und Mündern saßen. Zwischen den Schenkeln war ein Geschlechtsteil wie das eines weiblichen Wesens, aus dessen Innerem ein Penis deutlich sichtbar wurde. Der Autor erzählt auch von einem byzantinischen Heerführer, daß er im Winter des Jahres 352[662] zwei Männer zu Nāṣir ad-Daula[663] schickte, die in der Magengegend zusammengewachsen waren. Es handelte sich um Aramäer, fünfundzwanzig Jahre alt, und er teilt auch ihre Namen mit. Sie trugen Bärte. Ihr Vater war bei ihnen. Sie pflegten einander gegenüberzustehen, jedoch war das ihnen gemeinsame Hautstück, das sie miteinander verband, lang und ließ sich so weit ausdehnen, daß der eine zur Rechten des anderen stehen konnte. Wie berichtet wird, hatte jeder für sich alle Organe vollständig, sie hatten auch unterschiedliche Zeiten für Essen, Trinken und Stuhlgang. Sie bestiegen ein Reittier und saßen eng hintereinander, wobei der erste dem zweiten das Gesicht zukehrte. Der eine fühlte sich zu Frauen hingezogen, der andere zu Knaben.
Wenn die Naturkraft auf eine Materie stößt, so läßt sie diese, wie nicht zu bezweifeln ist, nicht unbearbeitet, ge-

mäß der Aufgabe, die ihr eingegeben und mit der sie betraut ist. Wenn nun diese Materie übermäßig viel ist, verdoppelt diese Kraft ihre Tätigkeit. Manchmal geschieht die Doppelung mit einem getrennten Nebeneinandersetzen, wie es bei Zwillingen der Fall ist, manchmal mit einem Aneinanderhängen, wie im Fall der beiden Aramäer, und manchmal mit einem gegenseitigen Durchdringen wie in dem davor angeführten Beispiel. Ebenso gibt es Formen der Doppelung auf diese oder andere Weise bei den übrigen Lebewesen. So erzählt man von den Fischen des Meeres, daß es davon gedoppelte Arten gäbe, das heißt, wenn man sie aufschneidet, findet man im Innern ein ebensolches Exemplar, und zuweilen ist diese Verdoppelung mehrfach wiederholt. Alle diese Erscheinungen gibt es auch bei den Pflanzen, wie etwa bei den zweigeteilten zusammenhängenden Früchten und bei den zweigeteilten Kernen, die von einem Behältnis umschlossen sind, und bei denen, die gedoppelt vorkommen und ineinanderstecken, wie die Zitrone, in deren Innerem eine andere ähnliche Zitrone ist. Manchmal gelingt die Verdoppelung nicht vollständig, und so ergibt sich nur eine Vermehrung von Körperteilen, die entweder passend an ihrem Platz sind wie die überzähligen Finger, denn sie sitzen, obwohl sie mehr sind, als es üblich und nötig ist, an der Stelle, die für sie am geeignetsten ist. Oder aber sie passen nicht an den Platz, an dem sie sitzen, und dann sollte man in der Tat von einem Fehler der Natur sprechen, wie bei der Kuh in Gurgan zur Zeit von aṣ-Ṣāḥib[664], als die Buwaihiden hier die Macht ausübten. Groß und klein hatte sie mit eigenen Augen gesehen, und man berichtete mir, daß am Widerrist in der Nähe des Halses ein vollständiges Bein wie eines der Vorderbeine herauskam, mit einem Oberschenkel und Gelenken und einem paarigen Huf. Sie konnte es nach ihrem Willen bewegen, nämlich beugen und strecken. Man kann das wirklich als einen Fehler ansehen, weil kein Nutzen darin zu finden ist und weil es sich an der unrichtigen Stelle und an der verkehrten Seite befand. Alle diese Varietäten und was ihnen ähnlich ist, und ich habe unter meinen Büchern solche, die sich speziell damit befassen, erscheinen dem, der sie nicht selbst gesehen hat, als unvorstellbar, weil er dabei nicht die Vorbedingungen für die Glaubwürdigkeit des Berichteten findet.

Aus: Chronologie (S. 79,22–81,19)

97. Der Stern Canopus und der Zitterrochen

Es handelt sich um den vierundvierzigsten Stern des Schiffes[665]. Er befindet sich auf dem Ruder und hat 75 Grad südlicher Breite. Er erhebt sich nie weit über den Horizont, und deswegen erscheint er dem Auge nur flimmernd. Es wird behauptet, daß der Blick des Auges ausgelöscht wird, wenn er auf ihn fällt, wie auch von einem Tier auf der Insel Rāmīn in der Gegend von Ceylon erzählt wird, daß keinem, der es erblickt, mehr als vierzig Tage zu leben beschieden sind, nachdem er es gesehen hat. Die Beziehungen zu den geistigen Substanzen[666] und ihre Einflüsse sind eigentlich nicht wunderbarer als die Wirkung des Fisches, der als der Zitterrochen bekannt ist. Denn die Hand des Fischers wird gelähmt, wenn der Fisch im Netz noch lebendig ist. Ja selbst dann, wenn man einen Stock nimmt und das eine Ende auf den noch lebenden Rochen setzt und das andere festhält, wird die Hand gelähmt, und der Stock entfällt ihr, so wird behauptet. Oder man vergleiche die Würmer, die es im Landkreis Raʿad im östlichen Gurgan gibt. Dort sind nämlich an einer bestimmten Stelle kleine Würmer, auf die man nicht treten darf, wenn man Wasser trägt, sonst verdirbt es und wird stinkend. Wenn man nicht auf sie tritt, bleibt es einwandfrei und behält seinen angenehmen Geruch und süßen Geschmack. Man vergleiche auch, wie ein von einem Tiger Gebissener stirbt, wenn eine Maus auf ihn pißt, und wie sehr die Mäuse darauf versessen und begierig sind, auf welchem Wege auch immer, an ihn heranzukommen.

Aus: Chronologie (S. 343,14–23)

98. Ein Experiment mit Schlangen

In einem stimmen alle Berichterstatter überein, daß nämlich den Schlangen die Augen ausfließen, wenn ihr Blick auf einen Smaragd trifft. Dies ist sogar in den Büchern aufgezeichnet, die von den besonderen Eigenschaften der Substanzen handeln, und ist Gegenstand allgemeinen Geredes und kommt in der Dichtung vor. So heißt es bei Abū Saʿīd al-Ġānimī[667]:

„Das Wasser der Rinnsale, das gewunden herumfließt um das Smaragdgrün einer Pflanzung,
die nicht ausgedehnt ist,
So wie die Natter, wenn sie einem Smaragd begegnet und davongleitet aus Furcht, das Augenlicht zu verlieren."

Abū Naṣr al-ʿUtbī[668] sagt in einem seiner Sendschreiben: „Alles hat nach der Verfügung der göttlichen Allmacht seine besondere Eigenschaft und seine ihm eigentümliche Kraft. Der Smaragd läßt die Augen der Dschinnen[669] auslaufen, der Rubin nützt gegen giftige Tiere, der Bernstein sammelt nach seinem Vermögen Strohpartikel auf, und dem Wolfsmilchkraut kommt beim Verkauf zustatten[670], daß es eine Milch hat so wie die Behennuß ein Öl."
Aber obwohl sie alle darin übereinstimmen, so hat die praktische Erfahrung es dennoch nicht bestätigt. Ich habe es mit einer solchen Hingabe auszuprobieren gesucht, wie man es nicht gewissenhafter machen kann. Ich habe Schlangen eine Halskette aus Smaragden umgelegt, ich habe ihren Korb damit ausgestattet, ich habe vor ihnen eine Schnur mit aufgefädelten Smaragden hin und her bewegt, und das im Verlauf von neun Monaten bei warmem und kaltem Wetter. Es blieb mir schließlich nichts übrig, als ihnen etwas pulverisiert an die Augen zu bringen. Es zeitigte da überhaupt keine Wirkung, falls es ihnen nicht den Blick geschärft hat. Gott aber gibt den Erfolg.

Aus: Mineralogie (S. 167,16–168,7; Belenickij, S. 156f.)

Anmerkungen

Einleitung

1 *Ḥudūd al-ʿālam.* ‚The regions of the world'. A Persian geography 372 A. H. – 982 A. D., übers. v. V. Minorsky, London 1937, S. 122; vgl. Ja. G. Guljamov. In: Beruni i gumanitarnye nauki ... 1972, S. 31 („Aller Wahrscheinlichkeit nach war *berun* eher ein Ortsname als ein topographischer Terminus.").
2 So auch noch in Strohmaier, Denker ..., S. 93.
3 G. Snessarew, Unter dem Himmel von Choresm, Leipzig 1976, S. 172–189.
4 G. P. Matvievskaja u. Ch. Tllašev, O naučnom nasledii astronoma X–XI vv. Abu Nasra Ibn Iraka. In: Istoriko-astronomičeskie issledovanija 13, 1977, S. 219–232.
5 Vgl. S. Sambursky, Das physikalische Weltbild der Antike, Zürich, Stuttgart 1965, S. 571–597.
6 De revolutionibus orbium caelestium, Buch 1, Kap. 9.
7 Klaus Fischer, Galileo Galilei, München 1983 (Beck'sche Schwarze Reihe 504), S. 89–91.
8 Vgl. Bulgakov, Žizn' ..., S. 115f.
9 Vgl. P. Kunitzsch, Glossar der arabischen Fachausdrücke in der mittelalterlichen europäischen Astrolabliteratur. In: Nachrichten der Akademie der Wissenschaften in Göttingen, I. Phil.-hist. Kl. 1982, S. 479.
10 E. Wiedemann, Ein Instrument, das die Bewegung von Sonne und Mond darstellt, nach al Bîrûnî. In: Der Islam 4, 1913, S. 5–13; zu antiken Vorbildern vgl. D. de Solla Price, Gears from the Greeks. The Antikythera mechanism – a calendar computer from ca. 80 B.C. In: Transactions of the American Philosophical Society n.s. 64 (7), 1974, bes. S. 54.
11 Vgl. G. E. von Grunebaum, Der Islam im Mittelalter, Zürich, Stuttgart 1963, S. 273f.
12 A newly discovered book of al-Bīrūnī "Ghurrat-uz-Zījāt" and al-Bīrūnī's measurements of earth's dimensions. In: Al-Bīrūnī Commemorative Volume ... 1979, S. 618f.
13 V. Minorsky, On some of Bīrūnī's informants. In: Al-Bīrūnī Commemoration Volume ... 1951, S. 234f.
14 A. K. Arends. In: Beruni. Sbornik statej ... 1973, S. 24.
15 J. Rypka, Iranische Literaturgeschichte, Leipzig 1959, S. 172f.
16 T. Hägg, The Oriental reception of Greek novels. In: Symbolae Osloenses 61, 1986, S. 99–131 (der Verf. nimmt jedoch m. E.

zu Unrecht an, daß al-Bīrūnī aus dem Arabischen ins Persische übersetzt habe; ebenda, S. 107; vgl. u. Nr. 2).

17 Vgl. B. Brentjes, Völkerschicksale am Hindukusch, Leipzig 1983, S. 154–158.

18 Chronologie ..., S. 48.

19 B. I. Vajnberg, Monety drevnego Chorezma, Moskau 1977, S. 80–82.

20 Vgl. J. S. Mishra, New light on Albīrūnī's stay and travel in India. In: Central Asiatic Journal 15, 1971, S. 302–312.

21 W. Halbfass, Indien und Europa, Basel, Stuttgart 1981, S. 38–48.

22 So richtig bei J. Kraemer, Arabische Homerverse. In: Zeitschrift der Deutschen Morgenländischen Gesellschaft 106, 1956, S. 270–279; anders I. Ju. Kračkovskij, Gomer i al-Bīrūnī. In: ders., Izbrannye sočinenija, Bd. 2, Moskau, Leningrad 1956, S. 580–587.

23 Sh. Pines u. T. Gelblum, Al-Bīrūnī's Arabic version of Patañjali's Yogasūtra: A translation of his first chapter and a comparison with related Sanskrit texts. In: Bulletin of the School of Oriental and African Studies 29, 1966, S. 302–325.

24 Pharmakognosie, Einleitung bei Karimov, S. 150f.; H. Hermelink, Zur Bestimmung von Bīrūnīs Todestag. In: Sudhoffs Archiv 61, 1977, S. 298–300.

25 E. S. Kennedy, A letter of Jamshīd al-Kāshī to his father. In: Orientalia N.S. 29, 1960, S. 197.

26 Widerlegung einer gegenteiligen Auffassung bei J. M. Millàs-Vallicrosa, Ibn al Mutanna' et le prologue de son commentaire aux tables d'al Jwarizmi. In: Mélanges Alexandre Koyré, Bd. 1, Paris 1964, S. 387–396.

27 E. Gamillscheg, Etymologisches Wörterbuch der französischen Sprache, 2. Aufl., Heidelberg 1969, s.v. aliboron.

28 Die Altertumswissenschaften an der Berliner Akademie, hrsg. v. Ch. Kirsten, Berlin 1985, S. 101f.; vgl. H. R. Roemer, Al-Bīrūnī in Deutschland. In: The Muslim East. Studies in honour of Julius Germanus, hrsg. v. Gy. Káldy-Nagy, Budapest 1974, S. 23–29.

1. Was dem Leser gefällt

Al-Bīrūnī rechtfertigt hier seine oft unsystematische Art der Darstellung und seine Neigung zu Exkursen.

2. Bekenntnis zur arabischen Sprache

Die geringschätzige Beurteilung der Muttersprache war auch für die europäischen Gelehrten bis weit in die Neuzeit hinein typisch, da sie im Lateinischen eine international gültige Sprache hatten, so wie ihre muslimischen Kollegen im Arabischen. Über al-Bīrūnīs besonderes Verhältnis zum Persischen vgl. die Einleitung.

1 Gilan ist ein Landstrich an der Südwestküste des Kaspischen Meeres, Dailam das zugehörige gebirgige Hinterland. Beide waren in islamischer Zeit ein Hort nationalpersischer Tendenzen und des Widerstands gegen das Kalifat.
2 Anspielung auf eine Redewendung im Koran, Sure 36,69.
3 Das Choresmische, das etwa im 14. Jahrhundert ausstarb, gehört zwar mit dem Persischen zur iranischen Sprachfamilie, dennoch hat al-Bīrūnī das letztere ebenso als eine Fremdsprache empfunden wie das Arabische.

3. Die Mängel der arabischen Schrift

Die arabische Schrift ist zwar eleganter als die lateinische und ermöglicht eine viel größere Schreibgeschwindigkeit, jedoch hat al-Bīrūnī mit seinem kritischen Urteil recht. Die handschriftliche Überlieferung seiner eigenen Werke ist von den erwähnten Mängeln ebenfalls betroffen.

4 Aus dem Kontext geht hervor, daß er dazu die ihm geläufige arabische Schrift benutzte; falsche Etymologien griechischer Fremdwörter lassen außerdem erkennen, daß er nie Gelegenheit hatte, diese Sprache richtig zu erlernen (vgl. G. Strohmaier, Rezension von Karimov. In: Orientalistische Literaturzeitung 73, 1978, Sp. 56).
5 Dioskurides (zweite Hälfte des 1. Jahrhunderts u. Z.), Verfasser eines viel benutzten Heilpflanzenbuches, Galen von Pergamon (129 bis nach 200), dessen erhaltene Werke in der letzten Gesamtausgabe von C. G. Kühn 20 Bände füllen, sowie die Kompilatoren Paulos von Aigina (erste Hälfte des 7. Jahrhunderts) und Oreibasios (4. Jahrhundert) sind die wichtigsten griechischen Mediziner, die im 9. Jahrhundert in Bagdad von sehr kompetenten Übersetzern auf arabisch zugänglich gemacht wurden.
6 Verständlicherweise scheuten sie sich vor leichtfertigen Identifizierungen und beließen es daher bei der bloßen Transkription.

7 Al-Bīrūnī nennt hier nur die arabischen Bezeichnungen; zu den entsprechenden Fremdwörtern, die von den Übersetzern ins Arabische eingeführt worden waren, vgl. Meyerhof, Übers. S. 43.

8 Die Titel der logischen Schriften des aristotelischen Organons wurden von den Übersetzern in ihrer griechischen Form belassen, weil sie so im Rahmen des Unterrichts bei den christlichen Syrern schon fest eingebürgert waren. Vgl. u. Nr. 6, Anm. 25.

9 Gemeint sind islamische Theologen, denen zugleich die Reinheit der arabischen Sprache am Herzen lag.

4. Die Entwicklung der Wissenschaft

Aristoteles spricht in seiner „Meteorologie" (Buch 1, Kap. 14) zwar von Zyklen der Kulturentwicklung, aber nur in dem Sinne, daß die sich ändernden geographischen Bedingungen zu einem Zuwandern und Abwandern der menschlichen Besiedelung führen. Seine Vorstellung von einem ewigen Bestehen des Menschengeschlechts ließ sich nun auch so deuten, daß auch die Wissenschaften und Künste schon immer ein Erbteil des Menschen gewesen seien. Damit war der Entwicklungsgedanke aufgegeben, wie er für frühere Denker wie etwa Demokrit noch selbstverständlich war. Al-Bīrūnī gewinnt ihn auf Grund seines koranischen Schöpfungsglaubens wieder.

10 „Kunst" hier im Sinne des griechischen Begriffs der *technē*, der sowohl die handwerklichen Fertigkeiten wie auch die Wissenschaften umfaßt.

11 Dies wurde in der antiken Literatur von dem ägyptischen Ibis oft erzählt, zur Kenntnis al-Bīrūnīs könnte es aus den übersetzten pseudogalenischen Schriften (s. o. Nr. 3, Anm. 5) Introductio seu medicus (Bd. 14, S. 675 Kühn) oder De clysteribus et colica (vgl. das Zitat bei Ibn abī Uṣaibiʿa, *'Uyūn al-anbā' fī ṭabaqāt al-aṭibbā'*, hrsg. v. A. Müller, Kairo 1882, Bd. 1, S. 13) gelangt sein.

12 Nach Sure 5,31 die Rede des Kain, als er nicht wußte, wie er seinen Bruder Abel begraben sollte, und Gott einen Raben schickte, der vor ihm den Boden scharrte.

13 Für al-Bīrūnī in erster Linie die Aristoteliker, vgl. u. Nr. 7.

5. Der Wissenschaftler in der Gesellschaft

Al-Bīrūnīs pessimistisches Urteil über seine Gegenwart ist nicht unrealistisch. Kennzeichnend ist z. B. auch der Umstand, daß er selbst keine Schüler hatte, die seine vielen bemerkenswerten Neuansätze fortführen konnten.

6. Verteidigung der einzelnen Wissenschaften

Die Art, wie al-Bīrūnī die einzelnen Wissenschaften mit dem Islam in Übereinstimmung bringt, gibt einen Hinweis darauf, daß der Islam als solcher keine Schuld an der Stagnation des wissenschaftlichen Lebens in späteren Jahrhunderten trägt.

14 Anspielung auf einen bekannten Ausspruch Mohammeds.
15 Mit Textkorrektur (Umstellung von *al-ḫair ... aḍ-ḍair*).
16 Fundamentaler Glaubensartikel des Islam, nach dem Gott der Redende ist, der sich in der Geschichte durch die Propheten offenbart hat, deren letzter Mohammed war.
17 Sure 3,191.
18 Sure 39,9.
19 Zum Jagdverhalten der Pelikane und ihrer Art, die Jungen zu füttern, die hier wahrscheinlich als allgemeines Teilen mißverstanden ist, vgl. G. Mauersberger, Vögel (Urania Tierreich, Bd. 5), 3. Aufl., Leipzig, Jena, Berlin 1972, S. 55–57.
20 Sure 3,14.
21 Vgl. o. Nr. 4, Anm. 11.
22 Idiomatischer Ausdruck für Ähnlichkeit und Gleichwertigkeit.
23 Sure 39,18.
24 Sure 47,20.
25 Es handelt sich um die logischen Schriften des aristotelischen Organons: Eisagoge, Kategorien, Hermeneutik, Erste und Zweite Analytiken. Vgl. o. Nr. 3, Anm. 8.
26 Dieser Ausspruch findet sich in verschiedenen Sammlungen des sog. *ḥadīṯ*, wo die Nachrichten über das Leben Mohammeds und seine Äußerungen zusammengetragen sind.
27 Vielbändiges geographisches Werk von al-Ǧaihānī (10. Jahrhundert), einem Wesir der Samaniden in Buchara. Es verband exakte Informationen über Reiserouten und Entfernungen mit einer Vorliebe für exotische Merkwürdigkeiten. Al-Bīrūnī zitiert das heute nicht mehr erhaltene Werk sehr häufig.
28 Sure 6,11.
29 Sure 35,44.

30 Sure 44,23.
31 Sure 11,81.
32 Anspielung auf Sure 28,77.
33 Sure 18,6 u. 90.
34 Sure 18,60f.; welche Stelle der Erde damit gemeint ist, bleibt unklar (vgl. Paret, Kommentar, S. 316f.).
35 Sure 17,1; die muslimische Tradition verstand unter der „fernsten Moschee“ den Tempelberg in Jerusalem.
36 Vgl. die Suren 4,95–97; 9,42–47.81f. 86f.; 48,11.15f.
37 Ein von Mohammed selbst eingesetzter Heerführer (gest. 642); seine gefährliche Durchquerung der Wüste wird von dem Historiker aṭ-Ṭabarī (s. u. Nr. 45, Anm. 298) erzählt *Ta'rīḫ ar-rusul wa-l-mulūk*, hrsg. v. M. J. de Goeje, Leiden 1879–1901, Ser. I, S. 2075f.).

7. *Zur Unveränderlichkeit der Sphären ...*

Bemerkenswert ist die intellektuelle Reife, mit der die beiden noch sehr jungen Männer (s. o. die Einleitung) über die schwierigsten Probleme der aristotelischen Naturphilosophie debattieren. Beide stehen dabei bewußt in zwei grundverschiedenen Traditionen, al-Bīrūnī in der des christlichen Aristoteleserklärers Johannes Philoponos und Avicenna in der des Neuplatonikers Simplikios. Vgl. A. Bausani, Some considerations on three problems of the Anti-Aristotelian controversy between al-Bīrūnī and Ibn Sīnā. In: Abhandlungen der Akademie der Wissenschaften in Göttingen, phil.-hist. Kl., 3. Folge, Nr. 98, Göttingen 1976, S. 74–85.

38 De caelo I,3: 270b11–16 u. II,1: 284a2–12.
39 Juden und Christen.
40 Gemeint sind Sintfluten, Hitzekatastrophen und der Untergang von Atlantis (Gesetze III: 677a; Kritias 3 u. 4: 108e u. 111a–c; Timaios 3: 22a–25d).
41 Johannes Philoponos (6. Jahrhundert), Hochschullehrer in Alexandria, suchte den christlichen Schöpfungsglauben mit aristotelischer Physik zu verbinden, gelangte dabei zu originellen Neuansätzen (vgl. S. Sambursky, Das physikalische Weltbild der Antike, Zürich, Stuttgart 1965, S. 571–597; ders., John Philoponus. In: Dictionary of Scientific Biography, hrsg. v. Ch. C. Gillispie, Bd. 7, New York 1981, S. 134–139). Seine Werke lagen auch in arabischer Übersetzung vor, s. Strohmaier, Patristische Überlieferung, S. 140f., u. G. Troupeau, Un épitomé arabe du „De contingentia mundi“ de Jean Philopon. In: Mémorial A.-J. Festugière, hrsg. v. E. Lucchesi u. H. D. Saffrey (Cahiers d'orientalisme 10), Genf 1984, S. 77–88.

42 In Aristotelis libros de generatione et corruptione commentaria, hrsg. v. H. Vitelli, Berlin 1897 (Commentaria in Aristotelem Graeca 14,2).

43 Siehe u. Nr. 53.

44 De aeternitate mundi contra Proclum, hrsg. v. H. Rabe, Leipzig 1899.

45 Über diese verlorene Schrift vgl. W. Kroll, Art. Ioannes Philoponus. In: Pauly-Wissowa, Real-Encyclopädie der classischen Altertumswissenschaft, Bd. 9, Stuttgart 1916, Sp. 1789.

46 Nämlich die räumliche Unendlichkeit, vgl. De caelo I,5–7: 271b1–276a17.

47 Das heißt, der Himmel hätte sich in seinem Erscheinungsbild auch ändern können, ohne daß sein Wesen als Resultat einer ewig andauernden Schöpfung davon betroffen wäre. Für Aristoteles war der Himmel selbst göttlich und darum ewig unverändert.

8. *Zu der von Aristoteles ausgeschlossenen Existenz anderer Welten*

Vor der Überwindung der aristotelischen Physik durch die Gravitationslehre galt der Erdmittelpunkt zugleich als Zentrum des ganzen Kosmos. Al-Bīrūnī kann sich dieser Betrachtungsweise ebenfalls nicht ganz entziehen, dennoch sind seine knapp skizzierten Einfälle zukunftsträchtiger als die langatmigen Ausführungen Avicennas.

48 De caelo I,8f.: 276a18–279b3. Der Hauptpunkt ist der, daß schwere Körper jenseits unserer Himmelssphäre auch dem Erdmittelpunkt zustreben müßten, weil er der einzige Schwerepunkt ist. Vgl. u. Nr. 12.

49 Die im Text nicht vorhandene Zeichnung wird man sich so vorzustellen haben:

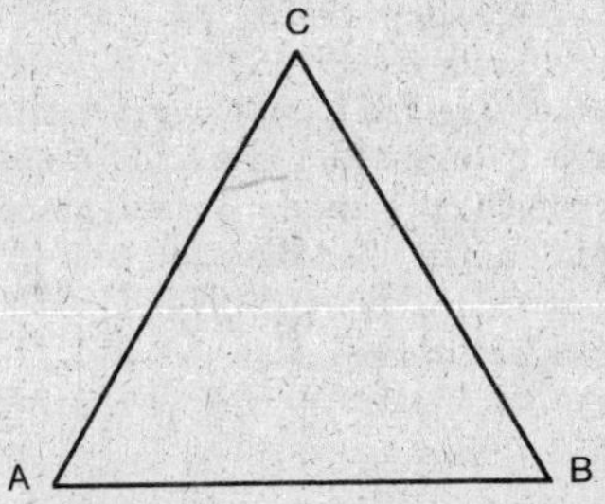

50 Eine Zusammenfassung von De caelo I,9: 277b27–278a22.
51 Der „Intellekt“ ist im Sprachgebrauch der arabischen Aristoteliker ein Beweger der Gestirnsphären, der unterste, der mit der Mondsphäre verbunden ist, wirkt auf die Erde und auf den menschlichen Intellekt ein (vgl. H. A. Davidson, Alfarabi and Avicenna on the active intellect. In: Viator3, 1972, S. 109–178).
52 Die „erste Ursache“ ist Gott.
53 Ein Akzidens ist etwas, das nicht zum Wesen gehört, im vorliegenden Kontext etwa das Nach-oben-geworfen-Werden für einen Stein.
54 II,4–6: 195b31–198a13. „Der Philosoph“ ist Aristoteles.
55 Nicht erhalten.
56 V,6: 230b10–231a17.
57 Zu den im Arabischen vorliegenden Kommentaren vgl. F. E. Peters, Aristoteles Arabus, Leiden 1968, S. 42f. – Einen Beleg für die genannte Zahl neunzehn habe ich nicht finden können.
58 Das heißt, für Bewegung, Ruhe oder die Form eines Gegenstandes gibt es keine speziell zugeordneten Sinnesorgane, diese werden zusammen mit der Farbwahrnehmung des Auges, mit dem Gehör oder mit dem Tastsinn aufgenommen.
59 Gemeint ist die Theologenschule der Muʿtaziliten (s. u. Nr. 52) in Basra, eine andere bestand in Bagdad.
60 Der Briefwechsel ist in der Schule Avicennas überliefert worden, die es nicht für nötig hielt, die Meinungen al-Bīrūnīs vollständig wiederzugeben.

9. Zur Natur der Sonnenstrahlen

Der Streit um den Korpuskularcharakter des Lichtes ist erst in unserem Jahrhundert durch Einstein entschieden worden. Immerhin zeigt sich hier al-Bīrūnī als der bessere Beobachter.

61 De anima II,7: 418a26–419a25.
62 De sensu et sensato 3: 439a6–440b25; in der arabischen Aristotelesüberlieferung gab De sensu et sensato als erster Traktat der sog. Parva naturalia der ganzen Sammlung den Namen, daraus erklärt sich Avicennas Zusatz „im ersten Buch“ (vgl. H. Gätje, Studien zur Überlieferung der aristotelischen Psychologie im Islam, Heidelberg 1971, S. 83f.).
63 Mit Textkorrektur (*al-habā*ʾ statt *al-hām*).

10. Zur Verwandlung der Elemente ineinander

Wenn man die aristotelische Lehre von den vier Elementen Erde, Wasser, Luft und Feuer als Vorwegnahme der Erkenntnis der Aggregatzustände der Materie auffaßt, wird man Avicennas Argumentation weniger verkehrt finden. Wenn man sie mit unseren chemischen Elementen in Parallele setzt, müßte al-Bīrūnī recht bekommen.

64 Über das im Arabischen Zugängliche vgl. Peters (s. o. Nr. 8, Anm. 57), S. 35–39.
65 Mit Textkorrektur (*labisa* statt *laisa*).
66 Mit Textkorrektur (Umstellung von *min makānin*).

11. Zum Strahlengang durch ein Glasgefäß

Die optischen Probleme, die hier von al-Bīrūnī und Avicenna in einer ziemlich hilflosen Weise angegangen werden, hat ihr Zeitgenosse Ibn al-Haiṯam in Ägypten mit größerem Erfolg und einem entwickelteren methodischen Bewußtsein behandelt (vgl. Strohmaier, Denker ..., S. 74–76).

12. Zum natürlichen Ort der vier Elemente

Zu diesem Kernpunkt der aristotelischen Physik vgl. o. Nr. 8.

67 Die erste Meinung ist die des Aristoteles (s. De caelo IV: 307b28–313b23), die zweite nähert sich der des Johannes Philoponos (s. o. Nr. 7, Anm. 41, Sambursky, Das physikalische Weltbild ..., S. 593f.).
68 Mit Textkorrektur (*fa-yakūnu tarǧamatī fī n-nār bi-miṯli ḏālika* statt *fī n-nār ... tarǧumānī*).

13. Zu den Ursachen der Klimaunterschiede

Avicenna zeigt hier eine Neigung zu leichtfertigem Spekulieren, so daß al-Bīrūnī mit ihm ein leichtes Spiel hat. Dabei ist aber zu berücksichtigen, daß Avicenna zur Zeit dieser Korrespondenz erst etwa achtzehn Jahre alt war.

14. Experimente für und gegen das Vakuum

Die hier geschilderten Experimente lassen sich mit einer großen Limonadenflasche wiederholen, bei dem ersten ist es erforderlich, die Flasche dicht über der Wasseroberfläche auszusaugen und blitzschnell einzutauchen.

69 Wieder ein unvollständiges Zitat, vgl. o. Nr. 8, Anm. 60.
70 Mit Textkorrektur (*intifāšan* statt *infišāšan*, analog im folgenden).

15. Zur Ausdehnung des Wassers beim Gefrieren

Hier gilt dieselbe Beobachtung wie zu Nr. 13.

71 Wieder ein unvollständiges Zitat, vgl. o. Nr. 8, Anm. 60.

16. Menschen im hohen Norden und tiefen Süden

Die übertriebene Vorstellung von der Klimaabhängigkeit des Menschen und die abfällige Bewertung der Völker, die nicht das Glück haben, in den mittleren Klimazonen zu siedeln, sind ein Erbteil der antiken Geographie.

72 Zwischen Petschora und dem nördlichen Ural, in russischen Chroniken auch Jugra genannt.
73 In anderen arabischen Quellen auch Wīsū, in russischen Chroniken Ves' genannt. Nachkommen dieses finnischen Volksstammes sind die Wepsen.
74 Der südlichste Küstenstrich Afrikas, den arabische Händler erreichten, in Moçambique gelegen.
75 Eine halb sagenhafte Inselgruppe, bei manchen arabischen Geographen vielleicht mit Sumatra gleichzusetzen.
76 Der vordere Malaiische Archipel.
77 Gemeint ist die Ostsee, die auf arabischen Weltkarten als südliche Ausbuchtung des nördlichen Ozeans vorgestellt wurde. Um den Polarkreis zu erreichen, mußten die Anwohner allerdings auf die Nordsee hinausfahren, was angesichts der sonstigen Unternehmungen der Wikinger nicht unwahrscheinlich ist. A. Z. Validi möchte eher an das Weiße Meer denken (Die Nordvölker bei Bīrūnī. In: Zeitschrift der Deutschen Morgenländischen Gesellschaft 90, 1936, S. 38–51). Zu al-Bīrūnīs Informanten vgl. die Einleitung, S. 21.

17. Der Äquator und was hinter ihm liegt

Al-Bīrūnīs vorsichtig abwägendes Herangehen zeigt sich hier in einer besonders sympathischen Weise. Befremdlich ist nur die Sicherheit, mit der er die Existenz bewohnten Landes im zweiten nördlichen Viertel, d. h. also der Gegend Nordamerikas, von vornherein ausschließt.

78 Diese Auffassung vertritt z. B. Ibn Ṭufail (*Ḥayy ibn Yaqẓān*, hrsg. v. G. Ṣalība u. K. ʿAyyād, 5. Aufl., Damaskus 1962, S. 18–21; Übers. v. J. G. Eichhorn, hrsg. v. S. Schreiner, Leipzig, Weimar 1983, S. 17–19).

79 Die 65° südlicher Breite entsprechen dem Rand der Antarktis. Es bleibt zu untersuchen, ob die übertriebenen Vorstellungen von den Auswirkungen des im antarktischen Sommers erreichten Perihels der Erde (nach ptolemäischer Auffassung des Perigäums der Sonne) zu den immer wieder auftauchenden Behauptungen von der Existenz eines heißen Südlandes beigetragen haben (vgl. P. Hertel u. G. Klügel-Hertel, Ungelöste Rätsel alter Erdkarten, 3. Aufl., Gotha 1985, S. 37f.).

18. Der Wasserhaushalt der Erde

Das auffällige Phänomen der Nilschwelle im Hochsommer hat auch bereits in der Antike zu verschiedenen Erklärungsversuchen geführt, die auf arabisch in einer Übersetzung der sog. Placita philosophorum zugänglich waren (s. H. Daiber, Aetius Arabus, Wiesbaden 1980, S. 188f. u. 453f.). Hier findet sich al-Bīrūnīs Theorie bereits unter dem Namen des Eudoxos von Knidos (um 408 bis um 355 v. u. Z.), während seine Überlegungen zum Amudarja mit denen des Anaxagoras (um 500–428 v. u. Z.) zur Nilschwelle identisch sind.

80 In Wirklichkeit liegen die Quellen des Euphrat bei 40° Breite, die des Amudarja in seinem Hauptquellfluß bei 38°. Jedoch ist der Pamir weit höher als das armenische Gebirge. Die Überlegungen al-Bīrūnīs gehen also doch in die richtige Richtung.

81 Siehe o. Nr. 17.

82 Ṯābit ibn Qurra (um 834–901), bedeutender syrischer Astronom, Mathematiker, Arzt und Übersetzer, der Religionsgemeinschaft der Sabier (s. u. Nr. 42) zugehörig (Strohmaier, Denker ..., S. 44–51).

83 Mit Beibehaltung der überlieferten Lesart (*yaʿizzu ʿala llāh*); Sachau korrigiert zu *yuʿīru ʿilm Allāh* (die der Weisheit Gottes leihen).

84 Mit Textkorrektur (Streichung der an falscher Stelle in den Text eingedrungenen Randnotiz *wa-huwa al-hawā'*).

85 Ein Saugheber; die gleichnamige griechische Klepsydra bezeichnete einen Stechheber oder eine Wasseruhr.

86 Eine Katastrophe in der vorislamischen Geschichte des Jemen, auch im Koran, Sure 34,16, erwähnt, vgl. Paret, ... Kommentar ..., S. 403f., u. M. B. Piotrovskij, Južnaja Aravija v rannee srednevekov'e, Moskau 1985, S. 134–138.

87 Ein älterer Name für Nischapur in der Provinz Chorasan im nordöstlichen Persien.

88 Ebenfalls in Chorasan in der Nähe des heutigen Meschhed.

89 Etwa 6 km.

90 Das Wort scheint anderweitig nicht belegt zu sein.

91 Westsibirisches Turkvolk, vom 8. bis 10. Jahrhundert am mittleren Lauf des Irtysch seßhaft; s. B. E. Kumekov, Gosudarstvo Kimakov IX-XI vv. po arabskim istočnikam, Alma-Ata 1972, vgl. bes. S. 27f. zu der Stelle bei al-Bīrūnī.

92 Die Oghusen waren damals die südlichen Nachbarn der Kīmāk, ihr Siedlungsgebiet erstreckte sich bis zum Aralsee. Vom Ende des 10. Jahrhunderts an tauchte für sie der Name „Turkmenen" auf, vgl. u. Nr. 85.

93 Örtlichkeit in Afghanistan, s. o. Einleitung, S. 7.

94 Siehe o. Nr. 6, Anm. 27.

95 Nicht zu identifizieren.

96 Im heutigen Tunesien gelegen, die „Große Moschee" der Stadt ist die älteste des muslimischen Westens.

19. Frühe Veränderungen der Erdoberfläche

Zum Verständnis der folgenden Ausführungen ist zu berücksichtigen, daß al-Bīrūnī fest auf dem Boden der aristotelischen Physik steht, der zufolge die schweren Erdteilchen deswegen an dem Platz unserer kugelförmigen Erde sind, weil sie dem Mittelpunkt der Welt zustreben. Damit verbindet er in origineller Weise eine übertriebene Vorstellung vom Gewicht der menschlichen Besiedelung im Verhältnis zur Gesamtmasse der Erde, so daß er es für möglich hält, daß dadurch andere Gebiete emporgedrückt werden.

97 Im Schema sieht der Schluß so aus: 1. Alles, was sich nicht von Geschehnissen lösen läßt, ist selber ein Geschehnis. 2. Der Körper läßt sich nicht von den Geschehnissen lösen. Also: Der Körper ist ein Geschehnis. Al-Bīrūnī folgt in der Zählung der logischen Schlußfigur Aristoteles, Erste Analytiken I,4: 26b33.

98 Siehe u. Nr. 42.
99 Die Anhänger der von Zarathustra gestifteten altpersischen Staatsreligion; schon in den Tagen al-Bīrūnīs waren durch Übertritte zum Islam nur noch geringe Reste vorhanden.
100 1. Mose 1,1f.
101 1. Mose 1,14–19.
102 Koran, Sure 22,47.
103 Sure 70,4.
104 Sure 2,30.
105 Unübersetzbares Wortspiel.
106 Ein Lehrer ar-Rāzīs (s. u. Nr. 53), wie dieser ein Freigeist, der sich eine eigene Religion geschaffen hatte. Von seinen naturwissenschaftlichen und religionsvergleichenden Schriften scheinen nur Zitate bei al-Bīrūnī erhalten zu sein, vgl. u. Nr. 54.
107 Etwa 6 km.
108 Gebiet im Südosten Irans, vgl. u. Anm. 135.
109 Vermutlich eine Muschelart.
110 Sagenhafter Stammvater der Araberstämme im Süden der Halbinsel.
111 Sure 34,16; vgl. o. Nr. 18, Anm. 86.
112 Die Wüste Karakum.
113 Geographie VI,9f.; die Nachricht, daß der Amudarja noch in historischer Zeit in den Kaspisee geflossen sei, wurde auch in der neueren Forschung ernsthaft diskutiert, vgl. Albert Herrmann, Art. Oxos. In: Pauly-Wissowa, Real-Encyclopädie der classischen Altertumswissenschaften, Bd. 18, Stuttgart 1942, Sp. 2006–2017.
114 Zamm ist das heutige Kerki, Āmul das heutige Tschardshou südwestlich von Buchara.
115 Turkvolk am Unterlauf der Wolga und der südrussischen Steppe, dessen Oberschicht sich zum Judentum bekehrt hatte (s. S. A. Pletnjowa, Die Chasaren, Leipzig 1978).
116 Siehe o. Nr. 18, Anm. 92.
117 Stadt am Syrdarja.
118 Ein Verband türkischer Stämme, die um 900 aus der Gegend des Aralsees und des Syrdarja in die Gebiete zwischen Donau und Don abwanderten.
119 Die Identifizierung der Bezeichnung ist unsicher, al-Bīrūnī scheint, nach der Lokalisierung zwischen Choresm und Gurgan zu urteilen, an das sich deutlich abzeichnende Trockenbett des Ösboi gedacht zu haben.
120 Nahe verwandte Stammesverbände, deren Hauptteil um 100 u. Z. in den Raum zwischen Don und Kaukasus abgewandert waren, von wo sie sich mit Hunnen und Germanen an der

Völkerwanderung beteiligten. Der westlich des Aralsees verbliebene Teil, den al-Bīrūnī hier meint, zog im 8. Jahrhundert zum Ostufer des Kaspisees.

121 Siehe o. Nr. 18, Anm. 92.

122 Berühmter Literat und von 940 bis 970 Wesir von Rukn ad-Daula aus der Dynastie der Buyiden in Bagdad. Das Buch ist nicht erhalten, auch der Titel ist nur durch al-Bīrūnī bekannt.

123 Gebiet am Südwestufer des Kaspisees.

124 528 u. Z.

125 Eine byzantinische Grenzfestung am Euphrat.

126 I,14: 351b27–352a3.

127 Al-Bīrūnī stützt sich hier noch auf Aristoteles, in Wirklichkeit war das alte Memphis zu seiner Zeit nur noch ein halbverfallenes Dorf in der Nähe des aufblühenden Kairo.

128 Ilias IX,381; diese Auskunft war der genannten Stelle bei Aristoteles zu entnehmen.

129 Hafenstadt am Roten Meer, das nach ihr auch „Meer von al-Qulzum" genannt wurde, in der Nähe des heutigen Suez.

130 Das folgende ist auch noch der „Meteorologie" des Aristoteles entnommen (I,14: 352b24–31). Sesostris ist ein griechischer Name für verschiedene ägyptische Könige.

131 Persischer König (regierte 522–486 v. u. Z.), bekannt wegen seiner Kriegszüge gegen die Griechen. Auch Ägypten unterstand seiner Herrschaft.

132 Richtiger wäre Ptolemaios II. Philadelphos (regierte 285–246 v. u. Z.).

133 Archimedes (um 287–212 v. u. Z.) war der berühmteste Techniker der Antike, lebte am Hof König Hierons II. in Syrakus, hielt sich zeitweilig auch in Alexandria auf; von einer Mitwirkung an dem Kanalbau ist sonst nichts überliefert, doch mag sich hier al-Bīrūnī auf heute verlorene Quellen stützen.

134 Von einer solchen Aktion ist nichts bekannt.

135 Geographie VI,8; vgl. o. Anm. 108.

136 In der legendären Tradition der Perser ein König der feindlichen Turanier, die sie als Vorfahren der Turkvölker ansahen.

20. Die Zukunft der Meere

Eine analoge theologische Umdeutung der aristotelischen Kosmologie war bereits von den griechischen Kirchenvätern geboten worden; al-Bīrūnī betreibt hier dasselbe, offenbar selbständig und nicht minder geschickt, für den Islam.

137 II,1: 353b5–11.
138 1. Mose 1,2.
139 Sure 11,7.
140 Siehe o. Nr. 18, Anm. 82.

21. Die Form des Ozeans

Bemerkenswert ist angesichts der im großen und ganzen richtigen Schlußfolgerungen dieses Abschnitts wieder die Sicherheit, mit der er voraussetzt, daß das zweite nördliche Erdviertel insgesamt ein niedrigeres Niveau hat als das unsere und darum ganz von Wasser überflutet ist.

141 Siehe o. Nr. 19, Anm. 129.
142 Entspricht vermutlich dem heutigen Kap Delgado, auch von Ptolemaios in seiner „Geographie" erwähnt (I,7 u. 10).
143 Siehe o. Nr. 16, Anm. 74.
144 So der Ausdruck in Sure 18,86; aber auch Aristoteles behauptet Ähnliches (Meteorologie II,1: 354a22).
145 Das antike Schiffermärchen (vgl. F. Dornseiff, Gibraltar und Herakles. In: Kleine Schriften, Bd. 1, Leipzig 1956, S. 170–175) wurde im islamischen Mittelalter in zahlreichen Varianten weiter kolportiert (vgl. R. Hennig, Eine mittelalterlich-mohammedanische Ausgestaltung der alten Überlieferung von den Säulen des Herakles. In: Der Islam 28, 1948, S. 122–127).
146 Philologe und Historiker (um 893 bis nach 961) im persischen Isfahan, mit ausgeprägter Parteinahme für die Perser, vgl. u. Nr. 27.
147 Für diese Nachricht gibt es keine antiken Parallelen, doch findet sich dasselbe bei dem arabischen Polyhistor al-Masʿūdī (gest. 956/57), s. Les prairies d'or, hrsg. u. übers. v. C. Barbier de Meynard u. A. J. B. Pavet de Courteille, Bd. 2, Paris 1863, S. 375f.
148 II, Prol. u. VII,5; hier hat offenbar eine ungeschickte Übersetzung des griechischen Ausdrucks *Hērákleios porthmós* („Meerenge des Herakles") durch „Übergang des Herakles" unseren Autor irregeführt.

149 In zahllosen antiken und arabischen Berichten ist von einem Magnetberg die Rede, der aus den Schiffen die Nägel herauszieht.
150 Vgl. o. Nr. 19.

22. *Abenteuer auf einer Seereise nach China*

Es ist dem Binnenländer nicht zu verdenken, wenn er dieses Seemannsgarn für bare Münze genommen hat. Immerhin ist es ein Zeugnis für den arabischen Chinahandel und die Rolle, welche einzelne erfahrene Kapitäne dabei gespielt haben (vgl. M. Meissner, Die Welt der sieben Meere, Leipzig, Weimar 1980, S. 98–119).

151 Im 9. und 10. Jahrhundert ein Hafen und bedeutender Handelsplatz am Persischen Golf, 997 durch ein Erdbeben zerstört und nicht wieder aufgebaut.
152 Arabischer Name für Guangzhou (Kanton).
153 Siehe o. Nr. 16, Anm. 76.
154 1 *miṯqāl* = 4,235 Gramm, zugleich das Standardgewicht für den *dīnār*, die Goldwährung.

23. *Das Gebet in Richtung Mekka*

Das koranische Gebot, sich beim Gebet in die Richtung der heiligen Moschee von Mekka zu wenden, und die daraus abgeleitete Forderung, die Moscheen entsprechend ausgerichtet zu bauen, waren ein starker Anreiz zur Entwicklung der sphärischen Trigonometrie im Islam.

155 Blickrichtung beim Gebet, in der Moschee gewöhnlich durch den sog. *miḥrāb*, eine runde Nische in der Stirnwand, angezeigt.
156 Sure 2,150.
157 Würfelförmiges Gebäude im Zentrum des heiligen Bezirks in Mekka, in dessen Nordostecke ein besonders verehrter schwarzer Stein, vermutlich ein Meteorit, eingelassen ist.
158 Aus denen die Kugelgestalt der Erde zu folgern ist.
159 28 Sterne oder Sterngruppen, die der Mond in den Tagen seines Umlaufs passiert.
160 Mekka liegt mit 22,72° nördlicher Breite noch etwas südlich des Wendekreises, so daß die Sonne im Hochsommer tatsächlich im Zenit steht. Die betreffenden Leute glauben also, daß die Erde eine flache Scheibe und Mekka ihr Mittelpunkt sei.

Dann wäre überall zur gleichen Zeit Mittag, und die Sonne zeigte die Richtung auf Mekka an. Eine andere Interpretation der Stelle s. bei W. Petri, Mekka und Meridian – ein Mißverständnis bei al-Bīrūnī. In: Prismata. Naturwissenschaftliche Studien. Festschrift für W. Hartner, hrsg. v. Y. Maeyama u. W. G. Saltzer, Wiesbaden 1977, S. 303f.

161 „Das Böckchen", ein altarabischer Name für unseren Polarstern, s. Kunitzsch, Untersuchungen, Nr. 107a.

162 Sure 2,144.150.

24. Der Bau eines Erdglobus

Zur Bedeutung und zur Datierung dieses Projekts s. o. die Einleitung, S. 19.

163 Siehe o. Nr. 6, Anm. 27; al-Bīrūnī wollte also die astronomisch ermittelten Längen- und Breitengrade der Orte mit ihren Entfernungen in Meilen koordinieren.

164 Sure 10,24.

25. Die Messung des Erdumfangs

Zur Würdigung der muslimischen Leistungen bei der Lösung dieser Aufgabe s. H. Prell, Die Vorstellungen des Altertums von der Erdumfangslänge. In: Abhandlungen der Sächsischen Akademie der Wissenschaften zu Leipzig, math.-naturw. Kl. 46,1, Berlin 1959, S. 45 u. 54–57.

165 Kalif von 813 bis 833, Sohn Hārūn ar-Rašīds (s. u. Nr. 79), bedeutendster Förderer der Rezeption der griechischen Wissenschaften im Islam. Eine Zeichnung zu seinem ersten Verfahren fehlt im Text und sei hier nachgetragen:

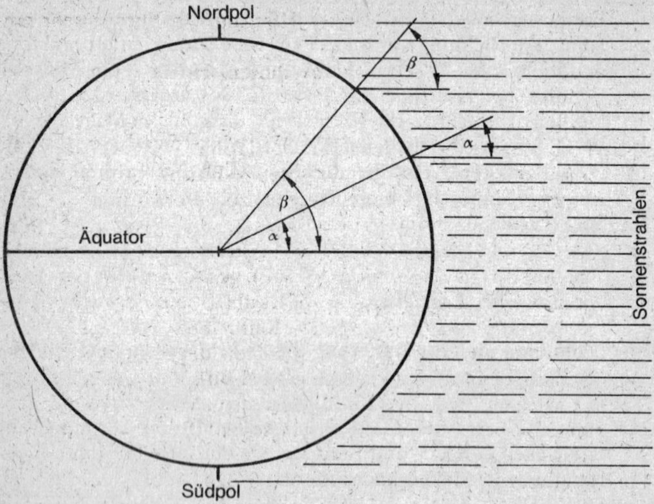

166 Das ist der Wert des Ptolemaios, vgl. Prell, S. 14. Die genaue Länge des Stadions ist für uns ebenso unsicher.
167 Ḥabaš al-Ḥāsib, bedeutender Astronom unter al-Maʿmūn und seinem Nachfolger al-Muʿtaṣim (833–842); erhalten ist von ihm u. a. eine Schrift über den Himmelsglobus, s. R. Lorch u. P. Kunitzsch, Ḥabash al-Ḥāsib's book on the sphere and its use. In: Zeitschrift für Geschichte der arabisch-islamischen Wissenschaften 2, 1985, S. 68–98.
168 Ehemals blühende Stadt westlich von Mossul.
169 Eine Parasange entspricht etwa 6 km.
170 Nördlich von Bagdad am Tigris gelegen, von 836 bis 889 die Residenz der Kalifen.
171 *Asṭurlābī* bedeutet „Astrolabhersteller"; von ihm ist eine Schrift über dieses Instrument (s. u. Nr. 27) erhalten.
172 Über ihn ist nichts weiter bekannt.
173 Eine arabische Meile entspricht 2 km.
174 Ein bekannter Rechtsgelehrter in Basra, gest. 857.
175 Astronom und Instrumentenbauer, gest. 989.
176 Siehe o. Nr. 18, Anm. 82.
177 Astronom des 9. Jahrhunderts, am Kalifenhof in Bagdad und Samarra wirkend, nach der Angabe seines Namens aus dem mittelasiatischen Fergana gebürtig, in lateinischer Überset-

zung und unter dem Namen Alfraganus in Europa sehr einflußreich.

178 Das benutzte Werk des erwähnten Ḥabaš al-Ḥāsib (s. o. Anm. 167).

179 Siehe o. Nr. 18, Anm. 92.

180 Von Bulgakov (Geodezija, S. 324, Anm. 774) und Kennedy (commentary, S. 139) als Versehen al-Bīrūnīs erkannt, richtig wäre: „wie der Sinus der Neigung zu dem Kosinus der Neigung".

181 Ein jüdischer Mathematiker und Astronom, der sich zum Islam bekehrt hatte (Ullmann, S. 312), gest. nach 860, zum Zeitpunkt seines Todes vgl. Ibn abī Uṣaibi'a, *'Uyūn al-anbā' fī ṭabaqāt al-aṭibbā'*, hrsg. v. A. Müller, Kairo 1882, Bd. 1, S. 207 f.

182 Dieser ist eigentlich K, aber der Kreis durch BG vertritt den Umfang des ganzen Kosmos, was al-Bīrūnī zu sagen vergißt. Der Unterschied von K und M ist also zu vernachlässigen.

183 Im Text BMH, von Bulgakov in seiner Übersetzung (Geodezija) korrigiert.

184 Ergänzung Bulgakovs (Geodezija, S. 324, Anm. 776).

185 Bruchzahlen werden von al-Bīrūnī in Minuten und Sekunden angegeben. Die arabische Elle entsprach ungefähr 50 cm; über das genaue Maß der hier verwendeten „Kleiderelle" ist nichts bekannt, vgl. H. Prell. Die Schwarzen Ellen der Araber. In: Zeitschrift der Deutschen Morgenländischen Gesellschaft 110, 1961, S. 26–42.

26. Nationalismus in der Sternkunde

Al-Bīrūnī scheint hier in seiner Parteinahme für die Griechen zu verkennen, daß die Sternbilder reine Konvention sind. Immerhin ist auffällig, daß der altarabische Löwe an die gleiche Stelle des Tierkreises plaziert ist, was vielleicht auf einer gemeinsamen Urverwandtschaft mit unserem Tierkreisbild beruht. Kunitzsch (Untersuchungen, S. 24 f.) denkt an eine sekundäre Verunstaltung des ptolemäischen Sternbildes.

186 Sehr vielseitiger muslimischer Literat orthodoxer Observanz (828–889), auch dafür bekannt, daß er den Selbständigkeitsbestrebungen der Perser literarisch entgegenzuwirken suchte.

187 Ein einfaches jambisches Metrum, entfernt unseren Knittelversen vergleichbar, wurde gern zu Lehrgedichten verwendet (vgl. M. Ullmann, Untersuchungen zu Rağazpoesie, Wiesbaden 1966).

188 Chronologie, S. 336,11, hier nicht aufgenommen.

189 Wahrscheinlich eine boshafte Anspielung auf den Namen al-Ǧabalī („der Gebirgler"), eigentlich nach der Landschaft al-Ǧibal in Persien, wo er Kadi war.

190 Sure 9,97f.

27. Die griechische Herkunft des Astrolabs

Al-Bīrūnī hat auch eine spezielle Abhandlung über das Astrolab geschrieben (s. o. die Einleitung, S. 15); über die Diskussionen hinsichtlich der Herkunft des beliebten astronomischen Präzisionsinstruments, in denen al-Bīrūnī die richtige Meinung vertritt, vgl. D. A. King, The origin of the astrolabe according to the Medieval Islamic sources. In: Journal for the History of Arabic Science 5, 1981, S. 43–83. Ein schönes Exemplar aus späterer Zeit befindet sich im Islamischen Museum, Berlin (s. G. Helmecke, Das Berliner Astrolab des Muḥammad Zamān al-Mašhadī. In: Staatliche Museen zu Berlin. Forschungen und Berichte 25, 1985, S. 129–142).

191 Siehe o. Nr. 21, Anm. 146.

192 Richtiger wäre *astēr*; die zweite Hälfte des Wortes, die übrigens tatsächlich soviel wie „greifend" bedeutet, kann er wegen mangelnder griechischer Sprachkenntnisse nicht erklären.

193 Hier liegt eine der ersten klaren Unterscheidungen der beiden Termini vor, vgl. S. Pines, The semantic distinction between the terms astronomy and astrology according to al-Bīrūnī. In: Isis 55, 1964, S. 343–349.

194 Mit Textkorrektur (*fa-nuhannī'uhu 'aṭsatan* statt *fa-nahabuhā aṭ-suhu*).

28. Der Bau des Sextanten in Rayy durch al-Ḫuǧandī

Die kleine Schrift, die hier vollständig wiedergegeben ist, entstand sicher in der Zeit, als er bei al-Ḫuǧandī in Rayy arbeitete. Eine Zeichnung fehlt im Text und sei hier zur Veranschaulichung nachgetragen:

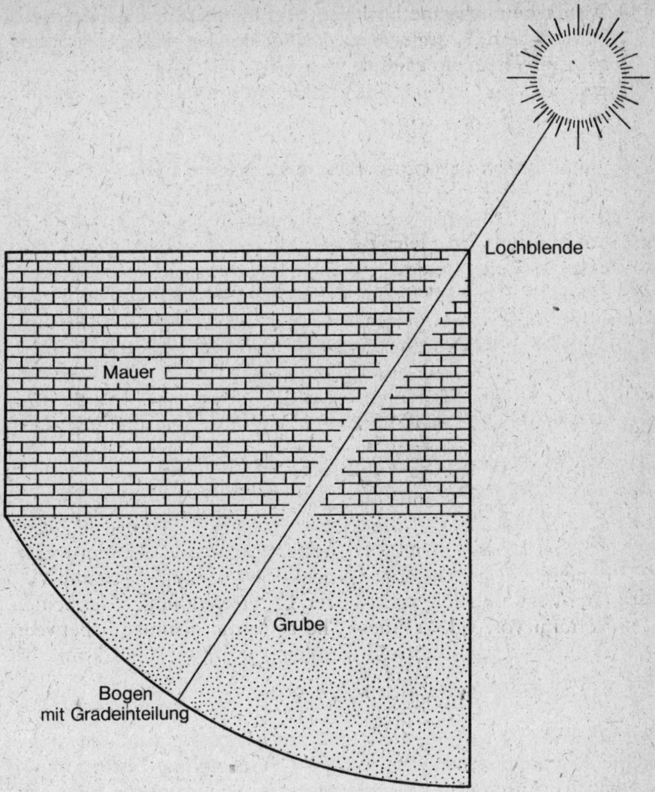

195 Mit Textkorrektur (*qaus* statt *ṯuqūb*).

29. Die Sphären des Himmels

Diese und die folgenden Abschnitte bis Nr. 32 stammen aus der für eine Frau namens Raiḥāna verfaßten Einführungsschrift. Al-Bīrūnī, der es sonst seinen Lesern nicht leicht macht, zeigt sich hier als Meister eines klaren didaktischen Stils, dem zuliebe er die zu seiner Zeit gern verwendete Frage-und-Antwort-Form gewählt hat.

196 Arab. *falkat al-mağzal*; gedacht ist offenbar an die primitiven rotierenden Tonkügelchen, die vor der Erfindung des Spinnrads in Gebrauch waren.
197 Wodurch die Sonnenfinsternisse teils total, teils ringförmig werden.
198 Vgl. u. Nr. 65.
199 Vgl. Physikvorlesung IV,5: 212b20–22.

30. Die Mondphasen

200 Dasselbe behauptet auch Aristoteles, De generatione animalium V,1: 780b21f. Man kann diese Beobachtung heute auch aus dem Inneren von Schornsteinen heraus machen.

32. Der astrologische Charakter der Planeten

201 Mit Textkorrektur (*ar-ruṭūba* statt *allaḏī dūnahu*).
202 Das heißt, wenn sie beim Horoskopstellen in einem bestimmten Winkel von 60°, 90°, 120° oder 180° zum Aszendenten, dem gerade am Osthorizont aufsteigenden Tierkreiszeichen, steht. Zu der Lehre, die im Orient und im Okzident ungefähr gleich aussah, vgl. R. Drößler, Planeten, Tierkreiszeichen, Horoskope, Leipzig 1984, S. 126–130.

33. Die Wirkungen des Mondes

An dieser Stelle wird deutlich, daß die Astrologie durch das ungeklärte Phänomen von Ebbe und Flut eine gewisse Unterstützung erhielt. Ein Einfluß des Mondes auf das Wachstum der Pilze und anderer Pflanzen wird auch heute noch zuweilen behauptet.

203 Vgl. Galen (s. o. Nr. 3, Anm. 5), De diebus decretoriis III: Bd. 9, S. 900–941, Kühn.

34. Schlußfolgerungen aus dem Elmsfeuer

Die besonders auf Mastspitzen von Schiffen zu beobachtenden Koronaentladungen wurden in der Antike und auch noch in der Neuzeit als übernatürliche Erscheinungen aufgefaßt, vgl. P. Sartori, Art. Elmsfeuer, St. In: Handwörterbuch des deutschen Aberglaubens, hrsg. v. H. Bächtold-Stäubli, Bd. 2, Berlin, Leipzig 1929/30, Sp. 791f.

204 Matth. 21,21f.
205 Vgl. Sure 7,54 u. 16,12.
206 Siehe o. Nr. 3, Anm. 5; die betreffende Stelle scheint nicht erhalten zu sein.
207 Eigentlich die Sabier (s. u. Nr. 42), die ihre Religion als die der alten Griechen auszugeben pflegten.
208 Das heißt den aufsteigenden Mondknoten, wo der Mond die Sonnenbahn kreuzt und darum eine Finsternis verursachen kann; zu dem Ausdruck „Kopf" vgl. die indischen Vorstellungen, welche die populären Vorstellungen im Islam beeinflußt haben (Nr. 68), vgl. W. Hartner, Art. *Al-Djawzahar*. In: The Encyclopaedia of Islam (abgedr. in ders., Oriens – Occidens, Hildesheim 1968, S. 264; vgl. ebenda, The pseudoplanetary nodes of the moon's orbit in Hindu and Islamic iconographies, S. 349–404).
209 Die zwölf Tierkreiszeichen, die jeweils 30° des Tierkreises einnehmen, werden beim Horoskopstellen in einer bestimmten Reihenfolge numeriert. Das gerade am Osthorizont aufgehende Zeichen ist der Aszendent oder das erste Haus, das danach aufsteigende das zweite usw. Vgl. auch o. Nr. 32, Anm. 202.
210 Jupiter und Venus.
211 Jeder Planet hat nach astrologischer Doktrin bestimmte Tierkreiszeichen oder auch Abschnitte darin, in denen er eine besondere Macht entfaltet, s. W. Hartner, The pseudoplanetary nodes ... (s. o. Anm. 208), S. 352–356.
212 Siehe o. Nr. 32, Anm. 202.
213 Mars und Saturn.
214 Al-Bīrūnī vermeidet hier aus religiöser Bedenklichkeit die Aussage, daß das Gebet an den Planeten selbst zu richten war, wie es von den Sabiern und auch heimlich von manchen Muslimen praktiziert wurde, vgl. G. Strohmaier, Das Weltbild der arabischen Astronomie. In: Nicolaus Copernicus 1473/1973, hrsg. v. Joachim Herrmann, Berlin 1973, S. 56.
215 Genannt „der Philosoph der Araber" (um 801 bis um 866), aus altarabischem Königsadel, Prinzenerzieher und überaus fruchtbarer Schriftsteller; in seinem enzyklopädischen und noch stark eklektischen Bildungseifer wandte er sich auch dem Erbe der Sabier (s. u. Nr. 42) zu. Er hat ein Hauptverdienst an der Rezeption der griechischen Philosophie im Islam.
216 Mit Textkorrektur (*wa* statt *au*).
217 Arab. *al-kaff al-ḫaḍīb* („die mit Henna gefärbte Hand"), zu dem altarabischen Sternbild der *Ṯurayyā* gehörig, s. Kunitzsch, Untersuchungen ..., Nr. 136 a–c. Al-Bīrūnī gibt im *Qānūn al-Masʿūdī*, S. 1035 (Bulgakov u. Rozenfel'd, Bd. 2, S. 278), die Länge, die sich infolge der Präzession ändert, mit 20° 50′ an.

218 Das entspricht dem Jahr 999 u. Z., lag also für al-Kindī noch in der Zukunft, vielleicht auch noch für al-Bīrūnī, als er an der Chronologie arbeitete.

219 Landschaft an der Südküste des Kaspisees.

220 Begründer einer lokalen Dynastie (regierte 864–884).

221 Ein Sekretär in Persien (gest. nach 884).

35. Die Hundstage

Al-Bīrūnī unterstellt hier dem altgriechischen Arzt Hippokrates zuviel astronomische Einsicht, wenn er ihm die Meinung beilegt, daß nicht Sirius mit seinem heliakischen Aufgang, sondern der Einfallswinkel der Sonnenstrahlen die sommerlichen Temperaturen verursacht.

222 Ein Stern hat seinen heliakischen Aufgang, wenn die Sonne, die ihn zuvor überstrahlt hat, so weit im Tierkreis weitergerückt ist, daß er in der Morgendämmerung erstmalig sichtbar wird.

223 Sirius, der hellste Fixstern, war in der arabischen Sternmythologie ein weibliches Wesen, das durch die Milchstraße „hindurchgegangen" war, s. Kunitzsch, Untersuchungen ..., Nr. 289a; G. Strohmaier, Die Sterne des Abd ar-Raḥman as-Sufi, Leipzig, Weimar 1984, S. 90.

224 IV,5: Œuvres ... d'Hippocrate, hrsg. v. E. Littré, Bd. 4, Paris 1844, S. 502 (nicht wörtlich); Galen (s. o. Nr. 3, Anm. 5) schrieb den Heilmitteln gradweise abgestufte warme, kalte, feuchte und trockene Eigenschaften zu, mit denen sie den kalten, warmen, trockenen und feuchten Krankheiten entgegenwirken sollten, vgl. Georg Harig, Bestimmung der Intensität im medizinischen System Galens, Berlin 1974.

225 Berühmter Dichter in Bagdad (gest. um 814), besang den Wein, die Jagd und die Liebe zu schönen Knaben.

226 Nicht zu identifizieren.

36. Nochmals zur Natur der Sonnenstrahlen und der Feuersphäre

Sympathisch berührt wieder die Vorsicht, mit der er alles das offenläßt, was mit den Hilfsmitteln seiner Zeit nicht zu entscheiden war. Dennoch steht er so weit im Banne der aristotelischen Physik, daß er das Feuer unterhalb der Mondsphäre als gegeben hinnimmt, ihm aber nun doch eine andere Begründung zu geben versucht.

227 Siehe o. Nr. 9.

37. Ein Traum im Alter

Auch hier ist eine Neigung zum Experiment zu bemerken, indem al-Bīrūnī die Daten seines Horoskops ohne Preisgabe seiner Identität mehreren Astrologen zugespielt hat.

228 Mit Beibehaltung der überlieferten Lesart (*bi-tasriyatī* ohne Punktierung; Kraus ändert zu *bi-taṯrībī* „durch meinen Tadel").

229 Hier scheint ein Einfluß spezifisch persischer Astrologie vorzuliegen, die den Planeten bestimmte Abschnitte des Lebensalters unterstellte, darunter dem Merkur 13 Jahre, vgl. *Al-qānūn al-Masʿūdī,* S. 1473 (Bulgakov u. Rozenfel'd, Bd. 2, S. 517), oder Albumasaris De revolutionibus nativitatum, hrsg. v. D. Pingree, Leipzig 1968, S. 192; dazu s. F. Boll, Die Lebensalter. In: Neue Jahrbücher für das klassische Altertum 31, 1913, S. 120, Anm. 1, u. S. 123, Anm. 1.

230 Offenbar sprichwörtlich für das, was dem Bettler bleibt.

38. Die einheitliche Abstammung der Menschheit

Die biblische Geschichte von dem einen Urelternpaar Adam und Eva, der zufolge das ganze Menschengeschlecht als eine einzige Familie erscheint, ist auch im Koran aufgenommen. Al-Bīrūnīs Versuch, die Beobachtungen einer Klimaabhängigkeit der verschiedenen Völker gerade zur Verteidigung der Einheit des Menschengeschlechts zu nutzen, ist eine Vorwegnahme der ausführlicheren Gedanken J. G. Herders im siebenten Buch der „Ideen zur Philosophie der Geschichte der Menschheit".

231 Arab. *sumanīya* (oder *šamanīya*), vgl. D. Gimaret, Bouddha et les Bouddhistes dans la tradition musulmane. In: Journal Asiatique 257, 1969, S. 273–316. Die Gleichsetzung mit den Buddhisten ist in der Forschung strittig, al-Bīrūnī hat aber eindeutig diese darunter verstanden, wie aus anderen Stellen hervorgeht (India, S. 59,1 u. 284,2 f.).

232 Anspielung auf den Titel einer bekannten Schrift des hippokratischen Korpus „Über die Luft, das Wasser und die Ortslagen" (s. Hippokrates, Über die Umwelt, hrsg. u. übers. v. H. Diller, Berlin 1970 [Corpus Medicorum Graecorum I 1,2]).

39. Verschiedene Fassungen des Alten Testaments und das Alter der Welt

Bis zum Beginn der modernen Archäologie und der Entzifferung der Keilschrift und der Hieroglyphen mußten europäische Historiker zur Darstellung der ältesten Geschichte der Menschheit auf die Bibel zurückgreifen. Al-Bīrūnī war in der gleichen Lage, bedeutsam ist dennoch sein quellenkritisches Herangehen.

233 Die sog. Septuaginta; zu dieser und einer anderen arabischen Version der folgenden Legende s. Strohmaier, Patristische Überlieferung ..., S. 142–144.

234 Im Jahre 587 v. u. Z.

235 Ptolemaios II. Philadelphos (regierte 285–246 v. u. Z.), der tatsächlich als großer Büchersammler bekannt war.

236 Kyros II. (regierte 559–529 v. u. Z.) war in Wirklichkeit kein Statthalter in Babylonien, sondern der erste König der von ihm begründeten persischen Dynastie der Achämeniden; nach seiner Eroberung Babyloniens ordnete er den Wiederaufbau des Jerusalemer Tempels an.

237 Vgl. Sure 20,97; die Scheu vor einer rituellen Verunreinigung durch die Berührung von Fremden ist hier als göttliche Strafe interpretiert.

238 Der Lehre Zarathustras, s. o. Nr. 19, Anm. 99. Eigentlich waren die Samaritaner ebenfalls gesetzestreue Juden, die nur in der Frage des Kultortes ihre eigene Überzeugung hatten, jedoch gab es von ihnen häretische Gruppierungen, die das Urteil al-Bīrūnīs bestimmt haben könnten, vgl. W. Beltz, Samaritanertum und Gnosis. In: Gnosis und Neues Testament, hrsg. v. K.-W. Tröger, Berlin 1973, S. 89–95.

239 Das antike Samaria.

240 Aelia Capitolina nannten die Römer Jerusalem nach der Niederschlagung des jüdischen Aufstandes unter Bar Kochba im Jahre 135 u. Z.

241 Tatsächlich hat König David (um 1000 v. u. Z.) das tragbare Heiligtum der sog. Lade nach seiner Stadt Jerusalem überführt, jedoch nach dem biblischen Bericht nicht aus Samaria, vgl. M. Noth, Geschichte Israels, 2. Aufl., Berlin 1953, S. 176 u. 320f.

242 Vgl. 1. Mose 5,1–32 u. 7,6; die Summierung der Lebensdaten der Erzväter ist exakt, auch für die Septuaginta und die Version der Samaritaner (für letztere vgl. den textkritischen Apparat in der Biblia Hebraica, hrsg. v. R. Kittel).

243 Ein Astrolog des 9. Jahrhunderts, s. Ullmann, S. 325.

40. Spuren des Polytheismus im Alten Testament

Die hier ausgebreitete Bibelkenntnis ist für einen Muslim ganz ungewöhnlich; zur Berechtigung der folgenden Andeutungen vgl. jetzt O. Eißfeldt, Kleine Schriften zum Alten Testament, Berlin 1971, bes. S. 238f.

244 Weil er mit dem Gottesnamen *Allāh* zusammenhängt.
245 1. Mose 6,1–4 (nicht wörtlich).
246 Hiob 1,6 u 2,1 (nicht wörtlich).
247 2. Mose 7,1.
248 Vers 1; so nach der Formulierung der Septuaginta (s. o. Nr. 39, Anm. 233), die der arabischen Version zur Vorlage diente.
249 Zum Beispiel 1. Mose 35,2 u. 4; 5. Mose 31,16 u. 32,12.

41. Die Entstehung des jüdischen Purimfestes

Trotz seiner Bibelkenntnis referiert al-Bīrūnī nicht das biblische Estherbuch, sondern eine legendäre Ausgestaltung, die in dieser Form sonst nicht überliefert ist. An einer anderen Stelle der Chronologie nennt er als Informanten für jüdische Dinge einen Juden namens Yaʿqūb ibn Mūsā an-Niqrisī, den er in Gurgan traf (S. 276,7 u. 277,4).

250 Eine Stadt in der westpersischen Provinz Khusistan.
251 Der Dirham war in arabischer Zeit eine Silbermünze im Gewicht von 2,97 g, zeitweilige Schwankungen nicht gerechnet.
252 Zum arabischen Dinar vgl. o. Nr. 22, Anm. 154.
253 Der März; die Begründung für die Wahl dieses Monats findet sich auch anderweitig überliefert, s. L. Ginzberg, The legends of the Jews, Bd. 4, Philadelphia 1913, S. 400–402; Bd. 6, Philadelphia 1928, S. 464, Anm. 108.
254 Hebr. „Schriftrolle".
255 Pers. „der brennende Haman", mit Textkorrektur (*sūz* statt *sūr*) von Martin Schreiner, Les juifs dans Al-Beruni. In: Revue des Etudes Juives 12, 1886, S. 266.
256 Über die gleiche Sitte bei den europäischen Juden vgl. T. Féner u. S. Scheiber, Jüdische Traditionen in Ungarn, Leipzig 1984, S. 77–79.

42. *Die heidnischen Sabier in Harran*

Ein Überrest des alten babylonischen Gestirnkultes hielt sich unter islamischer Herrschaft im Irak mit dem Zentrum in der Stadt Harran, heute im Süden der Türkei gelegen. Al-Bīrūnī hat wertvolle Nachrichten über diese im 11. Jahrhundert ausgestorbene Religionsgemeinschaft bewahrt; vgl. J. Hjärpe, Analyse critique des traditions arabes sur les Sabéens Ḥarraniens, Uppsala 1972, u. dens., The holy year of the Harranians. In: Orientalia Suecana 23–24, 1974–1975, S. 68–83.

257 Nach islamischer Lehre hat Gott 99 „schöne Namen", wie z. B. „der Barmherzige", „der Heilige", „der Weise", „der Allmächtige" usw.

258 Aus den Quellen ist sonst nur bekannt, daß die Omaijadenmoschee in Damaskus 705 mit dem Material einer an dieser Stelle befindlichen Kirche erbaut wurde, die ihrerseits einen römischen Jupitertempel abgelöst hatte. Die Herrscherloge (arab. *al-maqṣūra*) war üblicherweise ein durch Gitter abgetrennter Raum in der Stirnwand in der Nähe des *miḥrāb* (s. o. Nr. 23, Anm. 155).

259 Astrologischer Autor (787–886), in Europa in lateinischer Übersetzung unter dem Namen Albumasar sehr bekannt; das genannte Buch ist nicht erhalten, s. D. Pingree, Art. Abū Maʿshar al-Balkhī. In: Dictionary of Scientific Biography, hrsg. v. Ch. C. Gillispie, Bd. 1, New York 1970, S. 39.

260 Die imposante Ruinenstadt in Syrien hieß in griechischer Zeit Heliopolis („Sonnenstadt").

261 Vgl. o. Nr. 23, Anm. 157; nach islamischer Überlieferung hat Mohammed nach seinem siegreichen Einzug in Mekka die in ihr befindlichen Götzenbilder beseitigt.

262 Allāt und al-ʿUzzā waren altarabische Göttinnen, die noch im Koran erwähnt sind (Sure 53,19); vgl. J. Wellhausen, Reste arabischen Heidentums, 3. Aufl., Berlin 1961, S. 29–45, u. H. W. Haussig, Götter und Mythen im Vorderen Orient, Stuttgart 1965 (Wörterbuch der Mythologie, Bd. 1), S. 422–424 u. 475 f.

263 Eigentlich der altägyptische Gott Thot, der Erfinder der Schrift, in griechischer Zeit mit Hermes identifiziert und zum Verfasser eines umfangreichen Schrifttums gemacht, vgl. K.-W. Tröger, Die hermetische Gnosis. In: Gnosis und Neues Testament, hrsg. v. K.-W. Tröger, Berlin 1973, S. 97–119.

264 Ebenfalls ein griechisch-ägyptischer Gott, später als König oder Weiser vorgestellt.

265 Mit Textkorrektur (*Ṯālīs* statt *Wālīs*); Thales von Milet (um 624–546 v. u. Z.), der älteste griechische Philosoph.

266 Gest. um 497 v. u. Z; zu dem von ihm ausgesprochenen Verbot der Bohnen, das auch Sabier befolgten, vgl. u. Anm. 269.
267 Eine lokale Autorität für die Harranier, die Datierung ist unsicher, s. F. Rosenthal, The prophecies of Bâbâ the Ḥarrânian. In: A locust's leg. Studies in honour of S. H. Taqizadeh, hrsg. v. W. B. Henning u. E. Yarshater, London 1962, S. 220–232.
268 Mit Textkorrektur (*Sūlūn* statt *Suwār*); Plato (427–347 v. u. Z.) stammte mütterlicherseits tatsächlich aus der Familie des Staatsmannes Solon (um 640–560 v. u. Z.), sein Vorfahre Dropides war ein Verwandter des Solon.
269 Zu dem von Pythagoras ausgesprochenen Bohnenverbot vgl. M. D. Grmek, Les maladies à l'aube de la civilisation occidentale, Paris 1983, S. 307–354, hier S. 318 antike Belege für eine Verbindung der Bohnen mit der Sphäre des Todes.
270 Feststehende Einheit von Körperbewegungen beim Gebet, bestehend aus Aufrechtstehen, Rumpfbeugen und Vornüberfallen, wobei die Stirn den Boden berührt. Die auffällige Ähnlichkeit mit der muslimischen Praxis verdient noch eine eingehende Untersuchung.
271 Erfaßt bei den Muslimen das Gesicht, die Hände, die Unterarme, das Kopfhaar und die Füße.
272 Erfaßt bei den Muslimen den ganzen Körper einschließlich des Kopfhaars.

43. Abraham aus der Sicht seiner Gegner

Nach jüdisch-christlicher Überlieferung, die an 1. Mose 12,1–4 anknüpft, hat der Erzvater Abraham seine Stadt Harran verlassen, nachdem er sich zum Monotheismus bekehrt und Götzenbilder zerschlagen hatte. Die Sabier fühlten sich zu einer Gegendarstellung herausgefordert, deren Erhaltung allein al-Bīrūnī verdankt wird, der sie indessen als böswillige Erfindung eines christlichen Polemikers abtut, sicher zu Unrecht, s. G. Strohmaier, Eine sabische Abrahamlegende und Sure 37,83–93. In: Studien zum Menschenbild in Gnosis und Manichäismus, hrsg. v. P. Nagel (Martin-Luther-Universität Halle-Wittenberg, Wissenschaftliche Beiträge 1979/39 [K5]), S. 223–227.

273 1. Mose 11,26–28.
274 Sonst nicht bekannt, der Name bedeutet „Sohn des Synkellos", d. h. eines Bischofsberaters in der griechisch-orthodoxen Kirche.
275 Nämlich mit dem Aussatz und der Beschneidung.
276 Ein Nestorianer, der unter al-Ma'mūn (regierte 813–833)

lebte, nicht zu verwechseln mit dem Philosophen al-Kindī (s. o. Nr. 34, Anm. 215). Er schrieb eine Apologie des Christentums für seinen muslimischen Freund ʿAbdallāh ibn Ismāʿīl al-Hāšimī, über den sonst nichts bekannt ist.

44. *Die Anfänge der Medizin bei den Griechen*

Diese halbmythische Darstellung entspricht dem Bild, das sich muslimische Ärzte des Mittelalters von den Ursprüngen ihres Berufes machten. Zu dem Streit über die Rolle der Inspiration und der Empirie vgl. auch oben Nr. 4.

277 Siehe o. Nr. 7, Anm. 41.

278 Die Übersetzer aus dem Griechischen, die in der Regel Christen waren, pflegten polytheistische Stellen ihrer Texte monotheistisch umzuformen, vgl. G. Strohmaier, Ḥunayn ibn Isḥāq et le serment hippocratique. In: Arabica 21, 1974, S. 321 f.

279 Siehe o. Nr. 3, Anm. 5; die hier herangezogenen Stellen stammen aus der Exhortatio ad medicinam (Protrepticus) 9,2: hrsg. v. A. Barigazzi, Berlin 1988 (Corpus Medicorum Graecorum V 1,1), S. im Druck, und einem Kommentar zum Hippokratischen Eid, s. F. Rosenthal, An Ancient commentary on the Hippocratic oath. In: Bulletin of the History of Medicine 30, 1956, S. 80.

280 Mit Textkorrektur (*Qnidus* statt *Qubrus*) von Rosenthal, ebenda.

281 Kos heißt auch die gleichnamige Insel vor der kleinasiatischen Küste, die Heimat des Hippokrates.

45. *Alexander mit den zwei Hörnern und der eiserne Wall*

Alexander der Große (356–323 v. u. Z.) war bei den Völkern des Vorderen Orients zu einem bevorzugten Gegenstand der Legendenbildung geworden (vgl. F. Pfister, Alexander der Große in den Offenbarungen der Griechen, Juden, Mohammedaner und Christen, Berlin 1956; Nachdr. in: ders., Kleine Schriften zum Alexanderroman, Meisenheim am Glan 1976, S. 301–347). Al-Bīrūnī kann auf Grund seiner Quellen zwar nicht zum wirklich Geschehenen vordringen, dennoch nötigen seine Ansätze zur Sach- und Tendenzkritik Respekt ab.

282 Koran, Sure 18,83–98.

283 Arab. *nasnās*, was auch andere Arten von Fabelwesen bezeichnen kann.

284 Zwei sagenhafte wilde Völker im fernen Norden, die nach biblischer (vgl. Offenbarung des Johannes 20,8) und islamischer Vorstellung in der Endzeit die zivilisierte Welt überfluten werden.
285 Hier ist der (Atlantische) Ozean gemeint, bei anderen Autoren bedeutet der Ausdruck das Mittelmeer, vgl. Wiedemann, Aufsätze ... Bd. 1, S. 797 u. 800.
286 Heute Derbent, wo der Kaukasus nahe an den Kaspisee herantritt, die Stelle wurde im Verlauf der Geschichte vielfach durch eine Mauer gesichert.
287 Darius III. (regierte 336–330 v. u. Z.), der gleichlautende Name des Vaters entspricht der persischen Legende.
288 Siehe o. Nr. 39, Anm. 234.
289 Die Lesung dieses Namens ist unsicher.
290 Der nordöstliche Teil Persiens, die Abgrenzung gegen die benachbarten Gebiete war oft schwankend.
291 Stadt im westlichen Persien; in Wirklichkeit aber starb Alexander 323 in Babylon.
292 Das Schülerverhältnis, das historisch ist, wurde in der Legende ebenfalls weiter ausgesponnen, s. M. Brocker, Aristoteles als Alexanders Lehrer in der Legende, Phil. Diss. Bonn 1965.
293 Gemeint ist Artaxerxes I. (gest. 424 v. u. Z.), dessen Flotte 449 beim zyprischen Salamis der griechischen unterlag. Auch in den griechischen Quellen heißt er *Makrocheir* („Langhand").
294 Oben hat al-Bīrūnī richtig gesagt, daß Philippos der Vater Alexanders war, nicht der Großvater.
295 Gemeint ist nicht das berühmte „Schahnameh" des Firdousi, sondern eine frühere Prosaversion und Quelle für jenes. ʿAbd ar-Razzāq war ein Feudalherr in Ṭūs und ein Mäzen der persischen Literatur, Manuščihr ein mythischer persischer König, s. V. Minorsky, The older preface to the Shāh-Nāma. In: Studi Orientalistici in onore di Giorgio Levi Della Vida, Bd. 2, Rom 1956, S. 161 u. 176.
296 Gemeint ist die des Klaudios Ptolemaios (nach 83 bis nach 161 u. Z.).
297 Siehe o. zu al-Ǧaiḥānī Nr. 6, Anm. 27; ein gleichnamiges Werk verfaßte Ibn Ḫurradāḏbih (s. u. Anm. 300).
298 Korankommentator und Historiker (um 839–923), seine gewaltige „Geschichte der Propheten und Könige" ist nur in Auszügen erhalten, die in der gedruckten Leidener Ausgabe immerhin noch 13 Bände umfassen (s. auch o. Nr. 6, Anm. 37).
299 Siehe o. Nr. 19, Anm. 115.
300 Postdirektor am Kalifenhof und fruchtbarer Schriftsteller (gest. wahrscheinlich 911); zum möglichen historischen Hin-

tergrund der Geschichte vgl. G. E. v. Grunebaum, Der Islam im Mittelalter, Zürich, Stuttgart 1963, S. 451, Anm. 68.

301 Regierte 833 bis 842, Bruder und Nachfolger al-Ma'mūns (s. o. Nr. 25, Anm. 165).

302 Siehe o. Nr. 19, Anm. 20.

303 In anderen Quellen werden die Suwār als eine Abteilung der Wolgabulgaren beschrieben.

46. Widersprüche in den Evangelien

Al-Bīrūnīs ausgezeichnete Bibelkenntnis erstreckt sich auch auf das Neue Testament. Verfehlt ist darum der Versuch F. Altheims, ihm das geistige Eigentum an den folgenden kritischen Beobachtungen abzusprechen und ihm zu unterstellen, er habe die Streitschrift des Porphyrios „Gegen die Christen", die nie ins Syrische oder Arabische übersetzt wurde, exzerpiert (Geschichte der Hunnen, Bd. 3, Berlin 1961, S. 117–125).

304 Matth. 1,1–16.

305 Luk. 3,23–38.

306 Hier ist der Name Jannai ausgefallen, s. Luk. 3,24.

307 Im griechischen Text „Jesus", s. Luk. 3,29.

308 Diese Erklärung mit Hilfe der sog. Leviratsehe findet sich in der „Kirchengeschichte" des Euseb von Cäsarea (gest. 339), Buch I, Kap. 7.

309 Frühchristlicher Häretiker, der 144 in Rom eine eigene Kirche gründete, s. K. Rudolph, Die Gnosis, 2. Aufl., Leipzig 1980, S. 337–341.

310 Syrisch-christlicher Häretiker (gest. um 222), s. ebenda, S. 353f.

311 Zu Mani s. u. Nr. 50.

312 Die Angaben al-Bīrūnīs stellen eine wichtige Quelle für die nachkanonische Evangelienliteratur dar, vgl. E. Hennecke, Neutestamentliche Apokryphen in deutscher Übersetzung, Bd. 1, 2. Aufl., Berlin 1970, S. 190–193, 258, 260f., 267.

313 Ein halblegendärer Zeitgenosse Mohammeds, der sich auf seine Autorität hin vom Christentum zum Islam bekehrt haben soll.

47. Die Taufzeremonie in Byzanz

Byzanz war für die Muslime ein unüberwindlicher und gefürchteter Gegner. Das weckte eine gewisse Neugier nach den inneren Verhältnissen des christlichen Kaiserreiches. Der folgende Bericht eines Reisenden macht einen sachlichen und exakten Eindruck, vgl. K. Onasch, Liturgie und Kunst der Ostkirche in Stichworten, Leipzig 1981, Art. „Taufe".

314 Matth. 3,13–17; Mark. 1,9–11; Luk. 3,21f.

315 Zu diesem Ausspruch Mohammeds vgl. R. Griveau, Les fêtes des Melchites par Abou Rîḥân al-Birouni. In: Patrologia Orientalis 10, 1915, S. 301.

316 Sonst Abu l-Ḥasan al-Ahwāzī genannt, ein bekannter Astronom in Bagdad (erste Hälfte des 9. Jahrhunderts), von der Reisebeschreibung sind nur Zitate bei al-Bīrūnī erhalten, s. Pharmakognosie, Übers. Karimov, Vorwort, S. 80f.

48. Das Osterfeuer in Jerusalem

Während andere muslimische Autoren die noch heute von den Griechisch-Orthodoxen zelebrierte Erscheinung des Osterfeuers als Schwindel darstellen (vgl. Richard Hartmann, Arabische Berichte über das Wunder des heiligen Feuers. In: Palästinajahrbuch d. Deutsch. Ev. Inst. f. Altertumswiss. d. Heil. Landes zu Jerusalem 12, 1916, S. 76–94), sucht al-Bīrūnī lieber erst einmal nach möglichen parallelen Erscheinungen. Sein Referat ist insofern wertvoll, als es die Zustände vor der im Jahre 1009 erfolgten Zerstörung der Grabeskirche durch den ägyptischen Kalifen al-Ḥākim wiedergibt (vgl. M. Canard, La destruction de l'Eglise de la Résurrection par le Calife Ḥākim et l'histoire de la descente du feu sacré. In: Byzantion 35, 1965, S. 34–37; Nachdr. in: ders., Byzance et les musulmans du Proche Orient, London 1973, Nr. XX).

317 Matth. 26,17–27,60; Mark. 14,12–15,46; Luk. 22,1–23,53; Joh. 13,1–30 u. 18,1–19,42.

318 Mit Textkorrektur (*fa-rtašā … dirhaman* statt *fa-anšaʾa … yauman*).

319 Das heißt 9 Uhr (vgl. Mark. 15,25; Matthäus und Lukas haben keine ausdrückliche Zeitangabe).

320 Das heißt 12 Uhr (vgl. Joh. 19,14).

321 Eine Verwechslung al-Bīrūnīs, der Zion ist der Tempelberg in Jerusalem. Die neutestamentliche Namensform Golgotha scheint, der arabischen Umschrift *kulkulatu* (oder ähnlich) nach zu urteilen, nicht vorausgesetzt zu sein, vielmehr die wörtliche hebräische Entsprechung des Begriffes „Schädel", vgl. Luk. 23,33 u. Parallelen.

322 Ein griechisches Fremdwort, von *bouleutēs* („Ratsherr").

323 Mit Textkorrektur (*bišāra* statt *inšāra*, vgl. Astrologie, § 295); gemeint ist die sog. Höllenfahrt Christi.

324 *Kanīsat al-qumāma* (wörtl. eigentlich „Kehrichtkirche"); al-Bīrūnī (oder ein Abschreiber) benutzt hier eine bei den Muslimen geläufige Verballhornung von *Kanīsat al-qiyāma* („Auferstehungskirche"). Zu den vergleichbaren europäischen Beschreibungen aus dem Mittelalter vgl. F. Niehoff, Umbilicus mundi – Der Nabel der Welt. In: Ornamenta ecclesiae, hrsg. v. A. Legner, Bd. 3, Köln 1985, S. 53–55, 77–81.

325 Mit Textkorrektur (*li-wuǧūd* statt *lau ǧarada*).

326 Siehe o. Nr. 6, Anm. 27.

49. Zur Kreuzesverehrung der Christen

Zur Zeit al-Bīrūnīs war das Christentum in Persien und Mittelasien noch weit verbreitet, und er hatte Gelegenheit, auch auf mündlichem Wege viele Informationen von Christen unterschiedlicher Bildungsstufe einzuholen.

327 Kaiser Konstantin soll die geschilderte Erscheinung 312 vor der Entscheidungsschlacht gegen seinen Rivalen Maxentius gehabt haben. Al-Bīrūnī folgt dem Bericht des Euseb von Cäsarea (Vita Constantini I,27).

328 Arab. *al-qaʿūd* (βαδγ Delphini), s. Kunitzsch, Untersuchungen ..., Nr. 234.

329 Arab. *an-nasr al-wāqiʿ*, die Wega mit einigen Nebensternen; gemeint hat aber al-Bīrūnī den „fliegenden Adler", arab. *an-nasr aṭ-ṭāʾir*, der ungefähr unserem Sternbild des Adlers in der Nähe des Delphins entspricht, s. Kunitzsch, Untersuchungen ..., Nr. 194a u. 195a.

330 4. Mose 21,6–9.

50. Der Religionsstifter Mani

Al-Bīrūnī hat Mani unter die Lügenpropheten gerechnet, wie aus der Überschrift des betreffenden Kapitels der „Chronologie" hervorgeht. Er sieht richtig, daß Mani in eine geistige Strömung einzuordnen ist, der auch Marcion und Bardesanes angehören und die heute als Gnosis bezeichnet wird. Ihr Hauptkennzeichen ist, daß der Weltschöpfer und der Erlösergott als zwei verschiedene Instanzen begriffen werden (s. K. Rudolph, Die Gnosis, 2. Aufl., Leipzig 1980, S. 337–341 u. 352–379).

331 Siehe o. Nr. 46, Anm. 310.

332 Siehe o. Nr. 46, Anm. 309.

333 Das heißt des Guten und des Bösen als zweier gleich mächtiger Prinzipien von Anfang an, was auch der Lehre Zarathustras entsprach.
334 Das heißt der Anhänger der Lehre von den zwei Prinzipien.
335 Regierte 240–273.
336 Nämlich des syrischen Alphabets.
337 Vgl. Joh. 14,16.26; 15,26; 16,7.
338 216 u. Z.; gemeint ist hier die sog. seleukidische Ära.
339 Artabanos V., der letzte König der parthischen Dynastie (212–224).
340 228 u. Z.
341 Dieser Abschnitt der „Chronologie“ ist hier nicht aufgenommen. Mit den „Kleinkönigen“ sind die Nachfolger Alexanders auf persischem Boden gemeint.
342 Mit Textkorrektur (*al-asrār* statt *al-asfār*, vgl. Epître, S. 3,13).
343 Verwaltete Gilan (s. o. Nr. 2, Anm. 1), al-Bīrūnī widmete ihm sein Buch „Die Schlüssel zur Astronomie“ (s. u. Nr. 67, Anm. 493).

51. Expeditionen zu den Siebenschläfern

Nach einer christlichen Legende, die im Koran (Sure 18,9–26) erwähnt ist, flüchteten sich während der Christenverfolgung unter Kaiser Decius (249–251) sieben junge Männer in eine Höhle bei Ephesus, wo sie einschliefen und erst nach Jahrhunderten wieder erwachten, um gleich darauf zu sterben. Die Örtlichkeit wurde von christlichen Pilgern viel aufgesucht (vgl. C. Foss, Ephesus after antiquity: A late antique, Byzantine and Turkish city, Cambridge 1979, s. Index unter „Seven Sleepers“), auch für Muslime war sie nicht ohne Interesse, wie al-Bīrūnī zu entnehmen ist.

344 Siehe o. Nr. 45, Anm. 301.
345 Ein Hofbeamter, Astronom und Mäzen der Wissenschaften in Bagdad und Samarra (gest. 873), s. G. Strohmaier, Die bemalten Weingefäße aus Samarra. In: Klio 63, 1981, S. 130.
346 Ebenfalls ein Hofbeamter und Mäzen der Wissenschaften (gest. 888), s. M. Fleischhammer, Die Banū l-Munağğim, eine Bagdader Gelehrtenfamilie aus dem 2.–4. Jahrhundert d. H. In: Wissenschaftliche Zeitschrift der Martin-Luther-Universität Halle-Wittenberg, ges.-sprachwiss. Reihe 12, 1963, S. 216.
347 Sure 18,25.

52. *Nutzlose Gespräche mit den Mu'taziliten*

Die Mu'taziliten bildeten eine Theologenschule, die im 9. Jahrhundert blühte und zeitweilig unter al-Ma'mūn (s. o. Nr. 25, Anm. 165) Anerkennung als offizielle Staatsdoktrin gewann. Sie vertrat in Auseinandersetzung mit dem manichäischen Dualismus einen mehr systematisch durchdachten Monotheismus. Gegenüber der griechischen Philosophie und Naturwissenschaft verhielten sie sich im allgemeinen ebenso zurückhaltend wie ihre später als orthodox anerkannten Gegner, die sog. *mutakallimūn*.

348 Abū Hāšim al-Ǧubbā'ī (gest. 933) gehörte zu der Mu'tazilitenschule von Basra, in seiner Kosmologie hielt er an der Scheibengestalt der Erde fest, s. H. Daiber, Aetius Arabus, Wiesbaden 1980, S. 432–435.

349 De caelo II,4: 287b1–14.

350 Bekannter nestorianisch-christlicher Philosoph und Übersetzer (gest. 940), s. M. Meyerhof, Von Alexandrien nach Bagdad. In: Sitzungsberichte der Preußischen Akademie der Wissenschaften, phil.-hist. Kl., 1930, S. 415f.

351 Leider ist der Sinn dieser sowieso nicht ernstgemeinten Argumentation nicht mehr klar erkennbar, vielleicht wollte er demonstrieren, wie der Speichel auf der runden Fingerkuppe bleibt, gleich dem (salzigen) Meerwasser auf der Erdkugel.

53. *Leben und Meinungen eines großen Ketzers*

Al-Bīrūnī hatte während seines Aufenthaltes in Rayy sicher Gelegenheit, von dem großen Arzt, Alchemisten und eigenwilligen Philosophen zu hören, der ein knappes Jahrhundert zuvor in dieser Stadt gewirkt hatte (vgl. 'A. Badawi, Muḥammad ibn Zakariyyâ al-Rāzī. In: ders., Quelques figures et thèmes de la philosophie islamique, Paris 1979, S. 79–94; Strohmaier, Denker ..., S. 51–61). Sein Verhältnis zu Mani ist in der Darstellung al-Bīrūnīs unklar, sicher aber erschien ihm dessen gnostischer Dualismus empfehlenswerter als Mohammeds radikaler Monotheismus.

352 Diese Doktrin läßt sich bei den Griechen nicht nachweisen, sie wird von dem Sektenhistoriker aš-Šahrastānī dem sabischen Propheten Agathodaimon (s. o. Nr. 42, Anm. 264) zugeschrieben (*Kitāb al-milal wa-n-niḥal*, hrsg. v. M. S. Kīlānī, Kairo 1967, Bd. 2, S. 45). Häretisch ist sie vom Standpunkt des Islam, als in ihr die Allmacht des Schöpfers eingeschränkt erscheint, wenn ihm vier weitere Instanzen als gleich ewig zur Seite gestellt werden.

353 Siehe o. Nr. 50.
354 Wörtl. „die nicht den Erdboden für seinen Fuß ebnen".
355 Nämlich als Alchemist, als Arzt und als Religionskritiker.
356 Wörtl. „hinsichtlich der anderen Randposition".
357 Mit Textkorrektur (*aḥadun* statt *bḥd*, ohne Punktation).
358 Sonst nicht bekannt.
359 Für diese und die anderen Schriften s. Rudolph, Die Gnosis, S. 358f.
360 Sure 24,40.
361 Der erste Teil seines Namens, die sog. *kunya*, vgl. o. die Einleitung, S. 6.
362 28. August 865.
363 Mit Textkorrektur (*ṯāʾiyatan* statt *ṯābitatan*).
364 Die Ackerbohne (Vicia faba), die vor der Entdeckung Amerikas allein bekannt war, verursacht eigentlich andere Schädigungen, und die griechischen Ärzte hielten sie generell für unbedenklich, vgl. Grmek (s. o. Nr. 42, Anm. 269), S. 307f., 322–324.
365 Eine boshafte Anspielung auf Sure 17,72 („... und wer hienieden blind war, wird auch im Jenseits blind sein"), wo aber nur von der geistigen Blindheit der Ungläubigen die Rede ist.
366 26. Oktober 925.

54. Die Schwierigkeiten beim Schreiben der Wahrheit

Al-Bīrūnīs Klage in der Einleitung zu seinem großen Indienbuch, daß er in seinem Bemühen um eine objektive Indienkunde den schweren Anfang machen müsse, ist leider dahingehend zu ergänzen, daß er im Raum des Islam auch keinen ebenbürtigen Nachfolger gefunden hat.

367 Sure 4,135 (nicht wörtlich).
368 Vgl. Matth. 10,18 u. 28.
369 Über ihn ist sonst nichts bekannt. Tbilissi (damals Tiflis), die heutige Hauptstadt Georgiens, war bereits 645 unter muslimische Herrschaft gekommen, zur Zeit al-Bīrūnīs bestand dort ein arabisches Emirat.
370 Siehe o. Nr. 52.
371 Das heißt, daß das Wissen nicht als gleich ewiges Attribut mit ihm existierte, was ihrem strengen Monotheismus zuwiderlief, sondern seinem Wesen inhärent ist.
372 Siehe o. Nr. 19, Anm. 106.
373 Arab. *sumanīya*, vgl. o. Nr. 38, Anm. 231.
374 Muḥammad ibn Šaddād al-Mismaʿī, genannt Zurqān (gest.

891), ein Theologe der mu'tazilitischen Richtung (s. o. Nr. 52).

55. Die Fremdheit der Inder

Al-Bīrūnī, der seine Feldforschung in glücklicher Weise mit dem Studium der alten Literatur zu verbinden wußte, kommt in diesem Abschnitt zu der bemerkenswerten Einsicht, daß die fehlende Rezeptionsfähigkeit, die er an indischen Kollegen beobachten mußte, historisch bedingt war und keinen generellen Charakterzug darstellte.

375 Vgl. u. Nr. 73.
376 Auf diese Weise war schon die arabische Schrift der Wiedergabe des Persischen angepaßt worden.
377 Nach dem islamischen Ritualgesetz wird der verbotene Wein durch die Essiggärung wieder verwendbar, ebenso die Haut verendeter Tiere durch das Gerben.
378 Die Buddhisten, s. o. Nr. 38, Anm. 231.
379 Dies ist stark übertrieben, in Wirklichkeit erfaßte der Buddhismus Mittelasien westwärts bis zu einer Linie Balch–Kandahar, s. R. E. Emmerick, Buddhism among Iranian peoples. In: The Cambridge History of Iran, Bd. 3,2, hrsg. v. E. Yarshater, Cambridge 1983, S. 957.
380 Oder Vištāspa.
381 Gemeint sind die sog. Parsen in Indien, die sich dort bis heute gehalten haben.
382 In den Jahren 708 bis 714.
383 Das untere Industal mit angrenzenden Gebieten.
384 Arab. „die Siegreiche".
385 Arab. „die Volkreiche", das heutige Multan.
386 Im Gebiet von Farrukabad (Uttar Pradesch).
387 Vermutlich das Land des alten Gandhara-Reiches am oberen Indus, nicht die Stadt in Afghanistan.
388 Nämlich Nāṣir ad-Daula („der dem Reich zum Sieg verhilft").
389 Bedeutender Astronom des 6. Jahrhunderts u. Z.; die Identifizierung der Stelle in seiner „*Brihat samhitā*" II,14 bei Chalidov, S. 546, Anm. 22.
390 *Vidya sagara* („Meer des Wissens") ist sonst ein ehrender Beiname für einen großen Gelehrten; nach einer Vermutung von Eva Ritschl, Berlin, liegt hier eine scherzhafte Verdrehung von *vidya* („Wissen") zu *vidaha* („Sauerwerden der Speise im Magen") vor.

56. Die letzte Brahmanendynastie in Kabul und Nordwestindien

Kabul leistete unter seinen hinduistischen Herrschern den seit der zweiten Hälfte des 7. Jahrhunderts angreifenden Muslimen immer wieder erfolgreichen Widerstand, der erst unter den Ghaznaviden gebrochen wurde.

391 1021 u. Z.
392 Gemeint ist die Pflicht des täglichen Feueropfers für den Brahmanen, vgl. u. Nr. 57.
393 Maḥmūd war selber türkischer Abstammung, gemeint sind hier die Seldschuken, die zu dieser Zeit von Norden her nach Chorasan und Aserbaidshan vorstießen.

57. Die Kastenordnung

Von indologischer Seite wird darauf hingewiesen, daß al-Bīrūnī hier mehr der klassischen indischen Literatur als den realen Gegebenheiten seiner Zeit folgt (s. K. Z. Ašrafjan, Beruni o kastach Indii. In: Beruni i gumanitarnye nauki ..., S. 98–110). Von ungewöhnlichem Tiefblick zeugt aber auf alle Fälle sein Vergleich mit dem alten Persien.

394 Ardašīr Papakan (226–241), der Gründer der Sasanidendynastie.
395 Richtig wäre *ğati*.
396 Brahma ist neben Wischnu und Schiwa der wichtigste Gott des hinduistischen Pantheons; das Brahman ist ein unpersönliches und übersinnliches Weltprinzip, mit dem die Brahmanen durch ihr Feueropfer in Verbindung treten. Zwischen beiden wird hier eine etymologische Beziehung hergestellt, die übrigens richtig ist.
397 Sinngemäße Textergänzung durch Sachau.
398 Ein Name des Gottes Krischna; im folgenden bringt al-Bīrūnī ein Zitat aus dem berühmten ethischen Lehrgedicht der *Bhagavadgītā* (XVIII,42–47), zu einigen Abweichungen vom Original vgl. Sharma, S. 39–42.
399 Ein Held aus dem Epos *Mahābhārata*, in das die *Bhagavadgītā* eingefügt ist.

58. Indische und christliche Ehtik

Der Muslim vermag hier wie dort ein gleiches Dilemma zu entdekken, weil er in seiner Religion ein ethisches Prinzip vorfindet, das im praktischen Leben zu realisieren ist.

400 Vgl. Matth. 5,39f. u. 44; Luk. 6,28f.
401 Römischer Kaiser (regierte 306–337), s. o. Nr. 49, Anm. 327.
402 Das ist nicht als Strafe gemeint, sondern als kultischer Reinigungsritus; Rinderurin und Milch galten dazu als vorzüglich geeignet.

59. Die heiligen Kühe

Die Erklärung der Heiligkeit der Rinder ist in der gegenwärtigen Forschung noch ziemlich umstritten, es werden vornehmlich rein kultische Faktoren namhaft gemacht (s. W. Norman Brown, The sanctity of the cow in Hinduism. In: ders., India and Indology, Delhi, Varanasi, Patna 1978, S. 90–101). Vielleicht sind aber al-Bīrūnīs Überlegungen auch nicht ganz von der Hand zu weisen; richtig ist auf jeden Fall, daß das generelle Verbot des Rindfleisches eine verhältnismäßig späte Erscheinung ist.

403 Das Fürstengeschlecht, deren Kriege im *Mahābhārata* beschrieben sind, s. o. Nr. 57, Anm. 399.
404 Die heiligen Schriften der Brahmanen.
405 Textlücke.

60. Die Elite und die breite Masse

Al-Bīrūnīs Haltung gegenüber den Volksmassen erinnert an die der meisten Intellektuellen der europäischen Renaissance. Sie ist auch typisch für das islamische Mittelalter (vgl. G. Strohmaier, Elitetheorien bei arabischen Philosophen. In: Martin-Luther-Universität Halle-Wittenberg. Wissenschaftl. Beiträge 1979/42 [19], S. 221–227; V. V. Naumkin, K voprosu o chassa i ʿamma. In: Islam v istorii narodov vostoka, hrsg. v. I. M. Smiljanskaja u. S. Ch. Kjamilev, Moskau 1981, S. 40–50).

406 Zu den arabischen Versionen der Geschichte des Sokrates s. G. Strohmaier, Die arabische Sokrateslegende und ihre Ursprünge. In: Studia Coptica, hrsg. v. P. Nagel, Berlin 1974,

S. 121–136; die „elf Richter“ sind eine mißverstandene Reminiszenz an die „elf Männer“, eine athenische Behörde zur Gefängnisaufsicht, vgl. Platon, Phaidon 59E.

61. Zum Ursprung des Götzendienstes

Die magische Wirkung des Bildes auf das einfache Volk in einer noch nicht von Bildern überfluteten Zivilisation wird hier von al-Bīrūnī wie sonst von kaum einem anderen so eindringlich beschrieben.

407 Die große Wallfahrt nach Mekka, *al-ḥaǧǧ*, findet im sog. Wallfahrtsmonat statt und schließt mehr Zeremonien ein als die kleine Wallfahrt, *al-ʿumra*, die immer ausgeführt werden kann und weniger verdienstlich ist.

408 1. Mose 11,21–27.

409 Statt „Remus“ bietet al-Bīrūnī eine Namensform „Rūmānāwus“ oder ähnlich; der Ausdruck „Frankenland“ entspricht aus seiner Sicht den Verhältnissen des 11. Jahrhunderts; die folgende Geschichte findet sich ähnlich auch in der volkstümlichen byzantinischen Chronik des Johannes Malalas (Chronographia, hrsg. v. L. Dindorf, Bonn 1831, S. 171f.).

410 Das Sanskritwort bedeutet soviel wie „Quintessenz“.

411 Alte Gottheit der indogermanischen Arier, die später unter die drei größten Götter Brahma, Wischnu und Schiwa gestellt wurde, was die nachfolgende Legende auf ihre Weise widerspiegelt.

412 Zwei Dämonen.

413 Dieses Motiv ist in der Kunst sehr weit verbreitet, vgl. z. B. M. R. Anand u. H. Goetz, Indische Miniaturen, Dresden 1967, Abb. 34; H. u. I. Plaeschke, Hinduistische Kunst, Leipzig 1978, Taf. 43.

414 Ein mythischer Weiser.

415 Ebenfalls einer der alten Weisen, der, einigen Legenden zufolge, aus dem Kopf Brahmas hervorkam.

416 Einer der Namen der Sonne.

417 Die erste von jeweils vier Weltperioden, 1728000 Jahre dauernd.

418 Sachau bemerkt hierzu, daß bei richtiger Berechnung 2164132 herauskommen müßte (Übers. Bd. 2, S. 296).

419 Vgl. o. Nr. 55, Anm. 382.

420 Sozialrevolutionäre militante Sekte, die um die Mitte des 9. Jahrhunderts im Irak entstand und in Bahrein ein eigenes Staatswesen gründete; zu al-Bīrūnīs mutmaßlichem Urteil über sie s. o. die Einleitung, S. 15.

421 Eine Pflanze, deren rotgelber Farbstoff in der Textilherstellung und in der Kosmetik zum Färben der Handflächen verwendet wurde.

422 Wiederum handelt es sich um eine Lehre der Sabier, vgl. o. Nr. 42 u. Nr. 53, Anm. 352.

423 IV,8: 717 A u. B; der Text ist stark verkürzt, al-Bīrūnī benutzte wahrscheinlich eine Zusammenfassung aus der Feder des Arztes Galen (s. o. Nr. 3, Anm. 5), vgl. Ḥunain ibn Isḥāq, Über die syrischen und arabischen Galen-Übersetzungen, hrsg. v. G. Bergsträßer, Leipzig 1925 (Abhandlungen für die Kunde des Morgenlandes 17,2), Nr. 124.

424 Mit Textkorrektur (*yabṣara* statt *yanṣaba*).

425 Nur in einem arabischen Auszug erhalten, s. *Kitāb al-aḫlāq li-Ǧālīnūs*, hrsg. v. Paul Kraus. In: *Maǧalla kullīyati l-ādāb bi-l-ǧāmiʿati l-miṣrīya* 5, 1937, S. 40; Übersetzung von J. N. Mattock, A translation of the Arabic epitome of Galen's book ΠΕΡΙ ΗΘΩΝ. In: Islamic philosophy and the Classical tradition. Essays presented ... to R. Walzer, Oxford 1972, S. 249; vgl. dazu R. Walzer, Greek into Arabic, Oxford 1962, S. 164–174.

426 Regierte 180 bis 192 u. Z.

427 Griechischer Gott, bei den Römern Merkur, in der Sternkunde auch der Planet Merkur; Pfeiler mit Porträtbüsten wurden ebenfalls „Hermes" genannt, vgl. unseren Ausdruck „Herme".

428 Pseudepigraphische Briefe zwischen Aristoteles und Alexander dem Großen waren im arabischen Mittelalter sehr verbreitet, s. F. E. Peters, Aristoteles Arabus, Leiden 1968, S. 59.

429 Erster Kalif der Omaijadendynastie in Damaskus (regierte 660–680).

430 673 u. Z.

431 Siehe o. Nr. 55, Anm. 383.

62. Indische und griechische Sagen vom Goldenen Zeitalter

Die folgenden Ausführungen sind ein besonders schönes Beispiel dafür, wie al-Bīrūnī mit der beschränkten Literaturauswahl, die ihm zur Verfügung steht, den Anfang einer vergleichenden Mythenforschung macht.

432 Das Buch des Čaraka gehört zu den wenigen indischen Medizinbüchern, die vor der Zeit der großen Rezeption der griechischen Wissenschaft ins Arabische übersetzt wurden; zur Persönlichkeit des Verfassers vgl. W. Ruben, Die gesellschaftliche Entwicklung im alten Indien, Bd. 3, Berlin 1971, S. 156–159.

433 Persisch-syrischer Arzt (gest. nach 855); die hier etwas ver-

kürzt zitierte Stelle steht in seinem *Firdaus al-ḥikma*, hrsg. v. M. Z. Siddiqi, Berlin 1928, S. 557f., Übersetzung von A. Siggel, Die indischen Bücher aus dem Paradies der Weisheit über die Medizin des ʿAlī ibn Sahl Rabban aṭ-Ṭabarī, Wiesbaden 1951 (Akademie der Wissenschaften und der Literatur, Abhandlungen d. geistes- u. sozialwiss. Kl. 1950, 14), S. 1110f.

434 Ein Sanskritwort, umfaßt die Elemente des Himmelsäthers, der Luft, des Feuers, des Wassers und der Erde.

435 Herstellung der im Arabischen verderbten Namensform durch Siddiqi, S. 557, Anm. 1.

436 Arat (um 310 bis um 245 v. u. Z.), der Verfasser der „Phainomena", eines in der Antike sehr populären Lehrgedichts über die Sternbilder, das auch ins Arabische übersetzt wurde. Al-Bīrūnī zitiert die Verse 96 bis 134.

437 Richtiger das sechste.

438 Der Eigenname Astraios ist in der Übersetzung mißverstanden.

439 Griechisch *„Dikē"* („Gerechtigkeit"), von Arat als Eigenname gebraucht, hier trotzdem mit dem arabischen Äquivalent *al-ʿadl* („die Gerechtigkeit") wiedergegeben.

440 Der Verfasser des nichtssagenden Kommentars ist wahrscheinlich ein gewisser Achilleus aus dem 3. Jahrhundert, s. J. Kraemer, Arabische Homerverse. In: Zeitschrift der Deutschen Morgenländischen Gesellschaft 106, 1956, S. 273–275.

441 Die Göttin des Ackerbaus.

442 Gemeint ist Tychē, die Göttin des Glücks, die in der bildenden Kunst auch mit Ähren in der Hand dargestellt wurde.

443 III,1: 677 A u. B.; III,2f.: 678 E–680 A. Die starke Verkürzung liegt wieder daran, daß al-Bīrūnī eine Zusammenfassung benutzt hat, s. o. Nr. 61, Anm. 423.

63. Wunder der biologischen Alchemie

Anders als bei den Astronomen ist es al-Bīrūnī nicht gelungen, in näheren Kontakt zu indischen Alchemisten zu treten. Dafür hat er zwei reizende Exempel indischer Folklore aufgezeichnet, aus denen deutlich wird, wie populär die Alchemie gewesen ist. Vgl. J. Filliozat, Al-Bīrūnī et l'alchimie indienne. In: Al-Bīrūnī Commemoration Volume ... 1951, S. 266–270 (Nachdruck in: ders., Laghu-Prabandhāḥ. Choix d'articles d'indologie, Leiden 1974, S. 266–270).

444 Mit Textkorrektur (*asāʾū* statt *aśwū*).

445 Eine beliebte griechische Anekdote, die verschiedenen Philo-

sophen zugeschrieben wurde, s. die Belege bei L. Sternbach, Gnomologium Vaticanum, Berlin 1963, Nr. 6.

446 Mit Textkorrektur (*aṣābū* statt *aṣammū*).

447 Das heißt in eine wachsartige Beschaffenheit überführen, vgl. Ullmann, S. 261 u. 263.

448 Ein Irrtum al-Bīrūnīs, *tālaka* bedeutet Auripigment, das gelbe Arsensulfid (s. Filliozat, S. 104).

449 Auch dies ist nicht richtig, *rasa* bedeutet Quecksilber oder andere Mineralien im flüssigen Zustand; *rasāyana* wäre also „das Verfahren mit der Flüssigkeit".

450 Die hier nicht aufgenommene Stelle steht India, S. 39.

451 Es gab einen buddhistischen Alchemisten dieses Namens, der aber viel früher lebte, wahrscheinlich liegt eine Verwechslung vor, vgl. Filliozat, S. 101f.

452 Regierte im 1. Jahrhundert v. u. Z.

453 Filliozat (S. 102f.) hat einen alchemistischen Autor dieses Namens in der ins Tibetische übersetzten Literatur nachweisen können.

454 Ein in der indischen Medizin gebräuchliches Abführmittel, daneben heißt *rakta* auch „Blut" und *amala* „rein", nach Filliozat (S. 103, Anm. 1) verkürzt für „reines Öl".

455 Regierte von 1010 bis 1060.

64. Beschwörungen und was von ihnen zu halten ist

Wieder zeigt sich al-Bīrūnī als echter Wissenschaftler, der in vorsichtiger Weise erst einmal Material sammelt und sich vor übereilten Urteilen hütet.

65. Vorstellungen vom Weltei bei Indern und Griechen

Bemerkenswert ist bei der folgenden Mythenvergleichung die Unbefangenheit, mit der er auch eine Parallele im Koran heranzieht.

456 Eine Zeitperiode von 622080000000000 Jahren.

457 In seinem Kommentar zum Hippokratischen Eid, s. o. Nr. 44, Anm. 279, s. Rosenthal, a. a. O., S. 63 u. 72.

458 Archäologische Belege bei G. Strohmaier, Asklepios und das Ei. In: Beiträge zur Alten Geschichte und deren Nachleben. Festschrift für F. Altheim, hrsg. v. R. Stiehl u. H. E. Stier, Bd. 2, Berlin 1970, S. 143–153.

459 Eine falsche Etymologie aus *a-sklēros* („nicht trocken"), s. Rosenthal, a. a. O., S. 63 u. 65.

460 Mit Textkorrektur (*Lāṭū wa-Zāwus* statt *Flāgūrāwus*); anders Rosenthal, a. a. O., S. 63.
461 Sure 11,7.

66. *Indische Astronomen über die Gestalt von Himmel und Erde*

Die einleitenden Ausführungen zu dem Thema sind nicht leicht zu verstehen. Al-Bīrūnī setzt voraus, daß der Koran im Gegensatz zur Bibel und auch zu den religiösen Büchern der Inder nichts enthält, was den Erkenntnissen der Wissenschaft widerspricht. Leider sagt er nicht genau, welche kosmologischen Doktrinen in den Islam von außen her eingeschleppt wurden und nun zu unnötigen Konflikten führen.

462 Vgl. o. Nr. 39.
463 Dem Koran.
464 Ibn al-Muqaffaʿ (hingerichtet 756) und Ibn abi l-ʿAuǧāʾ (hingerichtet 772 oder eher) verbanden, ähnlich wie später ar-Rāzī (s. o. Nr. 53), ihre Sympathien für den Manichäismus mit freigeistigen Attacken auf den islamischen Monotheismus, vgl. G. Vajda, Die Zindīqs im Gebiet des Islam zu Beginn der Abbasidenzeit. In: Der Manichäismus, hrsg. v. G. Widengren, Darmstadt 1977 (Wege der Forschung 168) S. 434–436.
465 Nämlich der biblischen Botschaft.
466 In der islamischen Frühzeit sollen bekehrte Juden wie Kaʿb al-Aḥbār und ʿAbd Allāh ibn Salām jüdische Traditionen in den Islam eingeschleust haben.
467 Sure 79,24 u. 28,38; die zitierten Sätze stehen zwar so im Koran, sind aber natürlich alles andere als verbindlich.
468 Achtzehn Erzählungen, die kosmologische und kultische Doktrinen sowie Weisheitslehren enthalten.
469 Eine Art von Kontinenten, die ringförmig umeinander liegen mit unserem Erdteil als Zentrum, von diesem und voneinander durch ringförmige Ozeane getrennt.
470 Ein *yoǧana* sind etwa 4 km, zuweilen auch gleich 8 km oder mehr.
471 Das heißt des Himmels mit dem Meruberg als Zentrum. Man denke dabei an eine Handmühle mit waagerecht aufliegendem Mahlstein.
472 Es gäbe sonst ein Ungleichgewicht, indem der Mittelpunkt der Erdmasse nicht gleich dem Weltmittelpunkt wäre, woraufhin das allein über dem Wasser herausragende nördliche Viertel einsinken und überflutet werden müßte, vgl. o. Nr. 19.
473 Sanskritausdruck für ein astronomisches Lehrbuch.

474 Es gab einen Astrologen Paulos von Alexandria (4. Jahrhundert u. Z.), der aber nach D. Pingree hier nicht gemeint sein kann (Astronomy and astrology in India and Iran. In: Isis 54, 1963, S. 237).

475 Zu Varāhamihira s. o. Nr. 55, Anm. 389; zu Āryabhata s. u. Nr. 67; von den übrigen ist nur von Šrišena und Višnučandra bekannt, daß sie ältere astronomische Werke überarbeiteten.

476 In den Veden die Götter, später auf einen niederen Rang verwiesen.

477 Beide Gruppen sind Dämonen oder Titanen, die Nagas waren schlangengestaltig.

478 Griechenland.

479 Wörtl. „die Stadt der Glückseligen", sie liegt jenseits des Meru auf der anderen Seite der scheibenförmig vorgestellten Erde.

480 Geb. 589 u. Z.

481 Ein mythischer Weiser.

482 Ein alter astronomischer Autor und Kommentator.

483 Arabischer Name für das astronomische Handbuch des Ptolemaios (nach 83 bis nach 161 u. Z.), die *„Megalē syntaxis"*.

484 Vgl. o. Anm. 472.

485 Siehe o. Nr. 16, Anm. 74.

486 Siehe o. Nr. 55, Anm. 383; auf arabischen Landkarten ist gewöhnlich der Süden oben.

487 Siehe o. Nr. 19, Anm. 129.

67. Āryabhatas Theorie der Erdrotation

Āryabhata (geb. 476 u. Z.) ist mit seiner Theorie der Erdrotation, welche den scheinbaren täglichen Umschwung der Gestirne richtig erklärt, aber noch nichts mit dem Kopernikanischen Heliozentrismus zu tun hat, der Stolz der indischen Wissenschaftsgeschichte. Zwei indische Erdsatelliten, die 1975 und 1976 in Umlauf gesetzt wurden, trugen seinen Namen, vgl. A. I. Volodarskij, Ariabchata, Moskau 1977; S. M. R. Ansari, Āryabhaṭa I, his life and contributions. In: Bulletin of the Astronomical Society of India 5, 1977, S. 10–18.

488 Siehe o. Nr. 66, Anm. 473.

489 Siehe o. Nr. 66, Anm. 480.

490 Die neunte Sphäre über der Fixsternsphäre, die auch nach ptolemäischer Auffassung die tägliche Rotation des ganzen Himmels bewirkt.

491 Siehe o. Nr. 55, Anm. 389.
492 1 *prāna* entspricht 4 Zeitsekunden.
493 Verfaßt für den Gouverneur Marzubān ibn Rustam, s. o. Nr. 50, Anm. 343, nicht erhalten. Aus anderen Äußerungen al-Bīrūnīs geht hervor, daß er die Erdrotation aus bestimmten physikalischen Gründen verwarf, s. S. Pines, La théorie de la rotation de la terre à l'époque d'al-Bîrûnî. In: Journal Asiatique 244, 1956, S. 301–306; vgl. *Al-qānūn al-Masʿūdī,* S. 49–53 (Übersetzung in: Der Weg der Physik. 2500 Jahre physikalischen Denkens. Texte von Anaximander bis Pauli, ausgew. u. eingel. v. S. Sambursky, Zürich, München 1975, S. 182–184 u. 739, Nr. 135).

68. Sonnen- und Mondfinsternisse in Indien

In der hinduistischen Volksfrömmigkeit spielen noch heute die Sonnenfinsternisse eine große Rolle. Methodisch beachtenswert ist al-Bīrūnīs Herangehen, indem er nicht ein mythologisches Denken voraussetzt, das von dem rationalen grundsätzlich geschieden ist, sondern einen bestimmten Fehler im Ansatz herauspräpariert, hier die Plazierung der Sonne unterhalb des Mondes, wodurch die verfehlten phantastischen Spekulationen ausgelöst wurden.

494 Siehe o. Nr. 55, Anm. 389; die Identifizierung der Stelle in der *Brihat samhitā* V,1–15 bei Chalidov, S. 659, Anm. 1.
495 Im Sanskrit eigentlich *Rahu* („der Greifer").
496 Siehe o. Nr. 66, Anm. 477.
497 Im Sanskrit eigentlich *amrita* („Unsterblichkeit").
498 Siehe o. Nr. 61, Anm. 411 u. 413.
499 Siehe o. Nr. 66, Anm. 480.
500 Mit Textkorrektur (*hāriban* statt *hāzi'an*).
501 Richtiger aus dem 21. Kapitel, s. Chalidov, S. 660, Anm. 2.
502 Siehe o. Nr. 59, Anm. 404.
503 Ein Rechtslehrer, vermutlich vor 200 u. Z.
504 Alter Astronom, von dessen *Samhitā* („Sammlung") nur Zitate bei späteren Autoren erhalten sind.
505 Vgl. o. Nr. 55, Anm. 389; Nr. 66, Anm. 475; Nr. 67.
506 Sure 27,14.
507 Vgl. o. Nr. 60, Anm. 406.
508 Sure 29,13.

69. Ziffern und Zahlen

Wegen ihrer Neigung, mit unermeßlichen Zeitperioden und gewaltigen räumlichen Entfernungen zu rechnen, entstand bei den Indern das Bedürfnis, den Zehnerpotenzen über die Tausend hinaus eigene Namen zu geben (zu dem möglichen Einfluß dieser Zahlenreihen auf die Mathematik im Islam vgl. S. Brentjes, Die erste Risâla der Rasâ'il iḫwân aṣ-ṣafâ' über elementare Zahlentheorie – ihr mathematischer Gehalt und ihre Beziehungen zu spätantiken arithmetischen Schriften. In: Janus 71, 1984, S. 245–247). In Europa hat sich die „Million" erst im späten Mittelalter eingebürgert.

509 Auch al-Bīrūnī bevorzugt noch nach griechischem Vorbild die Buchstabenrechnung; die indischen Ziffern mit den praktischen Dezimalpositionen setzten sich zunächst mehr im Kaufmannsmilieu durch, wurden aber schnell in Europa aufgegriffen und hier als „arabische" bezeichnet.

510 Dabei schreibt man mit einem Griffel auf ein Brett, das mit Staub bedeckt ist, den man leicht wieder glattwischen kann.

70. Die Verdoppelungsaufgabe auf dem Schachbrett

Altpersischen Legenden zufolge hatte sich der indische Erfinder des Schachspiels als Belohnung auserbeten, man möge ihm auf das erste Feld ein Weizenkorn legen, auf das zweite zwei, auf das dritte vier usw. bis zum vierundsechzigsten. Die schnelle und elegante Lösung, die al-Bīrūnī vorlegt, sei zum besseren Verständnis im Schema wiederholt.

$$\left.\begin{array}{l}\left.\begin{array}{l}\left.\begin{array}{l}\text{1. Feld: } 1\\ \text{2. Feld: } 2\end{array}\right\}\text{Summe } 3=4-1\\ \text{3. Feld: } 4=2^2\end{array}\right\}\text{Summe } 7=8-1\\ \text{4. Feld: } 8\end{array}\right\}\text{Summe } 15=16-1$$

5\. Feld: $16=(2^2)^2$
6\. Feld: 32
7\. Feld: 64
8\. Feld: 128
9\. Feld: $256=((2^2)^2)^2$
...
17\. Feld: $65536=(((2^2)^2)^2)^2$
...
33\. Feld: $4294967296=((((2^2)^2)^2)^2)^2$
...
65\. Feld: $18446744073709551616=(((((2^2)^2)^2)^2)^2)^2$

Zu anderen arabischen Bemühungen um diese Aufgabe und al-Bīrūnīs Beitrag vgl. R. Wieber, Das Schachspiel in der arabischen Literatur von den Anfängen bis zur zweiten Hälfte des 16. Jahrhunderts, Phil. Diss. Bonn 1972, S. 103–119.

511 Von hier an folgt in der „Chronologie" der Einschub aus einem sonst nicht erhaltenen Werk, es ist vermutlich identisch mit einer „Denkschrift über das Rechnen und Zählen mit den indischen Ziffern" (Epître, S. 34, Nr. 34).
512 Der korrespondierende arabische Ausdruck schließt die 1 ein, was im Deutschen nicht wiederzugeben war.
513 Sinngemäße Ergänzung eines angenommenen Textausfalls.
514 Mit Textkorrektur (*raʿīya* statt *rǧl'*)
515 Mit Textergänzung und -umstellung (*min ǧibālin min kulli ǧabalin minhā ʿašara ālāfi wādin*).

71. Die Zahl Pi bei den Indern

Der hier angeführte indische Wert von $3^{177}/_{1250}$ (= 3,1416) ist genauer als derjenige, den al-Bīrūnī selbst berechnet hat und der sich auf 3,14174628 beläuft (s. B. A. Rozenfel'd, S. A. Krasnova u. M. M. Rožanskaja, O matematičeskich rabotach Abu-r-Rajchana al-Bīrūnī. In: Iz istorii nauki i techniki v stranach vostoka, Bd. 3, Moskau 1963, S. 84).

516 Vgl. o. Nr. 66, Anm. 470; die Entsprechung ist hier etwa 8 km.
517 Siehe o. Nr. 66, Anm. 469.
518 Siehe o. Nr. 66, Anm. 480, u. Nr. 68.
519 Richtig wäre gewesen „zwischen $3^{10}/_{71}$ und $3^{10}/_{70}$".
520 Siehe o. Nr. 67.
521 Siehe o. Nr. 66, Anm. 473.
522 Ein Vertreter der frühen Rezeption der indischen Wissenschaft ins Arabische, wirkte unter dem Kalifen al-Manṣūr (regierte 754–775), s. Sezgin, Bd. 6, S. 124–127.

72. *Poesie und Prosa in den Wissenschaften*

Von den hier erwähnten Übersetzungen al-Bīrūnīs für die Inder haben sich, wie es scheint, keine Spuren erhalten, und ein Kenner der indischen Astronomie wie David Pingree bezweifelt, ob er dies angesichts seiner mangelhaften Sanskritkenntnisse überhaupt tun konnte (History of mathematical astronomy in India. In: Dictionary of Scientific Biography, hrsg. v. Ch. C. Gillispie, Bd. 15, New York 1981, S. 626). Aber al-Bīrūnī arbeitete mit indischen Helfern, was freilich nicht ausschließt, daß die Ergebnisse so unvollkommen waren, daß sie keinen Anklang fanden und nicht weiter abgeschrieben wurden.

523 Ein Doppelvers zu 16 Silben, gebräuchlichstes Versmaß der Sanskritliteratur.
524 Gemeint sind die „Elemente" des Euklid (um 450 bis um 380 v. u. Z.), auch im arabischen Mittelalter das verbreitetste mathematische Handbuch; zum „Almagest" s. o. Nr. 66, Anm. 483.
525 Siehe o. Nr. 27.

73. *Der nutzlose Reichtum der Sprache*

Die folgenden Ausführungen enthalten einen deutlichen Hieb gegen die arabischen Philologen, die in dem außergewöhnlichen Synonymenreichtum ihrer Sprache deren Vorzugstellung begründet sahen.

74. *Inder und Araber vor ihrer Bekehrung*

Vor der Zeit der muslimischen Eroberungen haben sich alle fremden Eindringlinge, die vom Norden und Westen in den indischen Subkontinent kamen, in das indische Kastensystem und die mit ihm verbundene Weltanschauung integriert. Das islamische Selbstbewußtsein, wie es sich hier in den Ausführungen al-Bīrūnīs artikuliert, hat dies ebenso verhindert wie in den westlichen Gebieten, wo die Muslime christliche Länder eroberten.

75. *Gold und Silber als Gaben Gottes*

In seinem Alterswerk der „Mineralogie" hat al-Bīrūnī seine soziologischen und theologischen Ansichten in einer umfänglichen Einleitung niedergelegt, die zum Thema des Buches nur eine lose Beziehung aufweisen. Sie entsprechen ohne Zweifel seiner innersten Überzeugung, denn er hätte sie ohne Not auch weglassen können.

526 Anspielung auf einen gleichlautenden Schriftentitel Galens (s. o. Nr. 3, Anm. 5), vgl. Galens Traktat „Daß die Kräfte der

Seele den Mischungen des Körpers folgen" in arabischer Übersetzung, hrsg. v. H. H. Biesterfeldt, Wiesbaden 1973 (Abhandlungen für die Kunde des Morgenlandes 40,4).

527 Sure 15,19; unter dem „Wägbaren" versteht man heute „Früchte", al-Bīrūnī folgt der Deutung der zeitgenössischen Koranausleger, s. Paret, ... Kommentar z. St.

528 Sure 2,180.

529 Sure 68,12.

530 Sure 100,8.

531 Sure 57,20.

532 Sure 3,14.

533 Sure 9,34.

76. Kriegsbeute in Spanien und Persien

Trotz seines Bekenntnisses zum Islam liegt es al-Bīrūnī fern, die näheren Umstände der arabischen Expansion zu beschönigen. Im Unterschied zu manchen seiner persischen Zeitgenossen verbindet er mit dieser kritischen Einstellung aber keine besonderen Sympathien für die alten iranischen Traditionen (s. o. Nr. 2).

534 711 u. Z.; der erste Stützpunkt des von ihm geführten Heeres hieß seitdem *Ǧabal Ṭāriq* („Berg des Ṭāriq"), woraus im Spanischen „Gibraltar" wurde. Ṭāriq war ein freigelassener Sklave des Gouverneurs von Nordafrika Mūsā ibn Nuṣair (640–716/17).

535 So sinngemäß übersetzt, im Text *waġwāṣ* (?), vielleicht in *waṣāwiṣ* zu korrigieren.

536 Der Omaijadenkalif al-Walīd I. (regierte 705–715).

537 Beamter am abbasidischen Kalifenhof und Statthalter persischer Provinzen (gest. 781/82).

538 Die Gegend um den hohen Berg Demawend in Nordpersien.

539 Titel einer lokalen persischen Dynastie in der Region des Demawend.

540 Üblicher Titel des Kalifen.

541 Landschaft im südlichen Afghanistan.

542 Arabischer Heerführer (gest. 670), der sich schon zu Mohammeds Lebzeiten zum Islam bekehrt hatte und erfolgreiche Feldzüge durch Persien und Afghanistan führte.

543 Abbasidenkalif (regierte 754–775), vgl. u. Nr. 93.

544 Vgl. o. Nr. 41.

545 Onkel des genannten al-Manṣūr, bei der Liquidierung der im Jahre 750 gestürzten Omaijadendynastie so skrupellos, daß er

auch vor Grabschändungen nicht zurückschreckte (s. J. Wellhausen, Das arabische Reich und sein Sturz, 2. Aufl., Berlin 1960, S. 344f.).

77. *Phantastisches über den Diamanten*

Angesichts der Fülle von abergläubischen Nachrichten über den Diamanten (vgl. die Zusammenstellung bei J. Schönfeld, Über die Steine. Das 14. Kapitel aus dem „Kitāb al-Muršid" des Muḥammad ibn Aḥmad at-Tamīmī, Freiburg 1976, S. 191–193) steht al-Bīrūnī mit seinen kritischen Bemerkungen ziemlich allein in der arabischen Literatur.

546 Lebte wahrscheinlich im 10. Jahrhundert, nur aus Zitaten bei al-Bīrūnī bekannt.

547 Das heißt flüssig; „tot" ist es in der Sprache der Alchemie, wenn es eine Verbindung eingegangen ist.

548 Es bleibt zu untersuchen, ob schon eine sog. Nitrierhärtung des Stahls angewendet wurde.

549 Astrologe des 9. Jahrhunderts; sein „Buch der besonderen Eigenschaften und des Nutzens der Steine und welche Talismane auf sie einzugravieren sind ..." steht in der Tradition der antiken Gemmenschnitte zu magischen Zwecken, s. Ullmann, S. 422–424; vgl. P. Zazoff, Die antiken Gemmen, München 1983, S. 349–362, wo ähnliche Figuren angeführt sind, die auf dem Rücken von Tieren stehen. Die hier zitierte Stelle findet sich auch in dem Zauberbuch des sog. Picatrix (s. „Picatrix". Das Ziel des Weisen von Pseudo-Maǧrīṭī, übers. v. H. Ritter u. M. Plessner, London 1962, S. 120, vgl. S. 114).

550 Unter dem „Adlerstein" verstand man sonst einen sog. Klapperstein, der in einem Hohlraum einen anderen kleineren Stein enthielt und der die Geburt erleichtern sollte, vgl. J. Ruska, Das Steinbuch des Aristoteles, Heidelberg 1912, S. 18 u. 114.

551 Arab. *ʿuqāb*, vgl. A. Siggel, Decknamen in der arabischen alchemistischen Literatur, Berlin 1951, S. 45.

552 Siehe o. Nr. 34, Anm. 215.

553 Gemeint ist wahrscheinlich ein Stein, der im Griechischen Ikterias heißt, vgl. Plinius, Historia naturalis (XXXVII,170).

554 Eine beliebte Geschichte mit vielen Varianten, vgl. z. B. Historie von Alexander dem Großen, hrsg. v. W. Kirsch, 5. Aufl., Leipzig 1988 (Reclams Universal-Bibliothek Bd. 625), S. 104f.

555 Siehe o. Nr. 76, Anm. 534; parallele Versionen s. bei Ruska, Das Steinbuch ... (s. o. Anm. 550), S. 8–14.

556 Eine weitverbreitete Geschichte, die sich auch in den Märchen aus „Tausendundeiner Nacht“ (544.–545. Nacht) und bei Marco Polo (Buch 3, Kap. 21) findet.
557 Das mit einem durchdringenden Geruch versehene Sekret der sackartigen Präputialdrüsen des Bibers, die man irrigerweise für die Testikel hielt.

78. Ein Rubin als Lesehilfe

Al-Bīrūnī bringt hier eine erste Nachricht über die Verwendung eines entsprechend geschliffenen Bergkristalls als Leselupe (s. G. G. Lemmlejn. In: Belenickij, S. 389–391, mit Abbildung eines Fundstücks im „Georgischen Museum“, Tbilissi).

558 Historiker (lebte um 961).
559 Dichter unter den Samaniden in Buchara (gest. 977).

79. Wie Hārūn ar-Rašīd seinen Smaragd wiederbekam

Zum besseren Verständnis seien hier die Verwandtschaftsverhältnisse der genannten Angehörigen der Abbasidendynastie vorausgeschickt. Al-Manṣūrs Sohn, der seine Nachfolge antrat, war al-Mahdī (regierte 775–785). Von dessen Söhnen sind hier drei genannt, nämlich Mūsā al-Hādī (regierte 785–786), Hārūn ar-Rašīd (regierte 786–809) und Ibrāhīm ibn al-Mahdī, der nicht zur Macht kam, sondern nur 817 bis 819 eine Revolte gegen Hārūn ar-Rašīds Sohn al-Ma'mūn (s. o. Nr. 25, Anm. 165) anführte.

560 Wörtl. „Berg“.
561 Ein mehr spielerisches als geistreiches Zitat aus dem Koran, Sure 22,73.
562 Wurde Wesir unter Hārūn ar-Rašīd (gest. um 823).
563 Palast in Bagdad auf dem rechten Tigrisufer.

80. Kunsthandwerkliches und Geologisches zum Bergkristall

Von den wenigen erhaltenen Erzeugnissen muslimischer Bergkristallverarbeitung befinden sich die meisten jetzt in europäischen Museen und Kirchenschätzen (s. J. Ruska u. C. L. Lamm, Art. *billawr.* In: Encyclopaedia of Islam; J. Flemming, E. Lehmann u. E. Schubert, Dom und Domschatz zu Halberstadt, Berlin 1973, S. 245, Abb. 120). Für sie wird im allgemeinen eine ägyptische Herkunft angenommen, doch ist auch damit zu rechnen, daß einige aus der von al-Bīrūnī beschriebenen Werkstatt in Basra stammen.

564 Was nicht zufällig ist, da beide Quarzmineralien (SiO_2) sind.
565 Madagaskar ist noch heute ein Hauptlieferant des Bergkristalls.
566 Ein persischer Ausdruck.
567 Ein Brettspiel, das mit Würfeln und Damesteinen gespielt wird.
568 Griechischer Schriftsteller (um 46–119 u. Z.); sein Buch „Über den Zorn" (*Peri orgēs*) ist uns nicht erhalten, aber er bietet die gleiche Geschichte in einer kürzeren Fassung in seiner Schrift „Über die Abwendung des Zorns" (*Peri aorgēsiās* 13:461 F–462 A).
569 Der letztgenannten Parallelversion ist zu entnehmen, daß al-Bīrūnī den Namen des Nero (regierte 54–68 u. Z.) als den des sizilianischen Königs Hieron II. (regierte 275/274–214 v. u. Z.) verlesen hat, der mit Archimedes (s. u. Anm. 572) befreundet war. Der hier nicht mit Namen genannte Philosoph war Seneca (um 4 v. u. Z.–65 u. Z.)
570 Siehe o. Nr. 79.
571 Mathematiker aus Alexandria (um 98 u. Z. in Rom); sein Werk über hydrostatische Dichtemessungen ist nicht erhalten.
572 Bekanntester antiker Techniker (um 287–212 v. u. Z.), über seine Untersuchung einer Krone König Hierons wird in der antiken Literatur mehrfach berichtet. Zu al-Bīrūnīs eigenen hydrostatischen Untersuchungen vgl. G. G. Lemmlejn. In: Belenickij, S. 308–316.
573 Von Plutarch und Menelaos.
574 Zur Herkunft dieser Anekdote aus den Gnomologien, wo der Name des thrakischen Königs Kotys durch den berühmteren des Alexander ersetzt wurde, s. G. Strohmaier, Ethical sentences and anecdotes of Greek philosophers in Arabic tradition. In: Correspondance d'Orient 11, 1970, S. 469f.

81. Ein Betrüger schreibt auf Karneol

Auch an anderen Stellen gibt al-Bīrūnī Einblicke in die Niederungen der Volksfrömmigkeit, wie sie sonst in der literarischen Quellen selten sind.

575 Siehe o. Nr. 42, Anm. 258.
576 Vgl. o. Nr. 23; gemeint ist hier die Südwand des Gebäudes.

577 Ḥamza ibn ʿAbd al-Muṭṭalib (gefallen 625) war ein Onkel und Mitstreiter Mohammeds.

578 Sonst der Titel des regierenden Kalifen; für die Schiiten kam er allein ʿAlī, dem Schwiegersohn Mohammeds, zu.

579 Siehe o. Nr. 34, Anm. 215; der Titel des Buches lautet nach Ibn an-Nadīm, *Kitāb al-fihrist,* hrsg. v. G. Flügel, Bd. 1, Leipzig 1871, S. 261,2f., *Risāla fī talwīḥ az-zuǧāǧ* („Sendschreiben vom Färben des Glases").

580 Mit Textkorrektur (*ǧulibat* statt *ǧubilat*).

82. Schwerter aus dem Entenmagen

Schwerter waren im frühen Mittelalter die einzigen handwerklichen Produkte der Germanen und Slawen, die in den muslimischen Ländern geschätzt und darum öfters beschrieben wurden (s. A. Zeki Validi, Die Schwerter der Germanen, nach arabischen Berichten des 9.–11. Jahrhunderts. In: Zeitschrift der Deutschen Morgenländischen Gesellschaft 90, 1936, S. 19–37).

581 Persisch „Weicheisen".

582 Persisch „Stein, Kern, Knochen".

583 Landschaft im südlichen Afghanistan.

584 Persisch „laufend".

585 Die *Rūs*, die al-Bīrūnī deutlich von den Slawen (*aṣ-Ṣaqāliba*) unterscheidet, sind die Waräger oder Normannen, die als Kaufleute und Eroberer in Rußland eingedrungen waren; zur Verwendung des Ausdrucks *ar-Rūs* in den arabischen Quellen vgl. F. Kmietowicz, Artāniya – Artā. In: Folia Orientalia 14, 1972/73, S. 231–260.

586 Die Huḏailiten waren ein Beduinenstamm in der Nähe Mekkas, von dem eine Sammlung ihrer Dichter erhalten ist.

587 Al-Bīrūnī hat am Beginn des Kapitels über das Eisen Sure 57,25 in diesem Sinne zitiert.

588 Dieses seltsame Verfahren wird auch in der germanischen Heldensage von Wieland dem Schmied erzählt (s. Zeki Validi, a. a. O., S. 24). Die Wirkung beruhte wahrscheinlich darauf, daß das aus dem primitiven Rennfeuer kommende kohlenstoffarme Eisen mit Kohlenstoff angereichert wurde, vgl. Ernst-Hermann Schulz, Die Möglichkeit eines Zusammenhangs zwischen Dreckapotheke und Stahlhärtungsmitteln. In: Sudhoffs Archiv 42, 1958, S. 64; doch vgl. H.-P. Hils, Von dem herten. Reflexionen zu einem mittelalterlichen Eisenhärtungsrezept. In: Sudhoffs Archiv 69, 1985, S. 65.

83. *Ein Kugelblitz und zwei Meteoritenfälle*

Obwohl bereits bei den Vorsokratikern der Gedanke aufkam, daß Meteoriten herabgefallene Himmelskörper sind (für Anaxagoras s. Diels-Kranz, Die Fragmente der Vorsokratiker, 59 A 12), und obwohl al-Bīrūnī sonst in der Tendenz seines Denkens den Himmelssphären die Unveränderlichkeit absprechen möchte (s. o. Nr. 7), steht er doch so weit im Banne des neuplatonisch gefärbten Aristotelismus, daß er Meteoritenfälle anders erklären muß.

589 Ein Astronom und Mathematiker in Rayy (gest. zwischen 961 und 971).
590 Landschaft im nördlichen Afghanistan.
591 Alte ostpersische Stadt westlich des afghanischen Herat.
592 1 *mann* war in Arabien zu dieser Zeit gleich 812,5 Gramm, in den östlichen Provinzen aber auch ein Vielfaches davon.

84. *Erfahrungen mit dem Regenstein*

Nachrichten vom Regenstein und seinen wunderbaren Wirkungen finden sich auch anderswo in der arabischen Literatur (s. den „Picatrix", s. o. Nr. 77, Anm. 549, S. 404), allerdings ohne kritische Bemerkungen wie bei al-Bīrūnī.

593 Siehe o. Nr. 53.
594 Die Karluken waren ein Turkvolk zwischen dem Syrdarja und dem Siebenstromland; zu den Petschenegen s. o. Nr. 19, Anm. 118.
595 Aus dem umfangreichen Korpus alchemistischer Schriften, das einem Ǧābir ibn Ḥayyān zugeschrieben ist, s. Ullmann, S. 121 u. 207.
596 Nördlich von Kabul.
597 Vgl. o. Nr. 42, Anm. 271 u. 272.
598 Mit Textkorrektur (*faniyā* statt *fīnā*).

85. *Die Mumia zur Heilung von Knochenbrüchen*

Die Mumia ist ein in Persien und Mittelasien vorkommendes seltenes Erdpech mit einer starken Konzentration an Spurenelementen. Über seine Entstehung werden zur Zeit noch verschiedene Theorien diskutiert, vgl. S. Šatar u. N. Dawaa, Der gegenwärtige Forschungsstand über Baragschun und seine Zukunftsaussichten. In: Erforschung biologischer Ressourcen der Mongolischen Volksrepublik, Bd. 4 (Martin-Luther-Universität Halle-Wittenberg, Wissenschaftliche Beiträge 1984/59 [P 21]), S. 67–70, u. Woher kommt das Mumijo? In: Sputnik 1984, Nr. 11, S. 74–79. Mit der medizinischen Anwendung wird jetzt in Usbekistan wieder erfolgreich experimentiert. Die auch im Abendland begehrte Substanz glaubte man auch aus den mit Asphalt verklebten Binden altägyptischer Mumien gewinnen zu können, die von daher ihren Namen bekamen (s. B. R. Meyer-Hicken, Über die Herkunft der Mumia genannten Substanzen und ihre Anwendung als Heilmittel, Med. Diss. Kiel 1978). Viele schöne alte Apothekergefäße tragen Aufschriften wie „Mumia aegyptica", „Mumia vera" oder ähnlich.

599 Nicht zu ermitteln; die folgende Geschichte stimmt in erstaunlicher Weise mit der Praxis im 18. Jahrhundert überein, wie sie von Engelbert Kaempfer und anderen Reisenden beschrieben wurde, s. Meyer-Hicken, a. a. O., S. 83.

600 Nicht zu ermitteln.

601 *mūm* (persisch „Wachs"), *āb* (persisch „Wasser").

602 Siehe o. Nr. 18, Anm. 92.

603 Mit Textkorrektur (*šabābī* statt *sabāy*).

604 Die Ruinen einer Stadt Paikend befinden sich 35 km südwestlich von Buchara.

86. Grenzen des Wachstums

Nur durch ein Mißverständnis hat man in dieser Stelle eine Vorwegnahme des Darwinismus sehen wollen. Der Kontext zeigt, daß für al-Bīrūnī ein Eingreifen von außen her notwendig ist, um der übermäßigen Vermehrung entgegenzuwirken (vgl. J. Z. Wilczynski, On the presumed Darwinism of Alberuni eight hundred years before Darwin. In: Isis 50, 1959, S. 459–466).

605 Ein anderer Name für Krischna.

87. Die Anzahl der Blütenblätter

Die Parallelen zwischen der Botanik und der Mathematik sind zwar zufällig, zeugen aber auf alle Fälle von al-Bīrūnīs kombinatorischen Fähigkeiten.

606 Zu den komplizierten Berechnungen des Sieben- und des Neunecks s. J. Tropfke, Zur Geschichte der Mathematik. (Sie-

beneckkonstruktion des Archimedes, Neuneckkonstruktion des Albîrûnî). In: Zeitschrift für mathematischen und naturwissenschaftlichen Unterricht aller Schulgattungen 59, 1928, S. 193–206.

607 7 und 9 sind in der Tat sehr selten, während die Zahl 18 auf einer zufälligen Beobachtung beruhen muß.

88. Nahrungsmittel, Medikamente und Gifte

Die Lehre von den vier Graden der vier pharmakologischen Eigenschaften, nämlich warm und feucht, kalt und trocken, stammt aus der galenischen Medizin (s. o. Nr. 3, Anm. 5), wo auch die ersten beiden als „aktiv", die beiden anderen als „passiv" charakterisiert sind. Im übrigen ist die Theorie des antiken Arztes etwas komplizierter als in al-Bīrūnīs schematischer Darstellung, vgl. Harig (s. o. Nr. 35, Anm. 224).

608 Arab. *dalā'il*, hier die Planeten, die beim Horoskop als schicksalsbestimmend galten.

609 Östlich von Ghazna.

610 Weber galten als sprichwörtlich dumm.

611 Eisenhut, ein starkes Pflanzengift.

89. Die alten Griechen und ihre Pflanzenkunde

Die naive Meinung, daß die griechischen Pharmakologen die Heilwirkungen der Pflanzen dank ihrer persönlichen Intuition erkannt hätten, zeugt wie kaum eine andere Stelle von al-Bīrūnīs Hochschätzung der antiken Wissenschaft.

612 Siehe o. Nr. 3, Anm. 5.

90. Das Süßholz und seine vielen Namen

Das Süßholz (Glykyrrhiza glabra L.), heute noch Bestandteil unserer Lakritzenbonbons, wurde als Bestandteil vieler Medikamente empfohlen, vgl. M. Putscher, Das Süßholz und seine Geschichte, Med. Diss. Köln 1968.

613 Der indische Subkontinent mit Ausschluß von Sind, s. o. Nr. 55, Anm. 383.

614 Im Grenzgebiet zwischen Persien und Afghanistan; zu der

schwankenden Abgrenzung vgl. M. Maróth, Sīstān nach den arabischen geographischen Quellen. In: Acta Antiqua Academiae Scientiarum Hungaricae 24, 1976, S. 141–147.

615 Bišr al-Fazārī, von dem nur bekannt ist, daß er der Verfasser von „Erläuterungen zu den Heilmitteln" war.

616 Siehe o. Nr. 55, Anm. 383.

617 Persisch „Duft der Feuerpriester".

618 Mit Textkorrektur Karimovs (*yubaḫḫirūnahu* statt *yattaḫidūnahu*).

619 Im Text *fī l-masrūqa* (unverständlich).

620 Siehe o. Nr. 82, Anm. 583.

621 Eigentlich ein Fremdwort aus dem Indischen, vgl. Putscher, a. a. O., S. 279.

622 Siehe o. Nr. 3, Anm. 5; *glykyrrhizon* ist eine mögliche Nebenform, jedoch bieten unsere Galenausgaben ebenfalls *glykyrrhiza*.

623 Dioskurides (s. o. Nr. 3, Anm. 5), De materia medica III,5: hrsg. v. M. Wellmann, Bd. 2, Berlin 1906, S. 9; ein Exzerpt daraus bei Oreibasios (4. Jahrhundert u. Z.), Collectionum medicarum reliquiae XI,3,8: hrsg. v. J. Raeder, Bd. 2, Leipzig, Berlin 1929 (Corpus Medicorum Graecorum VI,1,2), S. 96.

624 Kleinasiatische Landschaften.

625 Auch Bocksdorn genannt, ein aus Kleinasien stammender Dornstrauch.

626 Mit Textkorrektur (*farfir* statt *qrīnū?*); es handelt sich wahrscheinlich um eine teilweise Wiederholung des Zitats und im folgenden um eine textkritische Anmerkung al-Bīrūnīs zu seiner Vorlage.

627 Paulos von Aigina (7. Jahrhundert); der Satz fehlt im griechischen Text VII,3: hrsg. v. J. L. Heiberg, Bd. 2, Leipzig, Berlin 1924 (Corpus Medicorum Graecorum IX,2), S. 205, doch findet er sich bei Galen, De succedaneis: Bd. 19, S. 727 Kühn.

628 Abū Ḥanīfa ad-Dīnawarī (gest. 894/95 oder vor 902/03), ein vielseitiger Autor, der u. a. auch ein „Pflanzenbuch" schrieb.

629 Ein Baum, dessen Blätter eine berauschende Wirkung haben, s. Pharmakognosie, Nr. 414 (Zählung nach Karimov), hier nicht aufgenommen.

91. Der Tee

Der Tee wird sonst in der arabischen Pharmakologie nicht berücksichtigt, da sie der griechischen folgt und das Gewächs den alten Griechen unbekannt war. Al-Bīrūnī hat ihn dank seiner großen Wißbegier trotzdem in seine Pharmakognosie aufgenommen. Die unsichere Art aber, wie er von der Zubereitung des Getränks redet, macht deutlich, daß der Tee seinen Siegeszug durch die islamischen Länder zu dieser Zeit noch nicht angetreten hatte.

630 Nicht identifiziert.
631 Mit Textkorrektur nach dem Persischen (*yaqṭaʿūna* statt *yaṭbaḫūna*).
632 Im Text *bičīdah* (?) oder ähnlich, nicht identifiziert.
633 Damit ist wahrscheinlich der „Große Kanal" gemeint.
634 Mit Textkorrektur (*kamā* statt *wa-lā*).
635 Diese Nachricht ist nicht unglaubwürdig, vgl. Ch. Hartman, Han Yü and the T'ang search for unity, Princeton N. J. 1986, S. 290, Anm. 60 („Anthropophagy as a means of revenge against obnoxious was common in T'ang provincial armies of the period.").

92. Verschiedene Schreibmaterialien

Da man über das allgemein Bekannte nicht zu schreiben pflegt, geht aus dem Absatz nicht klar hervor, daß sich das chinesische Papier bereits allgemein durchgesetzt hatte und infolge seines niedrigen Preises seinen Teil zum Aufblühen der arabischen Literatur und Wissenschaft beitrug, s. G. Endreß, Die Beschreibstoffe. In: Grundriß der Arabischen Philologie, Bd. 1, hrsg. v. Wolfdietrich Fischer, Wiesbaden 1982, S. 274–276.

636 Al-Bīrūnī hat wieder auf zweifelhaftes gnomologisches Material zurückgegriffen (vgl. o. Nr. 63, Anm. 445, u. Nr. 80, Anm. 574); in Wirklichkeit wurde die Pergamentherstellung erst um 180 v. u. Z. in Pergamon erfunden. Die Anekdote gibt es auch sonst häufig in arabischen Sammlungen, s. D. Gutas, Greek wisdom literature in Arabic translation. A study of the Graeco-Arabic gnomologia, New Haven, Conn. 1975, Nr. C–21 u. Kommentar.
637 Mohammed hatte 628 die von Juden besiedelte Oase Ḫaibar angegriffen und besetzt; in dem Friedensvertrag wurden sie verpflichtet, auf ihrem Land für die Muslime zu arbeiten.
638 Der persische König; die Historizität des Briefes, mit dem ihn Mohammed aufgefordert haben soll, den Islam anzunehmen, ist umstritten.
639 Sure 6,91; gemeint ist die den Juden zuteil gewordene Offenbarung.
640 Nach der Schlacht am Fluß Talās in Kirgisien im Jahre 751 verrieten chinesische Kriegsgefangene den Arabern das Geheim-

nis der Papierherstellung, die sich von Samarkand aus dann schnell in den Ländern des Islam ausbreitete.

641 Im modernen Hindi ist *tara* die Palme.

642 Eine Pappelart.

643 Im Sanskrit ist *bhurğa* die Birke oder das Schreibmaterial aus Birkenrinde.

93. Kapern auf der kaiserlichen Tafel

Während heute die noch unreifen Blütenknospen des Kapernstrauches (Capparis spinosa) als Gewürz verwendet werden, scheinen hier die roten Kerne gemeint zu sein, die beim Reifen nach dem Öffnen der äußeren Blütenblätter sichtbar werden.

644 De materia medica (s. o. Nr. 3, Anm. 5, u. Nr. 90, Anm. 623) II,173: Bd. 1, Berlin 1907, S. 240. Der Text al-Bīrūnīs ist gegenüber dem Original mit Umstellungen und Fehlern behaftet.

645 Mit Textkorrektur (*barrīya,* vgl. griech. *trachési,* statt *nadiya*).

646 Mit Textkorrektur (*mutašaʿab,* vgl. griech. *pleístas,* statt *mutašaʿaṯ*).

647 Ausgefallen ist hier gegenüber dem Original, vielleicht schon bei al-Bīrūnī: „die der Quitte rund, die Früchte sind wie".

648 Kalif von 754 bis 775.

649 Sekretär al-Manṣūrs (gest. 814/15); weitere Teile seines Berichtes sind erhalten bei Ibn al-Faqīh al-Hamaḏānī, *Muḫtaṣar kitāb al-buldān,* hrsg. v. M. J. de Goeje, Leiden 1885 (Bibliotheca Geographorum Arabicorum 5), S. 137–139 (Übers. v. H. Massé, Damaskus 1973. S. 164–166).

650 Als Zeitgenosse al-Manṣūrs kommt nur Konstantinos V. Kopronymos (regierte 741–775) in Frage.

94. Seltsame Beeren

Eine Identifizierung der beschriebenen Gebilde dürfte schwierig sein, am ehesten wäre vielleicht an eine Pilzart zu denken.

651 Lokaler Befehlshaber in Dailam (s. o. Nr. 2, Anm. 1), lebte um 970.

652 Etwa 12 km.

95. Urzeugung von Tieren

Die Vorstellung, daß sich niedere Tiere aus pflanzlicher oder anorganischer Materie entwickeln können, war durch die Autorität des Aristoteles gestützt und schien sich durch die Erfahrung immer wieder zu bestätigen. Sie war vor der Erfindung des Mikroskops nicht zu widerlegen. Vgl. Ullmann, S. 54f.

653 Hier muß eine durch das Nacherzählen etwas undeutlich gewordene Beobachtung von Känguruhs vorliegen. Da diese aber nur in Australien vorkommen (U. Sedlag, Tierwelt der Erde, 4. Aufl., Leipzig 1975, S. 158), bestätigt sich die Vermutung, daß arabische Seefahrer auch bis zu dem fünften Kontinent gekommen sind (s. A.-Z. Valîdi, Der Islam und die geographische Wissenschaft. In: Geographische Zeitschrift 40, 1934, S. 363).

654 Sehr vielseitiger Literat aus Basra (um 776–868/69), der in unterhaltsamer und oft witziger Weise über alle möglichen Themen schrieb, darunter auch über die Tierwelt. Er gehörte der muʿtazilitischen Schule (s. o. Nr. 52) an und gilt als einer der Begründer der arabischen Prosaliteratur.

655 Kleiner Ort am Fluß Karun, etwa 60 km von Bagdad entfernt.

656 Siehe o. Nr. 6, Anm. 27.

96. Eine Theorie der Mißbildungen

Für den griechischen Arzt Galen war die Natur die große Meisterin, und ihre verschwindend geringe Fehlerquote unterstrich nach seiner Auffassung angesichts der staunenswerten Regelmäßigkeit der Organismen nur noch ihre gleichsam göttliche Vollkommenheit (De usu partium XVII,1; hrsg. v. G. Helmreich, Leipzig 1907/1909, Bd. 2, S. 444). Für al-Bīrūnī ist sie statt dessen eine mehr subalterne und blindwirkende Kraft, die mit der Bearbeitung der Materie betraut ist.

657 So Aristoteles, Physikvorlesung II,8: 199a33–b4.

658 Ein Enkel Ṯābit ibn Qurras (s. o. Nr. 18, Anm. 82).

659 Siehe o. Nr. 25, Anm. 170.

660 Türkischer Befehlshaber in Bagdad (gest. 945).

661 Emir der Hausmeierdynastie der Buwaihiden, regierte 967 bis 977 als Nachfolger seines Vaters Muʿizz ad-Daula.

662 963 u. Z.

663 Begründer der lokalen Ḥamdānidendynastie in Mossul, regierte hier 929 bis 967.

664 Ibn ʿAbbād aṣ-Ṣāḥib (938–995), einflußreicher Wesir und berühmter Schriftsteller unter den Buwaihiden; er veranlaßte Faḫr ad-Daula in Rayy, Gurgan seiner Herrschaft einzuverleiben, s. o. die Einleitung, S. 14.

97. Der Stern Canopus und der Zitterrochen

Sowohl in der Antike und auch im islamischen Mittelalter gaben die rätselhaften Wirkungen des Zitterrochens wie auch die des Magneten Veranlassung zu weitreichenden Spekulationen über die Fernwirkungen aller möglichen anderen Substanzen.

665 Vgl. Ptolemaios, Almagest VII,5: Argo Nr. 44; in der altarabischen Sternmythologie hieß er *Suhail* und galt als ein Mörder (vgl. G. Strohmaier, Die Sterne des Abd ar-Rahman as-Sufi, Leipzig, Weimar 1984, Nr. 40).

666 Arab. *rūḥānīyāt*, womit die Seelen der Gestirne bzw. ihrer Sphären gemeint sind.

98. Ein Experiment mit Schlangen

Der Abschnitt ist wieder typisch für al-Bīrūnīs noch sehr eingeschränkte Methodik des Experiments. Es geht um die Wahrheit eines allgemein behaupteten Satzes, der an der Realität überprüft wird, auch diesmal mit negativem Ergebnis.

667 Nicht zu identifizieren.

668 Sekretär und Historiker unter Maḥmūd von Ghazna (s. o. die Einleitung, S. 17 und 20–27), wegen seines schwülstigen Stils sehr geschätzt (um 961–1036 oder 1040).

669 Im arabischen Volksglauben sind die Dschinnen Wüstendämonen, die gern als Schlangen erscheinen, hier metaphorisch für die Schlangen selbst.

670 Mit Textkorrektur (*li-ḥuẓūẓ* statt *li-ḥūẓ*).

Auswahlbibliographie

Verwendete Abkürzungen sind hier durch Sperrdruck hervorgehoben.

a) Texteditionen, kommentierende Literatur und Übersetzungen (letztere sind in den Quellennachweisen nur angegeben, wenn sie keine Verweise auf die Seiten der Editionen enthalten)

Al-as'ila: Al-Bīrūnī u. Ibn Sīnā, *Al-as'ila wa l-ağwiba* (Questions and answers), hrsg. v. S. H. Nasr u. M. Mohaghegh, Teheran 1352/1972

Teilübers.: A. Bausani, Some considerations on three problems of the Anti-Aristotelian controversy between al-Bīrūnī and Ibn Sīnā. In: Abhandlungen der Akademie der Wissenschaften in Göttingen, phil.-hist. Kl., 3. Folge, Nr. 98, Göttingen 1976, S. 74–85

Al-qānūn al-Mas'ūdī, 3. Bde., Hyderabad/Deccan 1945–1956

Übers.: Beruni, Kanon Mas'ūda, übers. u. komm. v. P. G. Bulgakov u. B. A. Rozenfel'd, 2. Bde., Taschkent 1973/1976 (Izbrannye proizvedenija V, 1 u. 2)

As-suds: Ḥikāyat al-ālat al-musammāt as-suds al-Faḫrī, hrsg. v. L. Cheikho. In: Al-Machriq 11, 1908, S. 68f.

Astrologie: *Kitāb at-tafhīm li-awā'il ṣinā'at at-tanğīm,* hrsg. v. R. R. Wright, London 1934

Übers.: ebenda

Beruni, Kniga vrazumlenija načatkam nauki o zvezdach, übers. v. B. A. Rozenfel'd u. A. Achmedov, Taschkent 1975 (Izbrannye proizvedenija VI)

Aẓ-ẓilāl: Ifrād al-maqāl fī amr aẓ-ẓilāl. In: *Rasā'il al-Bīrūnī,* Nr. 2, Hyderabad/Deccan 1948

Übers.: The exhaustive treatise on shadows, übers. u. komm. v. E. S. Kennedy, 2. Bde., Aleppo 1976

Beruni, Matematičeskie i astronomičeskie traktaty, übers. v. P. G. Bulgakov u. B. A. Rozenfel'd, Taschkent 1987 (Izbrannye proizvedenija VII), S. 119–255

Chronologie: *Al-āṯār al-bāqiya 'an al-qurūn al-ḫāliya,* hrsg. v. E. Sachau, Leipzig 1878

Ergänzungen von Textlücken in dieser Ausgabe bei:

K. Garbers, Eine Ergänzung zu Sachaus Ausgabe von al-Bīrūnīs „Chronologie orientalischer Völker". In: Documenta Islamica inedita, hrsg. v. J. Fück, Berlin 1952, S. 45–68;

J. Fück, Sechs Ergänzungen zu Sachaus Ausgabe von al-Bīrūnīs „Chronologie Orientalischer Völker". Ebenda, S. 69–98

A. B. Chalidov, Dopolnenija k tekstu „Chronologii" al-Bīrūnī po leningradskoj i stambul'skoj rukopisjam. In: Palestinskij sbornik 1959, Heft 4 (67), S. 147–171

Übers.: The chronology of ancient nations ..., übers. v. E. Sachau, London 1879

K. Garbers, Eine Ergänzung zur Sachauschen Ausgabe von al-Bīrūnīs Chronologie orientalischer Völker. In: Der Islam 30, 1952, S. 39–80

Biruni, Pamjatniki minuvšich pokolenij, übers. v. M. A. Sal'e, Taschkent 1957 (Izbrannye proizvedenija I)

Epître de Bērūnī contenant le répertoire des ouvrages de Muḥammad b. Zakarīyā ar-Rāzī, hrsg. v. Paul Kraus, Paris 1936

Teilübers.: J. Ruska, Al-Bīrūnī als Quelle für das Leben und die Schriften al-Rāzī's. In: Isis 5, 1922, S. 26–50

R. Köbert, Die Einführung Bīrūnīs zu seinem Verzeichnis der Schriften Rāzīs (Übersetzung). In: Orientalia N. S. 27, 1958, S. 198–202

Geodäsie: *Kitāb taḥdīd nihāyāt al-amākin li-taṣḥīḥ masāfāt al-masākin,* hrsg. v. P. G. Bulgakov. In: Revue de l'Institut des Manuscrits Arabes 8, 1962, S. 3–328

Komm.: E. S. Kennedy, A commentary upon Bīrūnī's Kitāb taḥdīd al-amākin, Beirut 1973

Übers.: Biruni, Opredelenie granic mest dlja utočnenija rasstojanij meždu naselennymi punktami (Geodezija), übers. v. P. G. Bulgakov, Taschkent 1966 (Izbrannye proizvedenija III)

India: *Fī taḥqīq mā li-l-Hind,* hrsg. v. E. Sachau, London 1887

Komm.: A. Sharma, Studies in „Alberuni's India", Wiesbaden 1983

Übers.: Alberuni's India, übers. v. E. Sachau, 2 Bde., London 1888

Biruni, Indija, übers. u. komm. v. A. B. Chalidov, Ju. N. Zavadovskij u. V. G. Ėrman, Taschkent 1963 (Izbrannye proizvedenija II)

Mineralogie: *Kitāb al-ğamāhir fī ma'rifat al-ğawāhir,* hrsg. v. F. Krenkow, Hyderabad 1355 (1936/37)

Komm.: G. G. Lemmlejn, bei Belenickij (s. u.), S. 292–402

M. Y. Haschmi, Die griechischen Quellen des Steinbuches von al-Beruni. In: Les Annales Archéologiques de Syrie 15 (2), 1965, S. 21–56

Teilübers.: Die Einleitung zu al-Bīrūnīs Steinbuch, übers. v. Taḳī ed Dīn al Hilālī, Leipzig 1941

Übers.: Al-Biruni, Sobranie svedenij dlja poznanija dragocennostej (Mineralogija), übers. v. A. M. Belenickij, Leningrad 1963

Pharmakognosie: Al-Biruni's book on pharmacy and materia medica, hrsg. u. übers. v. Hakim Mohammed Said, Karachi 1973
Teiledition u. Übers.: Das Vorwort zur Drogenkunde des Bērūnī, hrsg. u. übers. v. M. Meyerhof. In: Quellen und Studien zur Geschichte der Naturwissenschaften und der Medizin 3 (Heft 3), Berlin 1932
Komm.: Sami K. Hamarneh, Al-Biruni's book on pharmacy and materia medica. Introduction, commentary and evaluation, Karachi 1973
Übers.: Beruni, Farmakognozija v medicine, übers. v. U. I. Karimov, Taschkent 1973 (Izbrannye proizvedenija IV)

b) Sekundärliteratur

'A. Badawi, Al-Bîrûnî et sa connaissance de la philosophie grecque. In: ders., Quelques figures et thèmes de la philosophie islamique, Paris 1979, S. 219–245
A. Bausani, Bīrūnī between „scientia" and „sapientia". In: Mélanges d'islamologie. Volume dédié à la mémoire de A. Abel, hrsg. v. P. Salmon, Leiden 1974, S. 58–68
J. L. Berggren, Al-Bīrūnī on plane maps of the sphere. In: Journal for the History of Arabic Science 6, 1982, S. 47–112
Beruni i gumanitarnye nauki, hrsg. v. I. M. Muminov, Taschkent 1972
Beruni. Sbornik statej k 1000-letiju so dnja roždenija, hrsg. v. A. K. Arends, Taschkent 1973
Al-Bīrūnī Commemoration Volume A.H.362–A.H. 1362, Calcutta 1951
Al-Bīrūnī Commemorative Volume, hrsg. v. Hakim Mohammed Said, Karachi 1979
Biruni Symposium, hrsg. v. E. Yarshater, Iran Center Columbia University 1976
P. G. Bulgakov, Žizn' i trudy Beruni, Taschkent 1972
The Encyclopaedia of Islam, new. ed., hrsg. v. H. A. R. Gibb u. a., Leiden, London 1960ff.
Galeni opera omnia, hrsg. v. C. G. Kühn, Leipzig 1821–1833 (Nachdr. Hildesheim 1964/65)
A. P. Juschkewitsch, Geschichte der Mathematik im Mittelalter, Leipzig 1964
B. M. Kedrov u. B. A. Rozenfel'd, Abu Rajchan Biruni, Moskau 1973
E. S. Kennedy, Al-Bīrūnī. In: Dictionary of Scientific Biography, hrsg. v. Ch. C. Gillispie, Bd. 2, New York 1970, S. 147–158
M. S. Khān, A bibliography of Soviet publications on al-Bīrūnī. In: Arabica 23, 1976, S. 77–83

I. Ju. Kračkovskij, Arabskaja geografičeskaja literatura, Moskau, Leningrad 1957 (Izbrannye proizvedenija, Bd. 4)
P. Kunitzsch, Untersuchungen zur Sternnomenklatur der Araber, Wiesbaden 1961
G. P. Matvievskaja u. B. A. Rozenfel'd, Matematiki i astronomy musul'manskogo srednevekov'ja i ich trudy (VIII–XVII vv.), Moskau 1983, Bd. 2, S. 264–295
R. Paret, Der Koran. Kommentar und Konkordanz, Stuttgart 1971
B. A. Rozenfel'd, M. M. Rožanskaja u. Z. K. Sokolovskaja, Abu-r-Rajchan al-Biruni, Moskau 1973
F. Sezgin, Geschichte des arabischen Schrifttums, Leiden 1967 ff.
G. Strohmaier, Denker im Reich der Kalifen, Leipzig, Jena, Berlin 1979
–, Patristische Überlieferung im Arabischen. In: Das Korpus der griechischen-christlichen Schriftsteller, hrsg. v. J. Irmscher u. K. Treu, Berlin 1977 (Texte und Untersuchungen zur Geschichte der altchristlichen Literatur 120), S. 139–145
S. P. Tolstow, Auf den Spuren der altchoresmischen Kultur, Berlin 1953
M. Ullmann, Die Natur- und Geheimwissenschaften im Islam, Leiden 1972
A. Z. Validi Togan, Bīrūnī's picture of the world. In: Memoirs of the Archaeological Survey of India 53, New Delhi (1941)
E. Wiedemann, Aufsätze zur arabischen Wissenschaftsgeschichte, hrsg. v. Wolfdietrich Fischer, 2 Bde., Hildesheim 1970

Zur Aussprache arabischer, persischer und indischer Wörter

Die Tabelle folgt dem System der „Deutschen Morgenländischen Gesellschaft“ für das Arabische und Persische; die Transliteration indischer Wörter wurde stark vereinfacht und diesem angepaßt:

č	tsch
ḍ	emphatisches d am Obergaumen
ḏ	stimmhaftes englisches th
ġ	schnarrender Reibelaut am weichen Gaumen
ǧ	dsch
h	immer als Konsonant
ḥ	scharfes gepreßtes h
ḫ	ch wie in Bach
q	tief artikuliertes emphatisches k
r	Zungen-r
s	stimmloses s
ṣ	stimmloses emphatisches s am Obergaumen
š	sch
ṭ	emphatisches t am Obergaumen
ṯ	stimmloses englisches th
w	bilabiales englisches w
z	stimmhaftes s
ẓ	stimmhaftes emphatisches s
ʾ	fester Stimmeinsatz („am ʾAbend“)
ʿ	gepreßter Stimmeinsatz

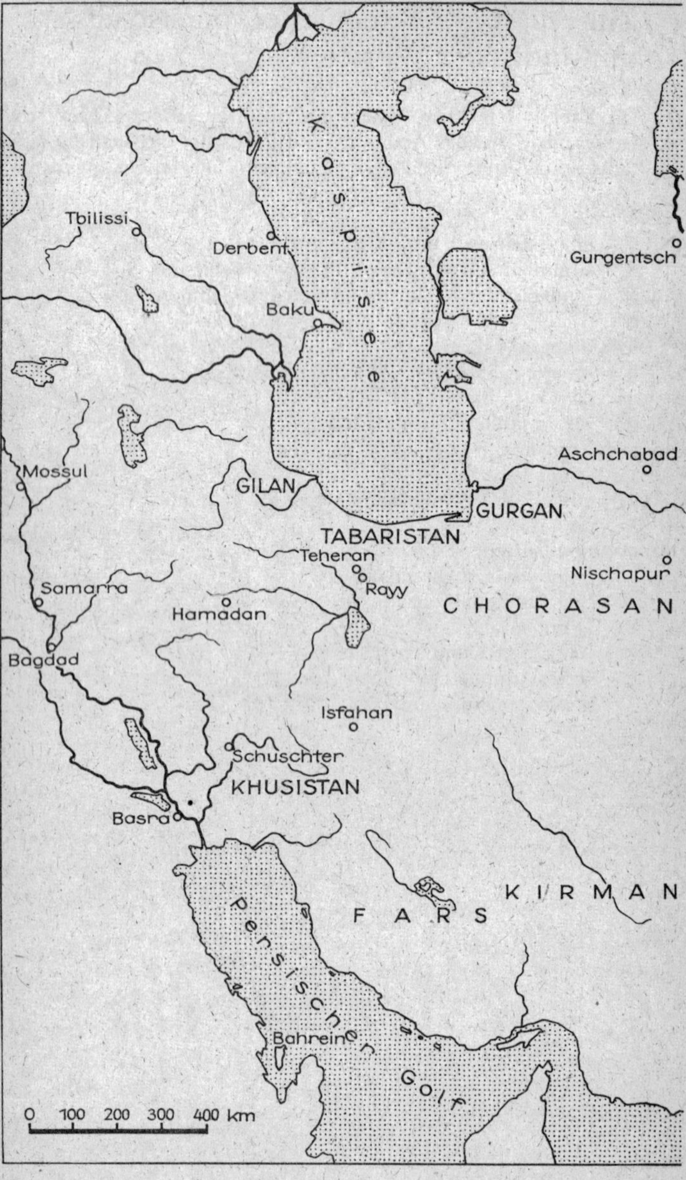
Kaspisee
Tbilissi
Derbent
Gurgentsch
Baku
Mossul
Aschchabad
GILAN
GURGAN
TABARISTAN
Teheran
Nischapur
Samarra
Rayy
CHORASAN
Hamadan
Bagdad
Isfahan
Schuschter
KHUSISTAN
Basra
KIRMAN
FARS
Persischer Golf
Bahrein
0 100 200 300 400 km

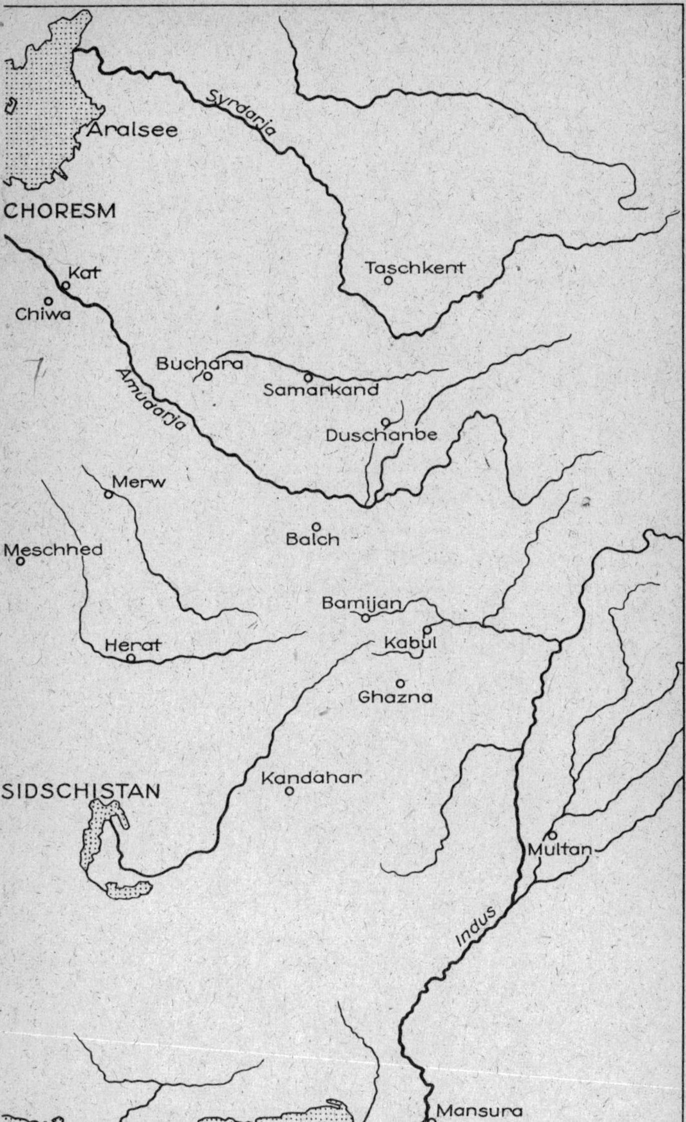
Aralsee
Syrdarja
CHORESM
Kat
Chiwa
Taschkent
Buchara
Samarkand
Amudarja
Duschanbe
Merw
Balch
Meschhed
Bamijan
Kabul
Herat
Ghazna
Kandahar
SIDSCHISTAN
Multan
Indus
Mansura

Inhalt

Die Gestirne und ihre Wirkungen

Die vergangenen Generationen

Die Begegnung mit Indien

Die unbelebte Schöpfung

Pflanzen und Tiere